细说光影

3ds Max&VRay
室内渲染用光技巧

程罡◎编著

内容简介

本书结合国外最新的VRay教程、技法和笔者多年的实战经验，详细而全面地讲解了VRay室内效果图灯光设计的历史沿革和各种相关技法。

书中回顾了历史上曾经出现的各种渲染引擎和算法，以及它们各自的优缺点，深入讲解了VRay的各种渲染参数、材质参数和摄像机参数的设置技巧，对于提高渲染操作效率的技巧也做了详细讲解。

室内照明部分是本书的重点，包括各种自然光，如天空光、阳光、黄昏、夜晚、月光等；各种人工光源，如吊灯、筒灯、LED灯、灯槽、射灯等。书中对这些光源的参数设置、使用技巧都做了深入的分析、对比和研究。读者不但可以把本书作为VRay室内灯光设计的参考手册，直接用于指导渲染实践，还可以在此基础上举一反三，创造性地设计和表现室内照明，基本可以做到一册在手，解决室内照明设计和渲染中的主要问题。

本书适合室内设计、照明设计、效果图制作人士和CG爱好者参阅，也可以作为高职类院校相关课程的教材和教参使用。

图书在版编目(CIP)数据

细说光影——3ds Max&VRay室内渲染用光技巧/程罡编著. —北京：清华大学出版社，2015(2022.1重印)
ISBN 978-7-302-41624-1

I. ①细… II. ①程… III. ①室内装饰设计—计算机辅助设计—三维动画软件 IV. ①TU238-39

中国版本图书馆CIP数据核字(2015)第228355号

责任编辑：魏 莹 郑期彤
装帧设计：杨玉兰
责任校对：马素伟
责任印制：丛怀宇
出版发行：清华大学出版社
网　　址：http://www.tup.com.cn, http://www.wqbook.com
地　　址：北京清华大学学研大厦A座　　**邮　　编**：100084
社 总 机：010-62770175　　**邮　　购**：010-62786544
投稿与读者服务：010-62776969, c-service@tup.tsinghua.edu.cn
质量反馈：010-62772015, zhiliang@tup.tsinghua.edu.cn
印 装 者：北京建宏印刷有限公司
经　　销：全国新华书店
开　　本：190mm×260mm (附DVD 1张)　　**印　　张**：18　　**字　　数**：438千字
版　　次：2016年1月第1版　　**印　　次**：2022年1月第6次印刷
定　　价：68.00元

产品编号：065184-01

前言

对于待建建筑的设计和预先表现自古有之，刘敦桢先生在其主编的《中国古代建筑史》中考证，中国古代建筑设计的方式，在汉朝初期已有图样。到公元七世纪初的隋朝，已经使用 1% 比例尺的图样和模型，且往往将中央政府所定式样，颁送各地区按图建造。这一优良传统一直到清朝还保持着，以图样和模型相结合，在三度空间内研究建筑设计。到了清朝，出现了著名的样式雷家族，专门为皇家建筑绘制设计图纸和制作建筑微缩模型。样式雷制作的微缩模型被称为“烫样”，因为在制作过程中有一道工序需要使用烙铁熨烫，故得名。

也就是说，在计算机技术出现之前，人类对待建建筑的表现方法只有两类手段：一是手工的绘画；二是微缩模型。这两种手段都存在很明显的不足，费时费力且成本高昂，普通百姓不可能得到这样的服务。样式雷这样的设计机构也只能服务于皇家。清廷逊位之后，样式雷家族也随之衰落，以至于到了变卖祖上设计图和烫样的境地。

20 世纪 70 年代，计算机绘图技术横空出世！到了世纪末，这项技术已经发展得很成熟。本世纪的十几年来，计算机绘图技术高速发展。这项技术的出现彻底改变了人类的表现技术，使人类产生了第三种表现自己设想的技术手段。随之产生了一个新的缩写词汇——CG，也就是 Computer Graphics(计算机图形学) 的缩写。如今 CG 技术已经得到了极为广泛的应用，彻底影响和改变了人类的生产、生活方式。

相比于传统的手绘和微缩模型，CG 技术表现建筑具有很多优势，主要表现在如下几个方面。

一是技术简单，几乎人人都能学会。CG 技术通过人机交互的方式制作图像，计算机做了大量的辅助工作，即便是没有任何美术基础的人士，经过学习都可以做出自己想象中的图像。而传统的手绘非经长期训练是不可能熟练掌握的，有些基本功甚至还需要从小学起，练所谓的“童子功”。

二是精准度极高。无论是精确度、透视，还是材质、灯光照明都可以做得极为精准。学过绘画的人都知道，绘画中最难掌握的一个基本技术就是透视，需要经过大量的训练才有可能掌握好。对于电脑图像而言，透视完全就不再是一个问题了。只需要做好三维模型，架上摄像机，正确的透视就是自然而然的一个结果。好的 CG 图形已经可以达到“照片级”、几乎乱真的程度。

三是成本低廉。由于计算机图像掌握起来相对不太困难，一般人经过半年左右的训练和学习就能做出不错的作品，相对于传统绘画而言要容易得多，所以现在掌握这项技术的人也越来越多。伴随着计算机硬件的高速发展，作图的效率也越来越高。以效果图制作中最费时的渲染为例，以前需要几个小时才能渲染好的图像，现在用电脑可能只要几分钟。所以，计算机图像的制作成本也越来越低。

第四是计算机制作图像的便利性要远优于手工绘图，特别是多角度表现建筑的时候优势更加明显。手绘图哪怕只是稍微变换一下透视或观察角度，必须从头开始重新画图；而计算机绘图只需要调一下摄像机重新渲染一下即可。这还是静帧图像，如果是做动画，计算机的优势就更大了，这也就是几乎不可能看到手绘的漫游动画的原因。

综上所述，电脑效果图在很大程度上替代手绘是一件不可避免的事情。手绘会不会如同当年彩色电视彻底替代黑白电视一样，被电脑效果图彻底取代而消失呢？笔者认为这是不可能的，手绘图像虽然效率低下、精准度也不够高，但却有其独到的美感和不可替代的审美价值。在电脑效果图泛滥的今天，这种特有的手绘之美显得十分难得而稀有，散发着独特的魅力！

图形是人类共同的语言。手绘还是所有设计师在做早期构思时最有效的方法，很多的创意都是通过手绘而产生的，只有通过徒手绘图，才能更好地激发设计师的形象思维，捕捉稍纵即逝的灵感，在这一点上计算机绘图是很难替代手绘的。因此，计算机作图和手绘图将会长期共存，不可能彼此替代。

本书是一本讲解计算机绘图技术的专著，重点讲解 VRay 渲染引擎的照明技术。本书共分为九章，各章主要内容和特点分述如下。

第 1 章“细说渲染引擎”，对历史上出现的各种渲染引擎和渲染算法进行回顾和分析，对

VRay 渲染引擎进行全面介绍，讲解 VRay 的主要渲染参数、灯光类型、物理摄像机、VRay 帧缓存渲染器等，重点讲解提高 VRay 渲染效率的一些技巧。

第 2 章“细说灯光”，对各类光源、光源的参数和各种照明技巧做详细讲解。

第 3 章“白天的光影表现”，本书重点章节之一，详细讲解 VRay 天空光和日光的设置技巧。对于各种类型和位置的窗子的日光设置分门别类进行讲解。

第 4 章“黄昏效果的表现”，详细讲解黄昏效果的创建方法、各种天空背景球的创建方法、HDRI 贴图的使用等。

第 5 章“夜晚效果的表现”，采用一种独特的方法设置傍晚时日光的色彩构成，完全采用程序纹理进行设置，获得一种逼真的环境光照明效果。本章参考国外最新研究成果，国内书籍尚未见这种方法的使用，应属于首创。

第 6 章“夜晚和月光的表现”，详细讲解夜晚天空球的设置和月光效果的制作技法。

第 7 章“各种人工光源的表现”，本书重点章节之一，详细讲解常见室内人工光源的设置技法，包括吊灯、筒灯、射灯、灯带、灯槽、艺术吊灯、纸质吊灯、LED 灯、玻璃吊灯等各种光源，对各种光源的参数设置、布光技巧、摄像机参数设置进行深入探讨和分析，基本涵盖室内照明设计的主要光源类型。

第 8 章“光影效果的重要设置——全局照明”，详细讲解各种全局照明参数的设置技巧、全局照明对于自然光和人工光源的设置技巧，并对各种渲染引擎的组合做详细的对比分析。

第 9 章“增加渲染真实性的一些诀窍”，讲解 VRay 效果图制作中一些使画面“出彩”的诀窍，比如植物的投影、背景板、半透明窗帘、镜头灯光特效等。

本书尝试一种新的构架，不贪多求全，专门研究照明技法，在讲解模式上主要采用“套型不变、光源多变”或“光源不变、套型多变”的做法。以第 7 章“各种人工光源的表现”为例，该章共讲解 12 种常见光源的设置方法，基本涵盖了室内设计的主要人工光源，但是使用的房型始终是同一个，即“套型不变、光源多变”。这样的好处是方便读者对比各种光源在同一个套型中的效果，使读者迅速掌握每种光源的特点。而在第 3 章“白天的光影表现”中，又采用了“光源不变、套型多变”的讲解方法，共提供 7 种常见套型的日光设置，方便读者对比日光在不同房型、窗型中的渲染效果。

在本书的写作过程中，不可避免地参考了国内外专家、高手的一些方法和技巧，由于条件所限无法一一告知，在此一并致歉并表示衷心感谢！

最后，还要特别鸣谢南京机电职业技术学院的李萍老师。李老师在极为忙碌的情况下，克服了专业上的障碍，帮忙翻译了大量英文文字和语音资料，对本书的完成功不可没。

鉴于笔者水平所限，本书错讹之处在所难免，欢迎广大读者不吝赐教、相互切磋、共同提高，为我国 CG 事业的发展添砖加瓦，笔者不胜感激。

程　罡

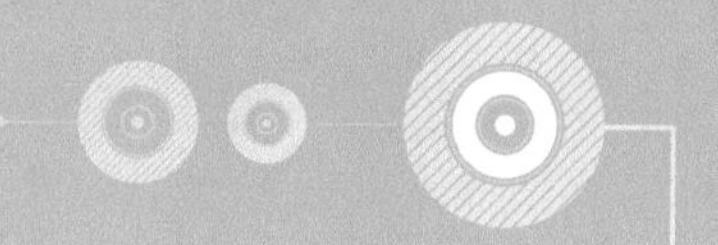

目录 Contents

第 1 章 细说渲染引擎

第 2 章 细说灯光

目录
Contents

第3章 白天的光影表现

第4章 黄昏效果的表现

第5章 夜晚效果的表现

目录
Contents

目录
Contents

第1章 细说渲染引擎

内容提要：

- 渲染引擎史话
- VRay 的重要渲染设置
- VRay 的摄像机
- VRay 的帧缓存渲染
- 提高渲染效率的诀窍

3ds Max 这款三维动画解决方案功能强大、全面，但是也有一些软肋，比如其默认的扫描线渲染引擎，由于其不支持全局照明，所以无法计算光线的反射效果，因此渲染效果非常一般。所幸的是，3ds Max 拥有着各种补强其功能的插件，正是由于各种插件的存在，才使得这款软件得以在激烈的竞争中最终存活下来。本章将仔细讲述其中几个重要的渲染插件。

1.1 渲染引擎史话

历史上曾经出现过哪些渲染引擎？它们各自有什么特点？渲染效果如何？针对这些问题，本小节将会为读者做一个梳理和回顾。初学者可以将其作为软件的历史来看待，老用户可以作为回忆录来看。

1.1.1 历史上的渲染引擎之争

与目前的VRay一家独大截然不同，在本世纪之初的2001—2003年这两三年间，曾经出现过一段渲染引擎“激情燃烧的岁月”，各家渲染引擎你方唱罢我登场，可谓百花齐放、各领风骚。爱好者们则是四面出击、各个击破，热衷于在各家引擎之间进行比较、分析。各大专业论坛人满为患，展开了热烈的讨论和交流，一时间热闹非凡！

当时最主要的几个竞争对手是所谓的“四大天王”，即Brazil、Mental Ray(MR)、FinalRender(FR)和VRay(VR)这四款渲染引擎。

下面分别来介绍一下这四个重量级的渲染引擎和它们各自的特点。

1. 四大渲染引擎之Brazil

2001年，一个名不见经传的小公司SplutterFish在其网站发布了3ds Max的渲染插件Brazil。在公开测试版的时候，该渲染器是完全免费的。作为一个免费的渲染插件来说，其渲染效果是非常惊人的，但当时的渲染速度非常慢。

Brazil渲染器拥有强大的光线追踪、折射、反射、全局光照、散焦等功能，渲染效果极其强大。虽然Brazil渲染器的名气不大，但其前身却是大名鼎鼎的Ghost渲染器，这款渲染器经过很多年的开发，已经非常成熟了。

图1-1所示为Ghost的一个渲染效果，其左下角标注的时间正是Brazil大红大紫的2001年。

图1-2所示为一个优秀的Brazil渲染作品。

图 1-1 Ghost 渲染效果

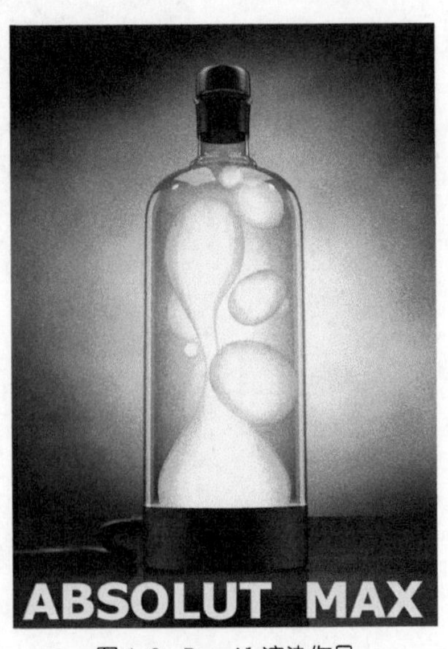

图 1-2 Brazil 渲染作品

Brazil惊人的质量是以非常慢的速度为代价的，用Brazil渲染图片可以说是一个非常缓慢的过程，以十四五年前的计算机来说，用于渲染动画还是不太现实。

笔者曾在2001年给国内某数码设计杂志投稿一幅悍马吉普车渲染作品(见图1-3)，出版社要求提供一张1600像素的高分辨率图像。当时采用Brazil渲染引擎，渲染参数被设置为最高级别，使用一台Intel奔腾3 CPU/1GHz电脑，连续渲染了将近100个小时，至今印象深刻。

图 1-3　Brazil 渲染的悍马吉普车

由于Brazil的渲染速度太慢，当时几乎没有人敢用Brazil渲染动画。不过凡事都有例外，波兰的Platige Image公司居然用Brazil渲染了一部长达6分多钟的三维动画短片——《The Cathedral》(中文译名《大教堂》)，震惊业界。该片一举夺得2002年SIGGRAPH动画短片大奖，该公司也凭借这部短片一举成名。图1-4所示为Platige Image公司最新版本的logo。

图 1-4　Platige Image logo

《The Cathedral》是一部宗教题材的动画短片，讲述了一个朝圣者为信仰献身的心路历程。由于东西方文化的差异，中国观众未必能完全理解片子的内容，但无人不被片子优秀的渲染效果所打动。时至今日，重温这部短片，仍然不得不为当年制作者的勇气而惊叹。图1-5和图1-6所示为《The Cathedral》的精彩画面。

图1-5 动画短片《The Cathedral》画面（1）

图1-6 动画短片《The Cathedral》画面（2）

成也萧何，败也萧何，Brazil的衰落也许正是由于其速度太慢，在这个快节奏的时代显得有点不合时宜，最终被其他几个对手纷纷超越，只能落得“门庭冷落车马稀”。

2．四大渲染引擎之Mental Ray

Mental Ray是早期出现的两个重量级的渲染器之一(另外一个是Renderman)，为德国Mental Images公司的产品。在刚推出的时候，Mental Ray集成在著名的3D动画软件Softimage 3D中，作为其内置的渲染引擎。正是凭借着Mental Ray较高的渲染速度和优秀的渲染品质，Softimage 3D一直在好莱坞电影制作中被当作首选的软件。图1-7所示为采用Mental Ray渲染的焦散效果。

相对于另外一个高质量的渲染器Renderman来说，Mental Ray的渲染效果与Renderman几乎不相上下，而且其操作比Renderman简单得多，效率非常高。因为Renderman渲染系统需要使用编程的技术来渲染场景，而Mental Ray一般来说只需要在程序中设定好参数，然后“智能”

地对需要渲染的场景自动计算即可，所以Mental Ray有个别名——“智能”渲染器。

图 1-7　玻璃和水的折射焦散效果

Mental Ray是一个专业的3D渲染引擎，可以生成令人难以置信的高质量真实感图像。现在我们可以在3D Studio的高性能网络渲染中直接控制Mental Ray。Mental Ray在电影领域得到了广泛的应用和认可，被认为是市场上最高级的三维渲染解决方案之一。

Mental Ray是一个将光线追踪算法推向极致的产品，利用这一渲染器，我们可以实现反射、折射、焦散、全局光照明等其他渲染器很难实现的效果。BBC的著名全动画科教节目《与恐龙同行》就是采用Mental Ray渲染的，节目中逼真地“复活”了那些神话般的远古生物。图1-8所示为杨雪果先生采用Mental Ray渲染的焦散效果。

图 1-8　水面的反射焦散效果

Mental Ray从Maya 5.0版本以后内置在Maya里，从3ds Max 6.0版本以后也被内置在了3ds Max里。

而从3ds Max 9.0开始，Autodesk在诸多方面对Mental Ray进行了优化，使得Mental Ray的渲染品质和速度不断地得到提升。在3ds Max中，我们可以看到很多方面的更新都是跟Mental

Ray有关系的。图1-9所示为Mental Ray渲染的逼真的SSS(次表面散射，又称3S)材质效果。

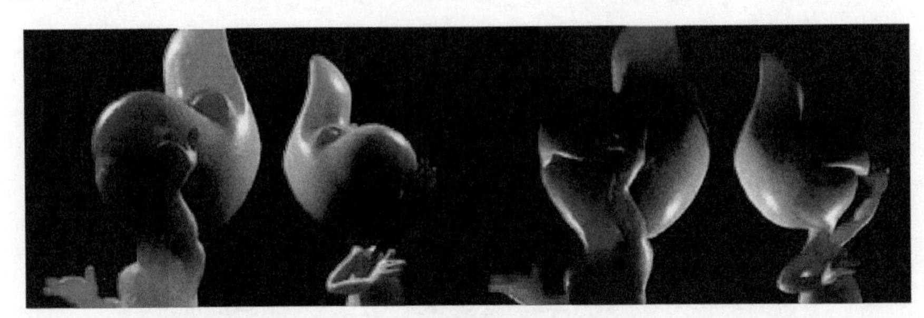

图 1-9　逼真的 SSS 材质效果

虽然Mental Ray功能强大，其渲染的速度和品质较之VRay也毫不逊色，但是Mental Ray的缺点也很明显，主要表现在以下几个方面：第一，界面不够友好、不够亲切，相对而言不如VRay好用；第二，对于室内效果图而言，最为重要的GI(全局照明)技术明显落后于VRay；第三，一旦开启运动模糊，渲染速度将会大幅减慢。由于上述几个不足之处，Mental Ray在建筑表现领域明显落后于VRay。

3. 四大渲染引擎之FinalRender

2001年渲染器市场的另一个亮点是德国Cebas公司出品的FinalRender渲染器(又名外终极渲染器)。

FinalRender渲染器曾经红极一时。其渲染效果虽然略逊色于Brazil，但由于其速度非常快，效果也很好，对于商业市场来说是非常合适的。图1-10所示为采用FinalRender渲染的室内效果图。

图 1-10　FinalRender 渲染室内效果

Cebas公司一直是3ds Max的一个非常著名的插件开发商，很早就以Luma(光能传递)、Opic(光斑效果)、Bov(体积效果)几个插件而闻名。这次又融合了著名的三维软件Cinema 4D内部的快速光影渲染器的效果，把其Luma、Bov插件加到FinalRender中，使得FinalRender渲染器达到前所未有的功能。相对别的渲染器来说，FinalRender还提供了3S的功能和用于卡通渲染仿真的功能，可以说是全能的渲染器。图1-11所示为FinalRender的建筑表现图。

FinalRender相对其他渲染器来说，设置比较多，在开始入门的时候可能觉得比较难理解。

但熟悉后，就知道它的设置很好，可以调节很多不同的细节。其速度比Brazil快很多，比VRay慢些。图1-12所示为FinalRender的优秀渲染作品。

图 1-11　FinalRender 在建筑表现方面的运用

图 1-12　FinalRender 渲染作品

4. 四大渲染引擎之VRay

VRay是目前业界最受欢迎的渲染引擎。VRay是由两个保加利亚人Vladimir Koylazov和Peter Mitev在1997年开始开发的，他们的公司名为Chaos Group，2001年推出VRay测试版本。目前，该公司的研发团队已经发展到100多人，并在美国、日本和韩国设有分公司。图1-13所示为VRay渲染作品。

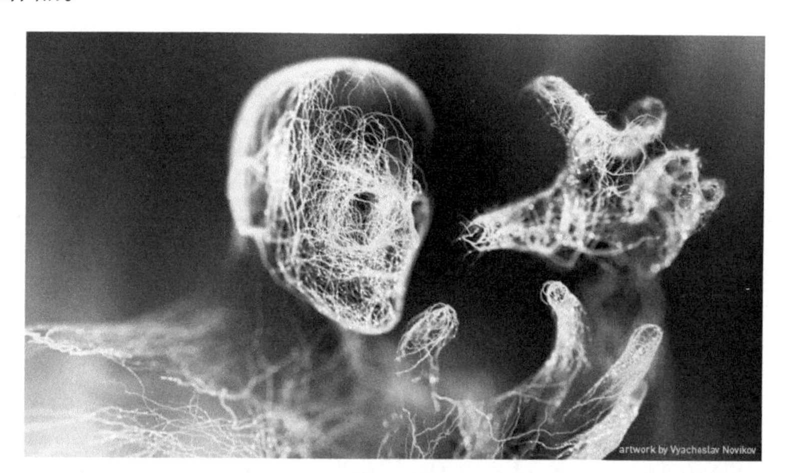

图 1-13　VRay 渲染作品 (1)

VRay是如何工作的呢？简而言之，VRay是一款基于光线追踪的渲染引擎，VRay引擎发射出光线并且追踪这些光线，追踪的过程中需要结合三维环境，比如三维物体、灯光，甚至是天空。这些被追踪的光线包括色彩信息，可以创建一个带有颜色的“点”，也就是“像素”。把

无数个像素(其实这是一种夸张的说法，每幅图像的像素点数量都是可以计算的)排列在一起，就构成了一幅图像。图1-14所示为VRay渲染作品。

图 1-14　VRay 渲染作品 (2)

VRay渲染器提供了一种特殊的材质—VrayMtl，在场景中使用该材质能够获得更加准确的物理照明(光能分布)、更快的渲染，而且反射和折射参数调节更方便。使用VrayMtl，可以应用不同的纹理贴图，控制其反射和折射，增加凹凸贴图和置换贴图，强制直接全局照明计算，选择用于材质的BRDF(双向反射分布函数)。图1-15所示为VRay材质面板。图1-16所示为VRay表现玻璃材质。

VRay是一种结合了光线追踪和光能传递的渲染器，其真实的光线计算可以创建出专业的照明效果，用于建筑设计、灯光设计、展示设计等多个领域。这些年来，全世界的环艺设计师用VRay创作出了无数优秀的室内外效果图作品。

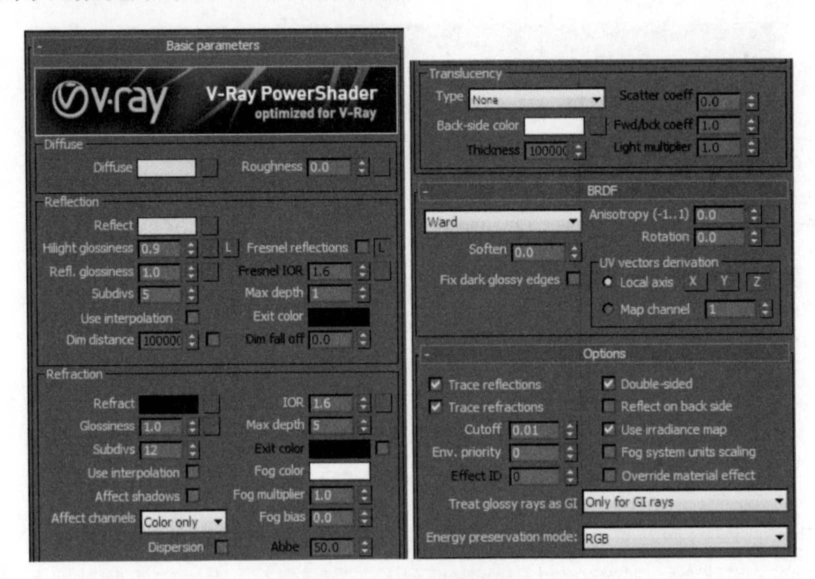

图 1-15　VRay 材质面板

图 1-16　VRay 表现玻璃材质

VRay的从业人员精研技艺，总结出大量的相关使用技法，出版的技术书籍和视频教程不计其数。可以说，目前学习VRay的资料是最全面、最丰富的，这也是VRay成为四大渲染器中的最后赢家的一个重要原因。图1-17所示为优秀的VRay室内效果图作品。

图 1-17　VRay 室内效果图

1.1.2　历史上的算法之争

上一小节介绍的四大渲染器都属于第三方插件，必须安装在三维软件的主程序之中才能使用。除此之外，还有另外几个渲染算法和渲染器也曾经名噪一时。这些算法有的是3ds Max内置的，有的是独立软件。

本小节将介绍三个比较主要的渲染器和算法，它们是Lightscape渲染器、光能传递和光线追踪算法。

1．Lightscape(LS)

Lightscape是所有渲染器中唯一的一个独立软件，曾经风光一时，有“渲染巨匠”的美称。

Lightscape是一款老牌的渲染软件，其身世可以追溯到二十世纪九十年代中期。2000年被三维软件巨头Autodesk收购之后，Lightscape开始在国内流行，之后推出的Lightscape 3.2是其最成功的，也是最后的一个版本。

Lightscape同时集成了光能传递和光线追踪技术，因此其布光几乎不需要凭借多少经验，只需按照实际情况放置光源即可。这使得很多没有多少美术基础的人士也可以做出极为逼真的渲染效果，大大降低了效果图制作的门槛，因此而广受欢迎。

Lightscape 3.2渲染速度快，渲染效果图的空气感极佳，其他几款渲染引擎大多速度太慢，因此Lightscape几乎是当时做室内效果图的不二选择。

图1-18所示为Lightscape中文版操作界面。

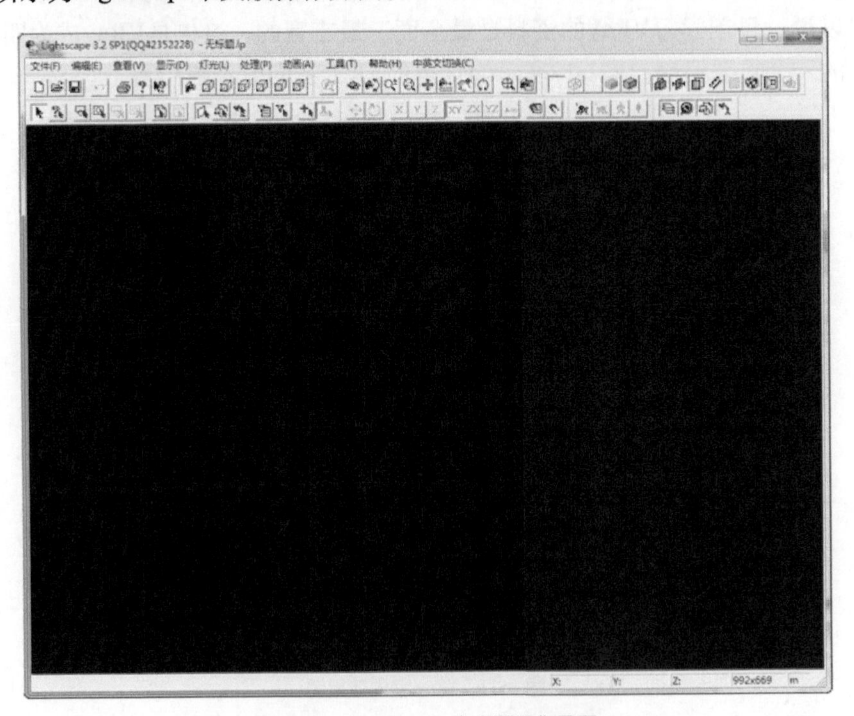

图 1-18 Lightscape 中文版操作界面

当时国内也涌现出一批使用Lightscape的高手，比较著名的有冰河鱼人、一网一网没有鱼等。图1-19所示为笔者珍藏多年的一幅出自一网一网没有鱼之手的Lightscape作品，算是对Lightscape年代的一个回忆和致敬。

一些国外的工作室当时也做出了非常出色的渲染。例如，韩国sicily工作室的作品在当时很流行，他们的作品清爽大气，很受国内用户的欢迎。图1-20和图1-21所示为sicily公司的优秀室内效果图作品。

图 1-19　一网一网没有鱼的 Lightscape 作品

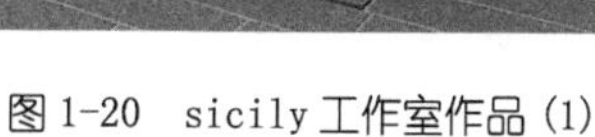

图 1-20　sicily 工作室作品 (1)

图 1-21　sicily 工作室作品 (2)

2002年，一个令Lightscape爱好者们震惊的消息传来——Autodesk公司将停止该软件的升级，将Lightscape的功能移植到3ds Max之中，成为Radiosity(光能传递)渲染模块。这让喜爱Lightscape的用户扼腕叹息。由于停止了升级，Lightscape很快就衰落下去。

平心而论，当时的Lightscape虽然如日中天，但是其自身还是存在着诸多缺陷，比较主要的几点如下。

(1) Lightscape本身基本没有建模能力，模型和灯光要在其他软件中制作，然后再导入到Lightscape中渲染，模型有了问题还得回到建模软件中去修改，反复导出、导入十分不便。

(2) Lightscape对模型的要求极高，模型稍有穿插或缺陷就会出现讨厌的“阴影漏”“灯光漏”和黑斑等问题，让用户十分苦恼。图1-22所示为“阴影漏”的形成。

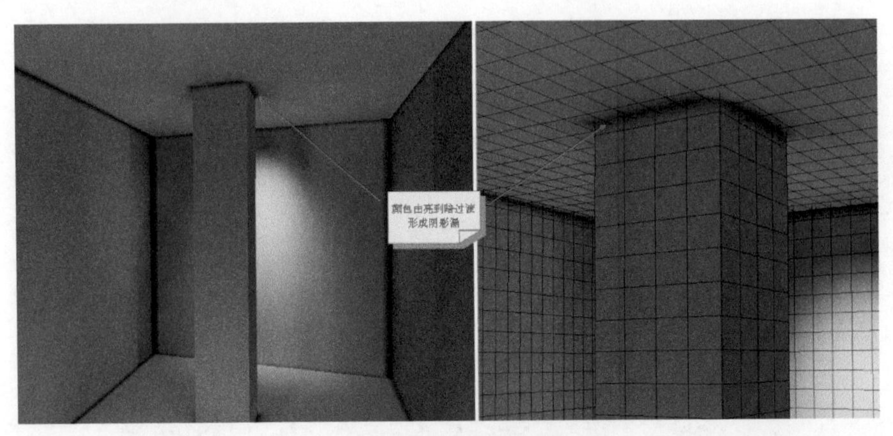

图 1-22　阴影漏的形成

(3) Lightscape不支持当时非常流行的焦散、HDRI(高动态范围图像)等技术，使其表现能力受到很大的影响。

(4) Lightscape做室内渲染效果很好，渲染室外场景的时候效果不佳，有点“偏科”，使其应用受到一定的局限。

2. 光能传递

Autodesk公司宣布停止Lightscape的升级之后，也许是作为一种补偿，在其发布的3ds Max 5.0版本(2002年年中发布)中加入了一个全新的渲染模块——Radiosity。这是一个光能传递算法的渲染模块，其功能与Lightscape类似，算是Lightscape的一种凤凰涅槃。图1-23所示为光能传递面板。

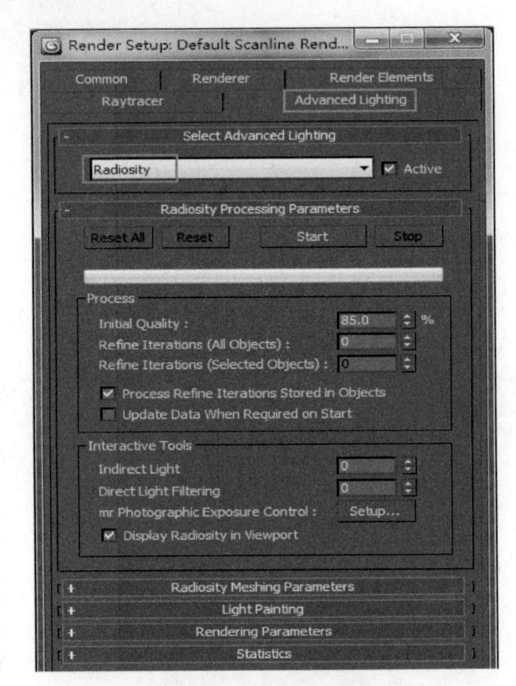

图 1-23　光能传递面板

Radiosity模块被内置到了3ds Max之中，按说是件好事，免去了从前Lightscape时代反复导出、导入模型的麻烦。但是Lightscape的支持者们却发现，Radiosity的算法虽然与Lightscape基本一致，但是渲染效果却不如后者。

究其原因，Radiosity模块缺少了Lightscape的一项独门技术——自适应细分。图1-24展示了Lightscape的自适应细分功能，在模型表面光影变化比较丰富的地方自动增加了很多细分的网格(左侧图像)，以便更好地表现这里的光影效果，把好钢用在了刀刃上，同时兼顾了效果和资源消耗。中间图像采用了适中的网格大小，但品质也一般。右侧图像中的设置全部使用了很细致的网格，虽然渲染品质很好，但是会造成网格的大量浪费。

在2003年7月发布的3ds Max 6.0版本中，正式集成了大名鼎鼎的Mental Ray渲染模块，3ds Max渲染品质得以大幅提升，Radiosity模块的地位被进一步削弱。

时光飞逝，十几年后的今天，3ds Max中的Radiosity模块依然存在，但是早已成了明日黄花，无人问津了。

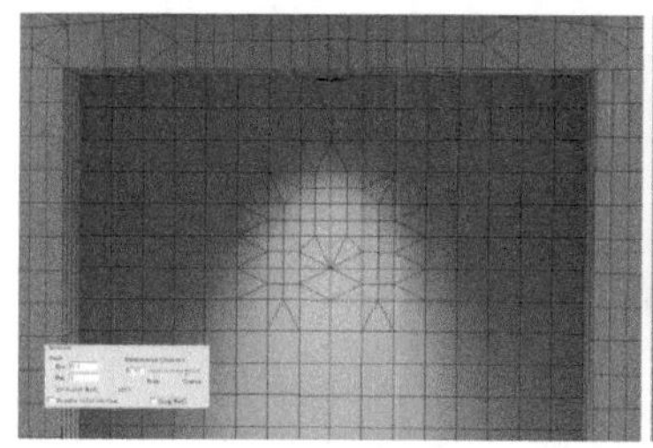
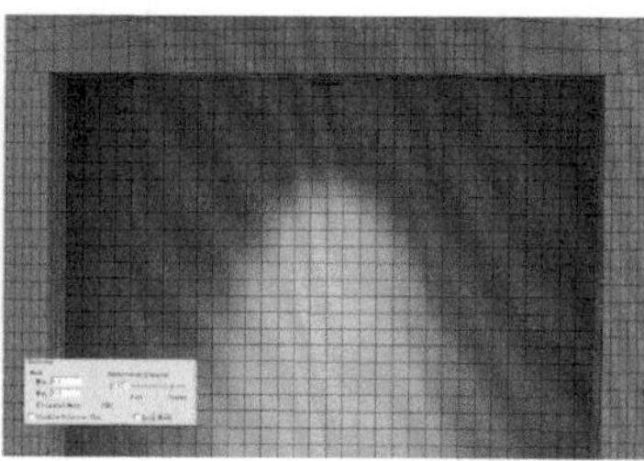
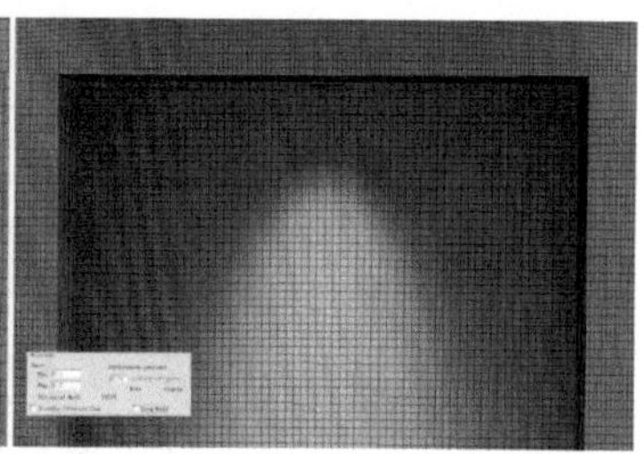

图 1-24　Lightscape 的自适应细分功能

3. 光线追踪

光线追踪是一种很“古老”的渲染算法，早在20世纪60年代就有学者提出了这种算法。其特点是可以计算光线的反射和折射，效果要明显好于3ds Max默认的扫描线渲染。

图1-25展示了一组对比效果。上方图像采用扫描线渲染，下方图像采用光线追踪渲染。扫描线渲染出来的图像，由于无法计算光线的反射，所以其阴影部分完全是一片漆黑；而采用光线追踪算法渲染出来的图像的阴影部分得到了较好的表现。

光线追踪比较适合渲染开放的室外场景，不太适合室内场景。虽然其渲染效果不如VRay和Mental Ray等全局照明渲染引擎，但是渲染速度较快。特别是配合天空光(skylight)使用的时候，可以形成十分柔和的阴影效果，特别适合制作游戏场景或数字城市模型的烘焙贴图。图1-26所示为烘焙贴图面板。

图 1-25　扫描线和光线追踪的渲染对比

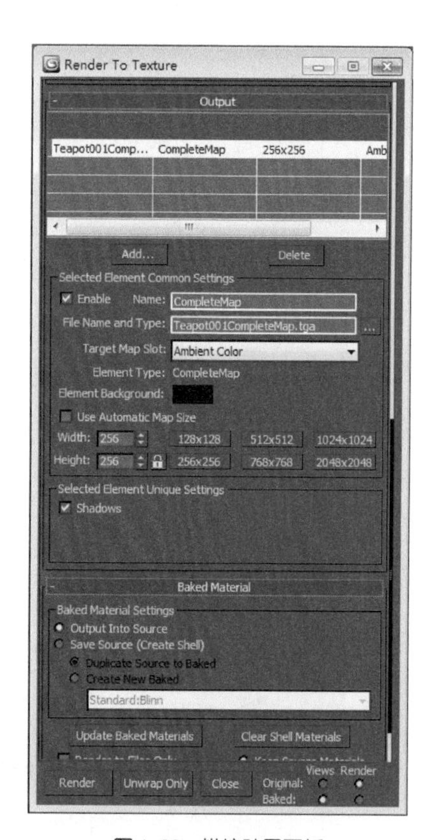

图 1-26　烘焙贴图面板

游戏模型的灯光烘焙通常是烘焙CompleteMap贴图，并经烘焙贴图放置到Ambient Color(环境色)通道中。图1-27所示为采用光线追踪算法制作的游戏模型烘焙贴图。

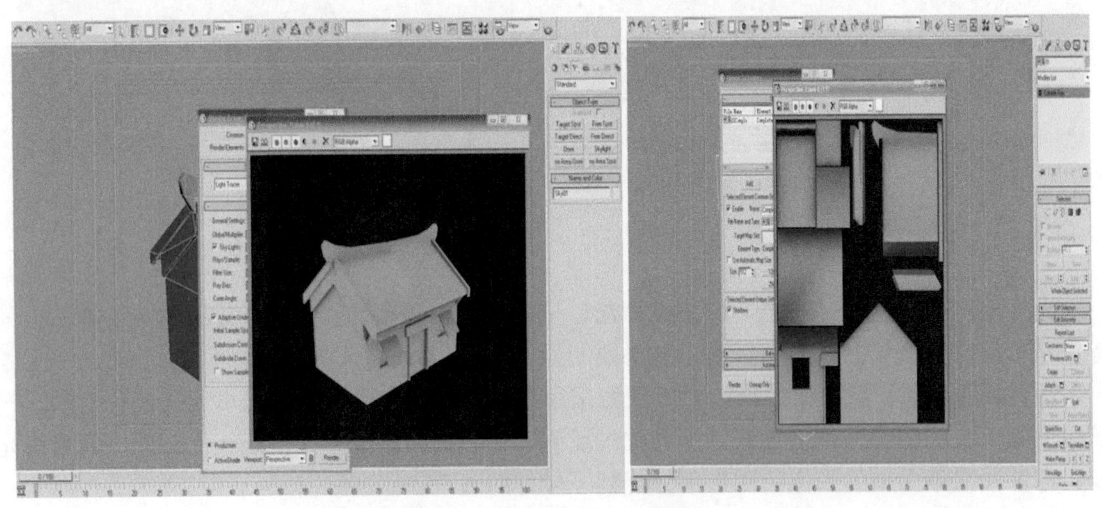

图1-27　带烘焙贴图的游戏模型

在近几年方兴未艾的三维数字城市的制作流程中，最终也需要对贴好图的建筑模型进行烘焙贴图的制作。三维数字城市的灯光烘焙通常是烘焙Lighting Map贴图，并将烘焙贴图放置到Self-illumination(自发光)通道中。图1-28和图1-29所示为采用光线追踪烘焙的三维数字城市模型和场景。

在各种渲染引擎和渲染算法激烈竞争的情况下，光线追踪渲染器凭借其在灯光烘焙方面的独到优势，仍然占据着一席之地，这恐怕是当初的设计者始料未及的局面吧。

图1-28　烘焙过的三维数字城市模型

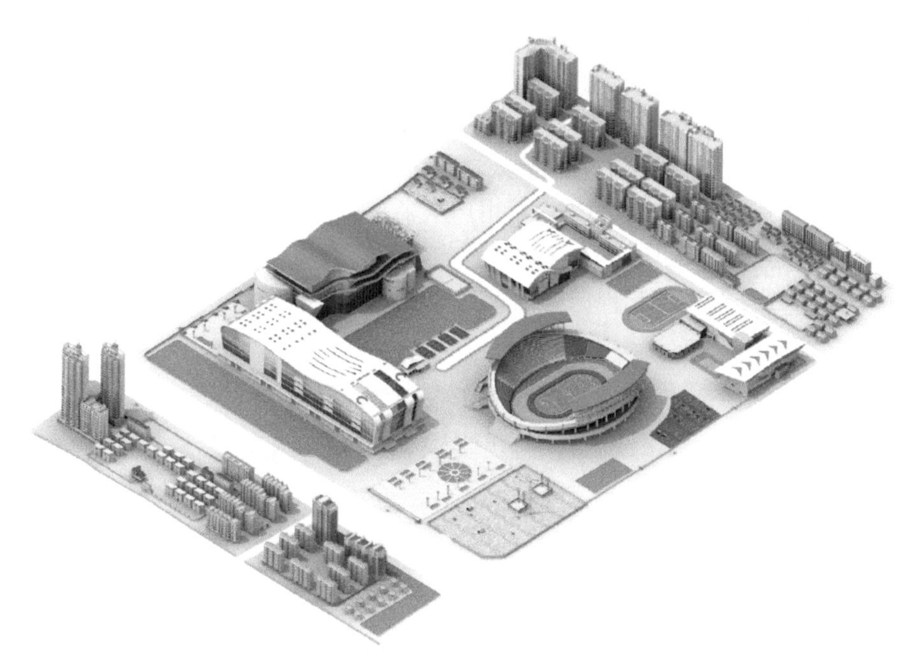

图 1-29　带烘焙贴图的三维数字城市场景

1.1.3　为什么是 VRay

经过十几年的竞争和优胜劣汰，最终留下来的渲染引擎寥寥无几，VRay无疑是其中最为成功的一个。为什么最终留下来的是VRay呢？这是一个有趣的问题，笔者根据多年的从业和教学经验尝试破解一下这个问题。VRay的最终胜出可能基于以下几个方面。

(1) VRay是几个渲染引擎中在渲染品质和速度之间最为平衡的一个。渲染品质和速度永远是一对不可调和的矛盾，Brazil就是一个极端的典型——品质高但速度太慢。VRay在这点上做得很好，在可以接受的速度之下，获得了很高的品质。

(2) 在几款渲染器中，VRay是商业化程度最高的一款，UI设计非常人性化，各种模块分布也让用户能感觉出来这款渲染器充分考虑到了用户的需求和使用习惯。

(3) VRay同时拥有模拟GI算法与物理GI算法，还可以混合使用，在技术选择上十分灵活，但灵活的代价就是用户要掌握更多的GI技术知识才能用好它。

(4) VRay的易用性是几个渲染引擎中做得最好的。其渲染参数的设置比较简明，材质的编辑也很方便。这里不妨与另一个引擎Mental Ray做一个对比。Mental Ray的功能十分强大，而且还是电影级的渲染引擎，但是在建筑表现领域的表现却远不如VRay。笔者认为这与Mental Ray的材质设置复杂、界面不够友好等因素有关。Mental Ray的着色器(shader)编辑难度较高，有的还不太容易理解，更适合做二次开发。Mental Ray过于高端，用在建筑表现上有点浪费。而普通的3D软件用户几乎不可能接触到电影渲染这样的高端项目，因此，对于他们来说，VRay相对显得“亲民”许多，从而会对Mental Ray敬而远之。

(5) VRay的学习条件是所有渲染引擎中最好的。由于VRay的平衡做得好，研究、学习和使用它的人最多，十几年下来，相关的网站、教程和各种学习资料的积累也是最多的，在几个渲染引擎中占据绝对领先的地位。新入行的人在进行选择的时候，首先会考虑学习的便利性，

VRay往往也就成为了他们的首选。

(6) VRay已经成为国内外建筑表现的首选。国内十几年来房地产业的大发展，带热了建筑装饰和建筑表现行业，这个行业吸引了大量的从业人员，从而形成了很大的社会影响力。建筑表现也成为VRay的一个最为重要的应用领域。

(7) VRay的相关资源是最丰富的。由于用户众多，因此产生的相关资源也是多的。网络上各种和VRay相关的材质库、模型库、灯光库极为丰富，为用户提供了极大的便利。业界著名的Evermotion建筑模型库基本上只提供VRay材质的模型文件，如图1-30所示。

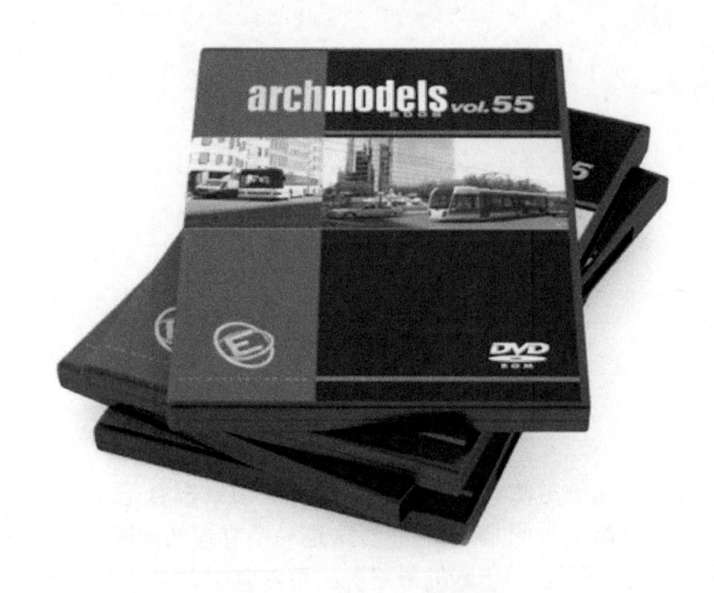

图1-30　Evermotion建筑模型库

1.2　VRay的重要渲染设置

尽管本书不是一本专门讲解VRay渲染设置的专著，但是灯光的设置与渲染参数关系极为密切，因此还是有必要讲解一下VRay最重要的几个渲染参数。

VRay的渲染参数主要集中在Render Setup(渲染设置)窗口的V-Ray、Indirect illumination(间接照明)和Settings(设定)选项卡中。三个选项卡中共有16个卷展栏，如图1-31所示。经笔者粗略统计，这16个卷展栏中共有240多个参数、选项和下拉列表。如果把各种下拉列表中的选项算上，VRay的渲染参数将超过300个。

面对如此众多的参数，初学者不知如何下手。有的漫无目标地研究参数，往往不得要领；有的参考各种教程，往往也是囫囵吞枣、不求甚解。

根据笔者多年的实践及教学经验，VRay的参数虽然众多，但是最关键的设置和参数其实并不多，只要抓住几个最重要的设置就能做出优秀的渲染效果。本小节就来揭示一下这几个重要的设置。

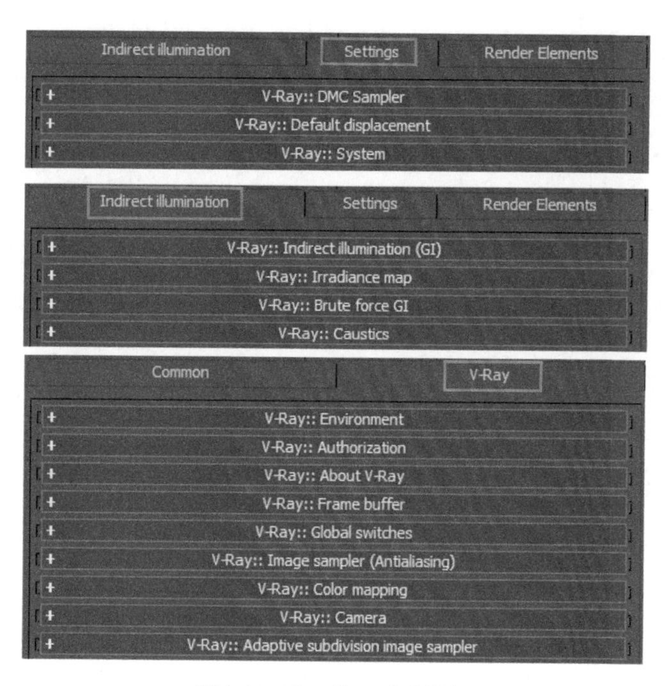

图 1-31　VRay 的 16 个卷展栏

1.2.1　GI 的设置

观察图1-31，在三个选项卡中，V-Ray选项卡中卷展栏的数量最多，但是最重要的参数却并不在其中。VRay渲染器最重要的设置在V-Ray::Indirect illumination(GI)卷展栏中。Indirect illumination的另一个表述是Global illumination，也就是全局照明，简称GI，是所有渲染引擎中最为核心的算法。渲染引擎优秀的渲染效果主要来自于这种算法。

图1-32所示为直接照明和全局照明的示意图。在只有直接照明的左侧图像中，光线无法直接照射的部分一片漆黑，这显然和现实情况相去甚远；而使用全局照明算法的右侧图像的光影效果则十分逼真。

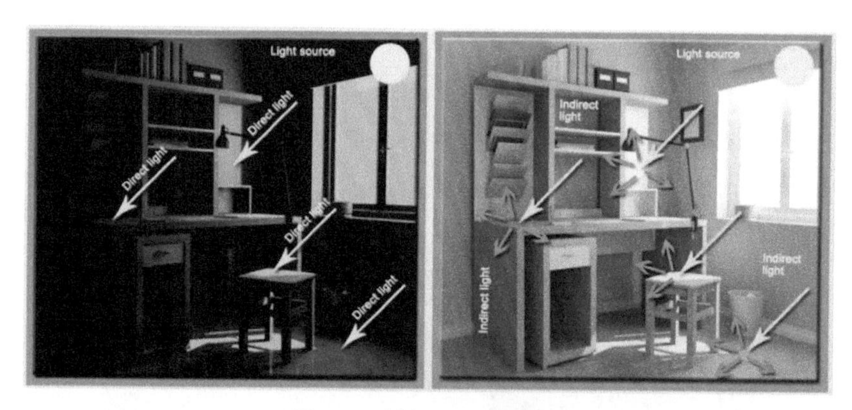

图 1-32　直接照明和间接照明

展开V-Ray::Indirect illumination(GI)卷展栏，首先选中On复选框，开启全局照明，激活全局照明的所有参数，如图1-33所示。

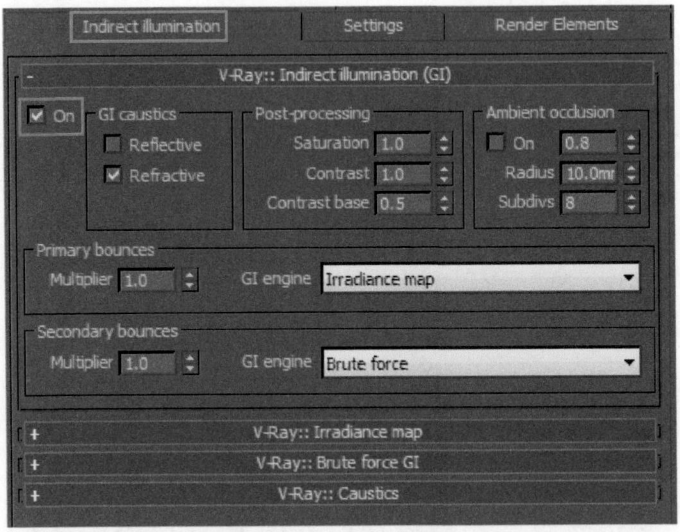

图 1-33　开启全局照明

接下来，要设置GI引擎的配置。全局照明需要设置两次光线反弹的GI引擎——Primary bounces(首次反弹)和Secondary bounces(二次反弹)。在它们的下拉列表中各有四个选项，如图1-34所示，如果对这些选项进行排列组合，可以得到16种组合结果。

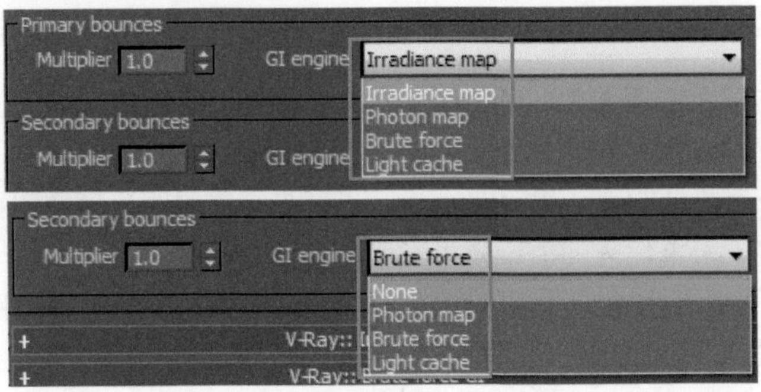

图 1-34　两次反弹的下拉列表

关于这两个下拉列表中选项的排列组合，已经有用户做过大量研究和对比，本书篇幅所限就不做过多展开了，读者可以自行参阅相关资料。经过大量研究发现，在大多数情况下，这两个下拉列表中选项的最佳组合是Primary bounces采用Irradiance map(发光贴图)、Secondary bounces采用Light cache(灯光缓存所示)，如图1-35所示，这时可以在渲染品质和耗时两个方面取得一个最佳平衡。

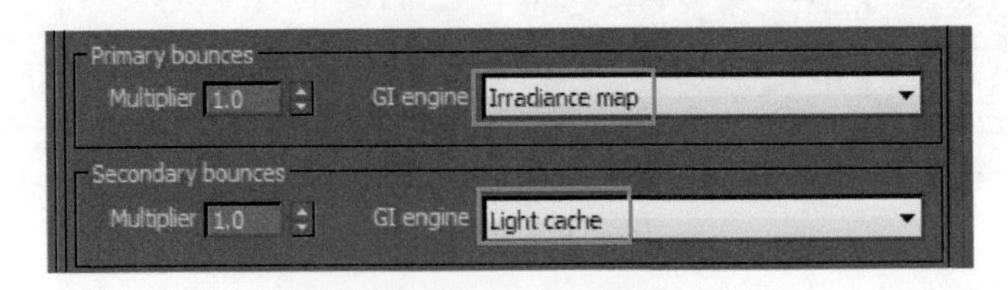

图 1-35　两个下拉列表的最佳组合

当两个下拉列表中的选项设置好之后，下方会出现两个对应的卷展栏，以便进行进一步的设置，如图1-36所示。

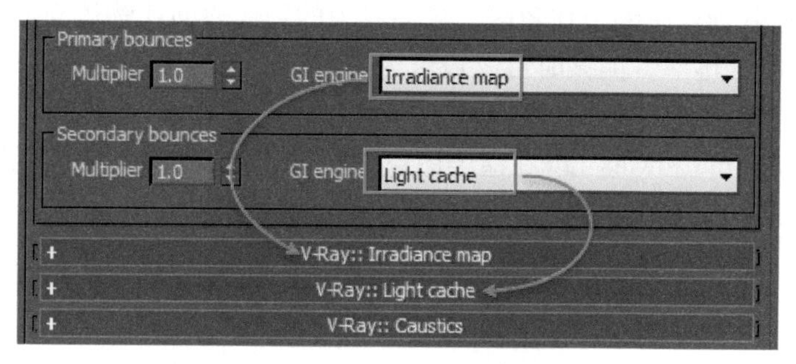

图 1-36　对应的卷展栏

接下来的设置将转移到这两个卷展栏之中。在V-Ray::Irradiance map卷展栏中的三个参数对于最终效果有至关重要的影响，请读者务必注意！

本书的第8章将专门讲解GI的运用技巧，对GI的参数设置做了详细讲解，请读者留意。

1.2.2　光子的大小

展开V-Ray::Irradiance map卷展栏，首先要设置预设模板，在Bulit-in presets(内建预设)选项组的Current preset(当前预设)下拉列表中进行设置，如图1-37所示。

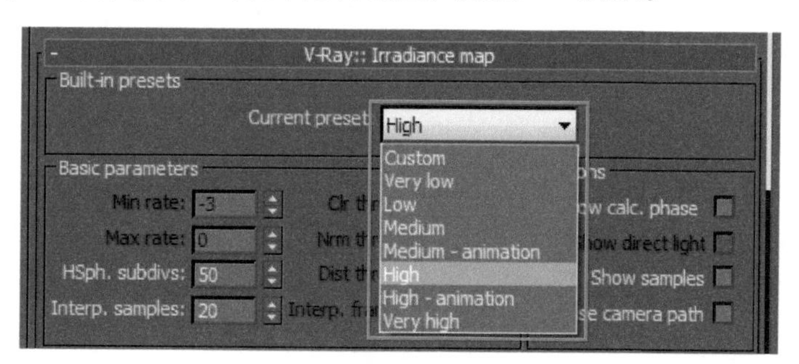

图 1-37　预设模板

比较快捷的方法是在下拉列表中选一个预设进行渲染。在做测试的时候可以选择较低的参数，比如Low或Very low等；在做最终渲染的时候则选择较高的预设，比如High或Very high。

专业用户会选择Custom(自定义)方式，以便对渲染进行更精准的控制。使用这个预设后，下方的Basic parameters(基本参数)选项组中的几个参数都将处于可编辑状态。

其中左侧的四个参数是最为关键的，它们是Min rate(最小比例)、Max rate(最大比例)、HSph. subdivs(半球细分)和Interp. samples(插值采样)。

Min rate和Max rate用于控制光子图的大小，HSph. subdivs用于控制光子的数量，Interp. samples用于控制光子的采样。设置好这几个参数基本就抓住了VRay的要害，距离做出优秀的渲染效果就不远了。

Min rate主要控制场景中比较平坦、面积比较大的面的受光质量。这个参数确定GI首次反弹的分辨率。0意味着使用与最终渲染图像相同的分辨率，这将使得发光贴图类似于直接计算GI的方法；-1意味着使用最终渲染图像一半的分辨率。通常需要设置它为负值，以便快速地计算大而平坦的区域的GI。测试时可以设置为-6或-5，最终出图时可以设置为-5或-4。数值越大，渲染速度越慢。

Max rate主要控制场景中细节比较多、弯曲较大的物体表面或物体交汇处的质量。这个参数确定GI传递的最终分辨率。测试时可以设置为-5或-4，最终出图时可以设置为-2或-1或0。光子图可以设置为-1。

图1-38展示了Min rate和Max rate在渲染图像中的具体应用。较为平坦的表面上的光子大小由Min rate参数来控制，转角处的光子大小由Max rate参数控制。

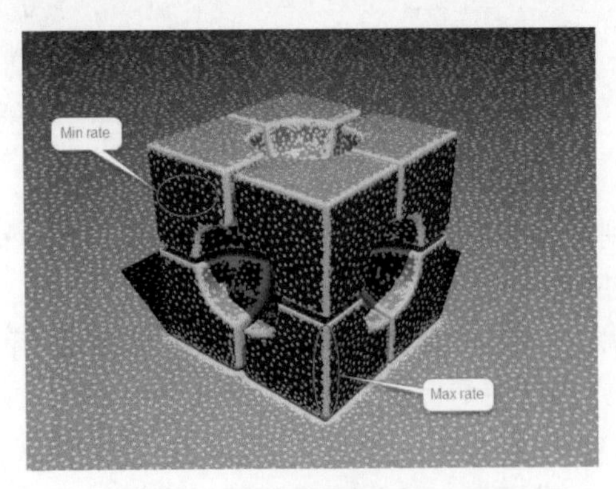

图1-38　两种光子参数的具体应用

图1-39展示了一组不同Min rate取值的对比测试。注意观察平面上的光子大小，随着数值的增大，光子越来越密集。

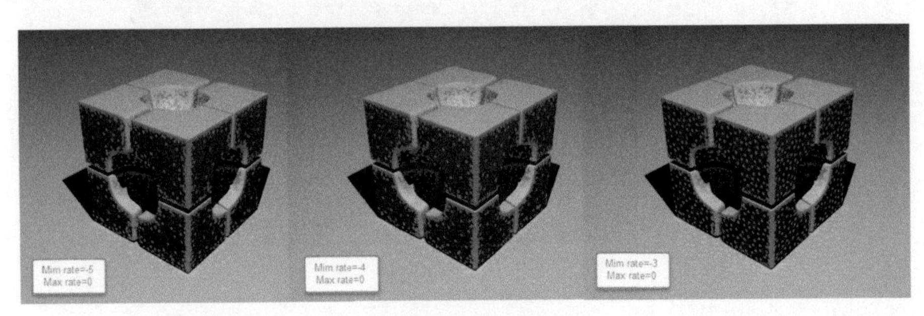

图1-39　不同Min rate的对比

图1-40所示为一组不同Max rate取值的对比测试。注意观察转角处的光子分布，数值越大，则光子越密集。

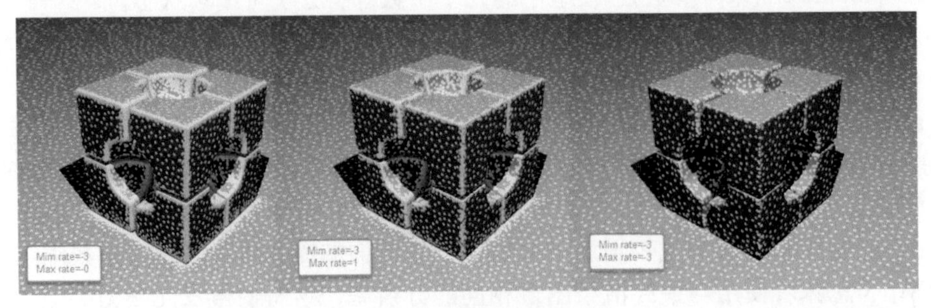

图1-40　不同Max rate的对比

Min rate和Max rate的取值越小，则画面会越粗糙。图1-41提供了一组效果对比，将HSph.

subdivs和Interp. samples都设置为最小值1，三张图的Min rate/Max rate的取值从左至右分别为-3/-2、-4/-3和-5/-4。可以看出，取值越小，画面中的斑块就越大，随着数值的增大，斑块越来越小。加大一个数字，斑块将会减小为原来的1/4。

图 1-41　光子大小的对比

1.2.3　半球细分和插值采样

半球细分(HSph. subdivs)决定单独的GI样本的质量，对整图的质量有重要影响。较小的取值可以获得较快的速度，但是也可能会产生黑斑；较大的取值可以得到不错的图像，其代价是更多的渲染时间。

该参数类似于直接计算的细分参数。注意，它并不代表被追踪光线的实际数量，光线的实际数量接近于这个参数的平方值。表1-1给出了半球细分值和追踪光线数量之间的关系。

表 1-1　半球细分值和追踪光线数量的关系

参数	取值	追踪光线数量
HSph. subdivs	1	1
	2	4
	10	100
	25	625
	50	2500
	100	10000

测试时该参数可以设置为10～15，可提高速度，但图像质量较差。最终出图时可以设置为30～60，可以模拟光线条数和光线数量，值越大，表现的光线数量越多，样本精度越高，品质也越好。光子图可以设置为35。

插值采样用于控制场景中的黑斑，该值越大，黑斑越平滑，因此这个参数也被业内人士称为“磨平值”。在数值设得较大的情况下，画质较为平滑，但是会丢失一些细节；数值设得过小，则画面容易产生黑斑。测试时采用默认值，最终出图时可以设置为30～40。光子图可以设置为40，对样本进行模拟处理，值越大越模糊，值越小越锐利。

实际工作中往往需要在上述两个参数之间取得一个平衡，既不能太高也不能太低。为了测试这个参数，可以使用“中等”品质的预设模板。首先使用一个较低的半球细分值，以便更好地观察插值采样的工作状况。最终渲染的时候再将半球细分值设置为较大的数值。图1-42展示了半球细分值不变而插值采样值逐渐增加的渲染测试结果。可以清楚地看到，随着插值采样值的增加，渲染画质会越来越好，同时也需要付出渲染耗时越来越大的代价。

图 1-42　改变插值采样值的对比测试

1.3　VRay 的摄像机

对于室内效果图而言，摄像机的地位是至关重要的，所有渲染画面的取景和构图几乎都离不开摄像机。如果采用VRay的物理摄像机，其操作和参数设置也会对图像的品质产生很大的影响，因此务必对摄像机的设置高度重视。

当用户安装了VRay之后，在摄像机创建面板的下拉列表中将会出现一个VRay选项，如图1-43所示。VRay摄像机包括两类，即VRayDomeCamera(VRay穹顶摄像机)和VRayPhysicalCamera (VRay物理摄像机)。

图 1-43　VRay 摄像机

1.3.1　VRay 穹顶摄像机

VRay穹顶摄像机类似于标准摄像机中的自由摄像机(free)，没有目标点。调整拍摄方向只能通过旋转操作完成，一般不适合用来作为室内效果图的取景之用。

VRay穹顶摄像机的焦距很短，拍摄的效果类似于鱼眼镜头，画面会产生严重的枕状变形。如图1-44所示。

VRay穹顶摄像机的参数也十分简单，一共只有三个参数，即flip(翻转)x、flip y和fov(视野范围)，如图1-45所示。

flip x和flip y用于在x轴和y轴方向上产生画面的翻转。例如，对图1-44所示的场景进行翻转设置，可以产生三种不同的结果，如图1-46所示。

图 1-44　穹顶摄像机的枕状变形

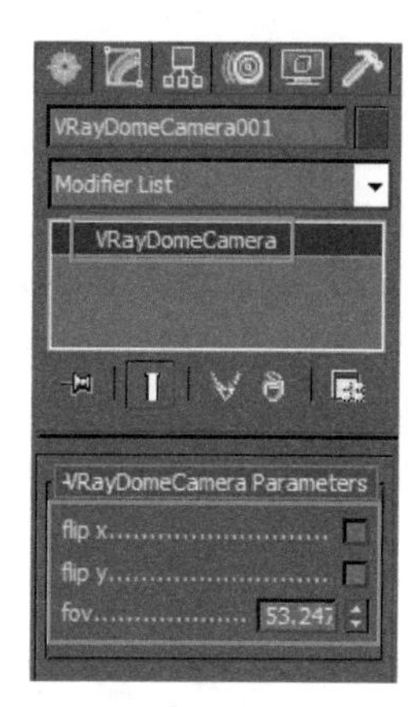

图 1-45　穹顶摄像机的参数

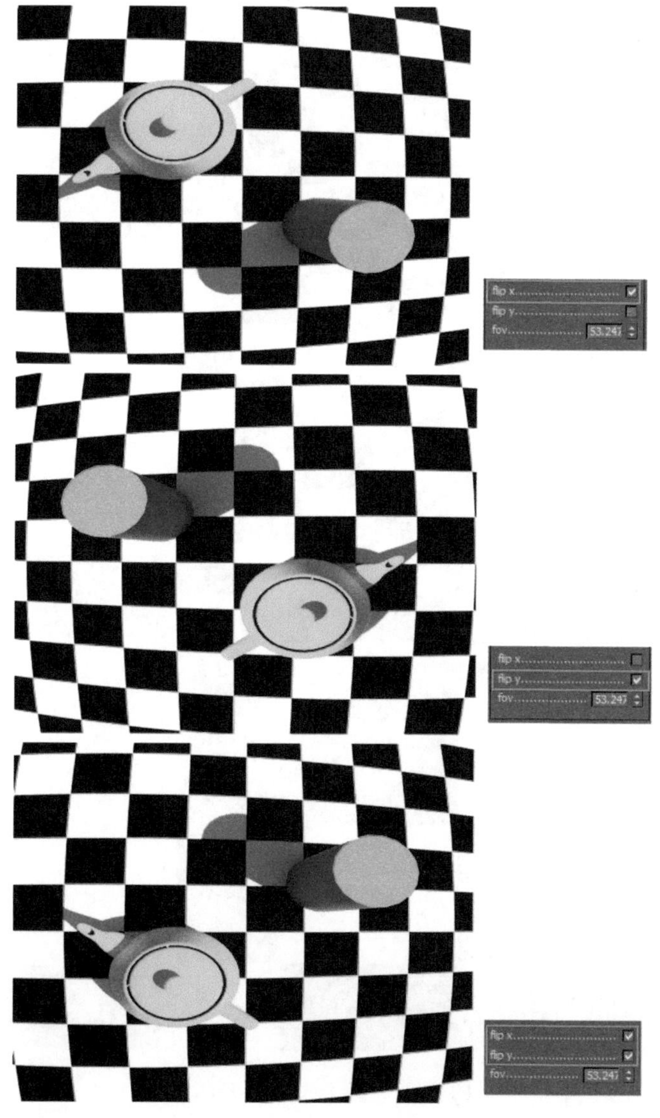

图 1-46　三种不同的翻转结果

技巧提示

穹顶摄像机的翻转效果是无法在摄像机视图中直接显示的，必须通过渲染，而且必须采用VRay渲染引擎渲染才能出现翻转结果。使用3ds Max的默认扫描线渲染器虽然也能渲染，但无法出现翻转的效果。

fov代表镜头的视野范围，单位是角度，取值越大，视野范围越大，变形也越大；反之，取值越小，则视野范围越小，变形也越小，如图1-47所示。

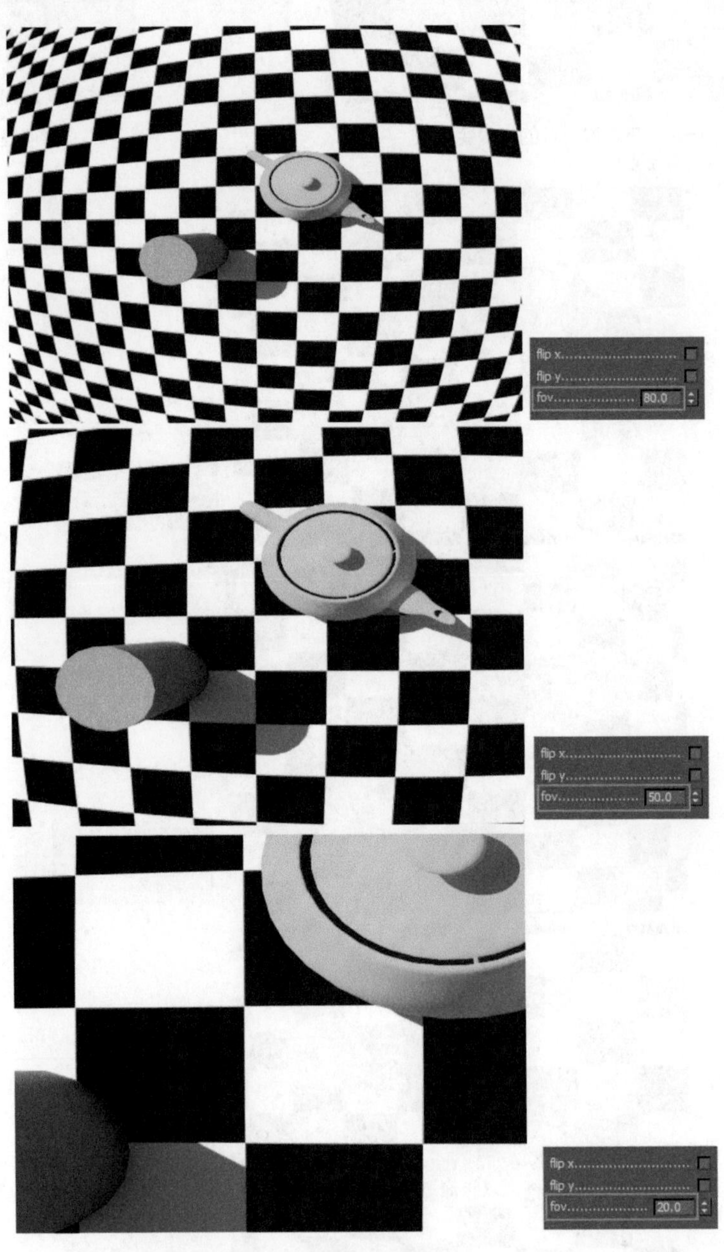

图1-47　不同 fov 取值的对比

1.3.2　VRay 物理摄像机

VRay物理摄像机对于室内效果图极为重要，物理摄像机不仅可以用来取景和构图，还可以校正画面的颜色、调节画面的亮度等，起到对画面进行整体调整的作用。而且，使用物理摄像和进行这些调整的便利程度甚至超过直接调整光源。

VRay物理摄像机的创建很方便，只需要单击VRay摄像机面板中的VRayPhysicalCamera按钮，在视图中按图1-48所示的顺序操作即可完成创建。

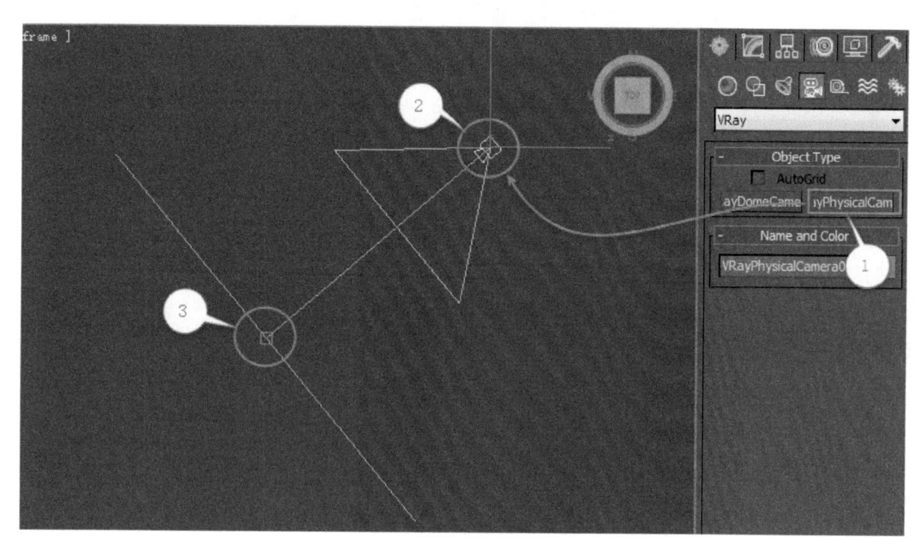

图 1-48　物理摄像机的创建

VRay物理摄像机的目标点和摄像机可单独移动，这样使用摄像机进行构图和取景十分方便。要看到摄像机的拍摄画面，可以激活某个视图，按C键，这样即可将这个视图转换为摄像机视图，视图的左上角会出现VRay物理摄像机的名称，如图1-49所示。

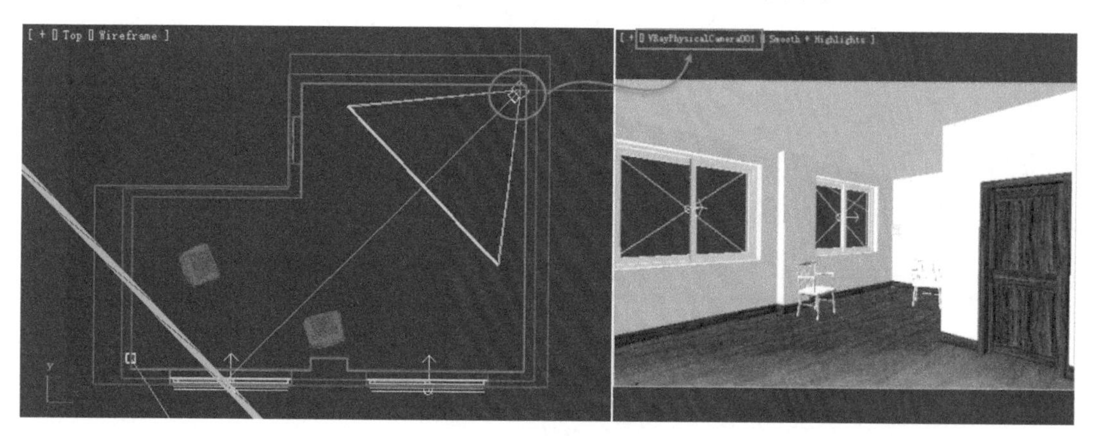

图 1-49　打开摄像机视图

如果场景中有多个摄像机，按C键后会出现Select Camera(选择摄像机)对话框，让用户从中选择需要的摄像机，如图1-50所示。

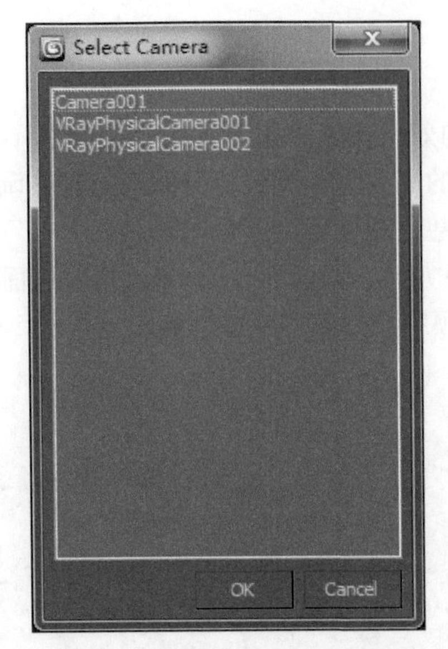

图1-50 Select Camera对话框

如果选中了某个摄像机后按C键，则会打开该摄像机的视图，不会出现Select Camera对话框。

对于摄像机视图，比较重要的一个操作是，一定要及时打开这个视图的安全框(快捷键为Shift+F)。有了安全框，就可以确定摄像机的拍摄范围，更准确地构图。安全框的长宽比与Render Setup窗口下的Output Size(输出尺寸)选项组中的设置有关，如图1-51所示。

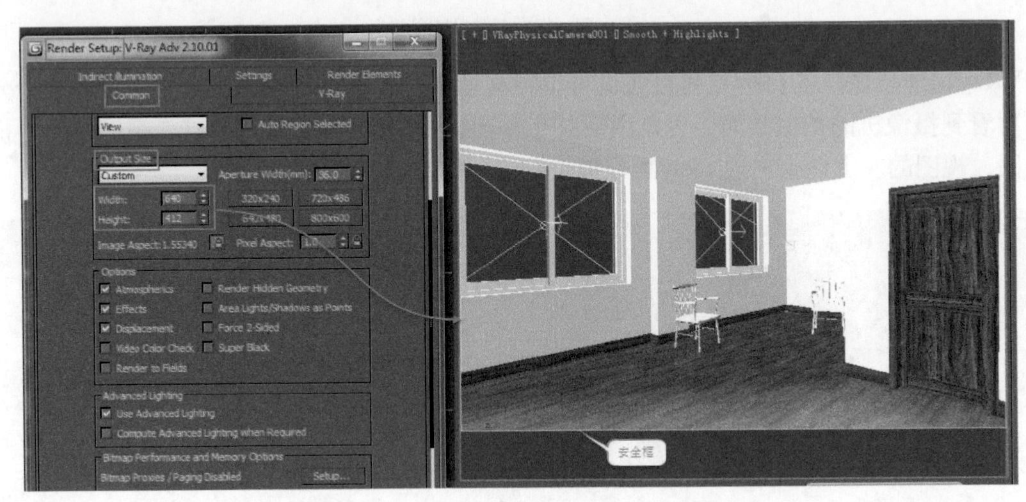

图1-51 安全框的设置

1.3.3 摄像机与光影效果的表现技巧

VRay物理摄像机的参数与真实的单反相机几乎完全一致，因此可以进行很多真实摄像机才有的设置，对于渲染画面具有很强的控制能力。在这一点上，VRay物理摄像机要远胜于3ds Max标准摄像机，所以应该优先使用VRay物理摄像机。

VRay物理摄像机共有5个卷展栏、50多个参数和选项，如图1-52所示。

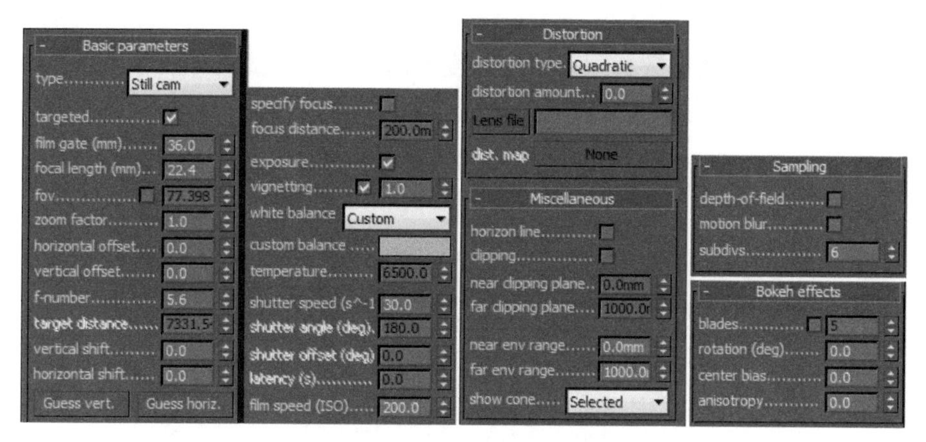

图 1-52　VRay 物理摄像机参数

和VRay的渲染设置一样，如此众多的参数中，最重要的不过四五个而已，只要能熟练设置这几个参数，就能很好地驾驭效果图的出图效果。这几个重要的参数是：f-number、shutter speed、film speed(ISO)、white balance等。

(1) f-number(光圈系数)：光圈系数和光圈相对口径成反比，系数越小，口径越大，光通亮越大，主体越亮越清晰。光圈系数和景深成正比，系数越大，景深越大。为了与真实相机的拍摄效果接近，光圈系数常用的取值有2.0、2.8、4.0、5.6、8.0、11等。

图1-53展示了一组快门速度相同而光圈系数不同的对比测试。可以明显看出，随着光圈的收小(光圈系数加大)，画面会越来越暗。渲染耗时会随着光圈的收小而减少。

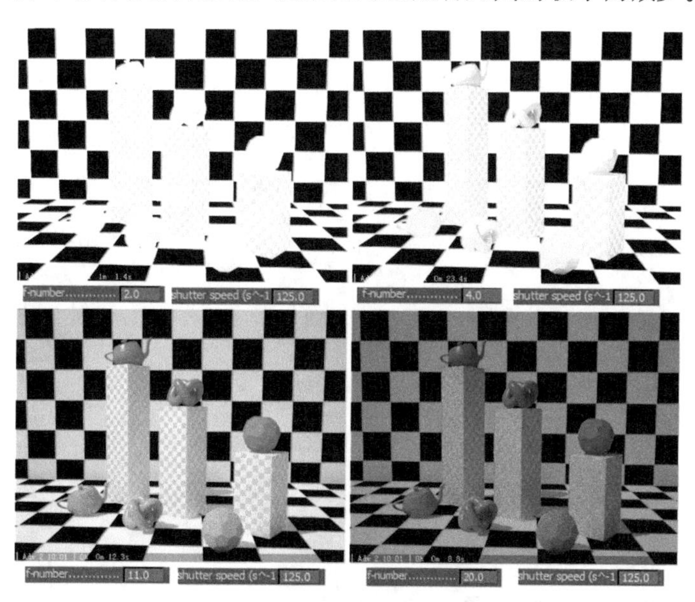

图 1-53　不同光圈系数的对比测试

(2) shutter speed(快门速度)：曝光时间是快门速度的倒数，例如快门速度设置为200，曝光时间就是1/200秒。所以取值越大，快门速度越快，曝光时间越短，画面也就越暗；取值越小，快门速度越慢，曝光时间越长，通过的光线越多，画面越亮、越清晰。快门速度和运动模糊成反比，值越小越模糊。快门速度是控制渲染图像亮度的一个常用参数，较之修改光源参数来改变场

景亮度往往要快捷得多。

图1-54展示了一组光圈系数相同而快门速度不同的对比测试。可以看出，快门速度越慢(数值越小)，画面会越亮。渲染耗时会随着快门速度的减慢而增加。

图1-54　不同快门速度的对比测试

(3) film speed(ISO)(底片感光速度)：数值越小，画质越好；数值越大，画面越亮，但画质会有所下降。通常取值为默认值100即可获得很好的画质。

图1-55展示了一组光圈系数和快门速度相同而感光度不同的对比测试。可以看出，随着感光度的提高，画面会越来越亮，但是画质会有所下降。渲染耗时会随着感光度的提高而增加。

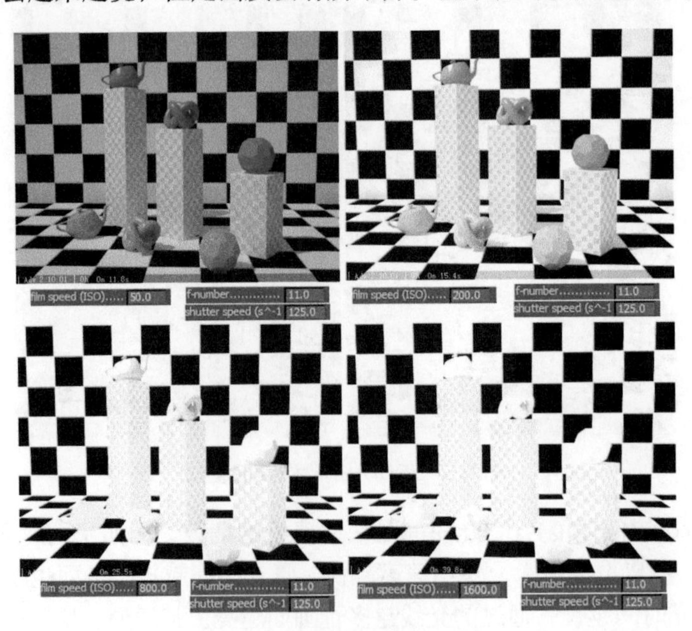

图1-55　不同感光度的对比测试

(4) white balance(白平衡)：无论环境的光线影响白色如何变化，通过白平衡设置都可以把需要的颜色定义为白色。

这个功能特别适合校正画面的偏色，只需要单击custom balance(自定义白平衡)右侧的颜色示例按钮，然后设置需要校正的颜色，或用吸管直接到画面中吸取一个颜色，再次渲染时，被吸取的颜色将会被定义为纯白色，画面中的其他颜色也将相应地被校正，如图1-56所示。

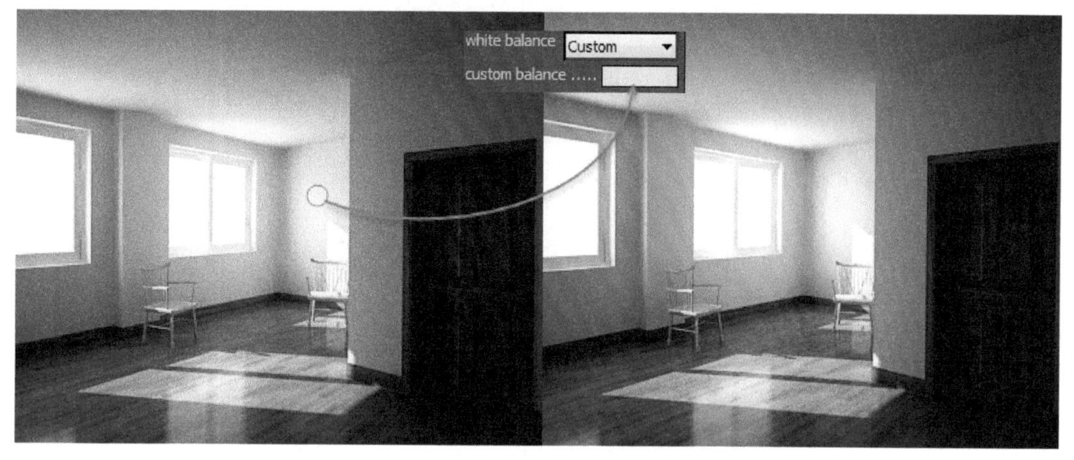

图 1-56　采用白平衡校正画面的偏色

经验提示

使用白平衡校正颜色看似十分方便，但是需要重新渲染画面，对于大图的渲染而言往往过于耗费时间。如果画面的偏色不是过于严重，通常的做法是，将画面存盘后在Photoshop中校正色彩，从而免去重新渲染的过程。

1.4　VRay 的帧缓存渲染

使用VRay渲染引擎进行渲染，除了可以使用3ds Max默认的渲染窗口之外，还可以使用VRay自带的一个内建的帧缓存渲染窗口。这个渲染窗口为VRay专用，具有很多独到的功能，与VRay的配合也是最好的，科学使用可以大幅提高渲染操作的效率，所以优先推荐使用帧缓存渲染窗口进行渲染。

1.4.1　帧缓存渲染窗口的打开

VRay的帧缓存渲染窗口需要在Render Setup窗口中打开。在V-Ray选项卡下的V-Ray::Frame buffer(VRay帧缓存)卷展栏中，选中Enable built-in Frame Buffer(启用内建帧缓存)复选框，如图1-57所示。

单击Show last VFB(显示上次渲染的VFB窗口)按钮，将会打开帧缓存渲染窗口，如图1-58所示。这里的VFB就是VRay Frame Buffer的缩写形式。

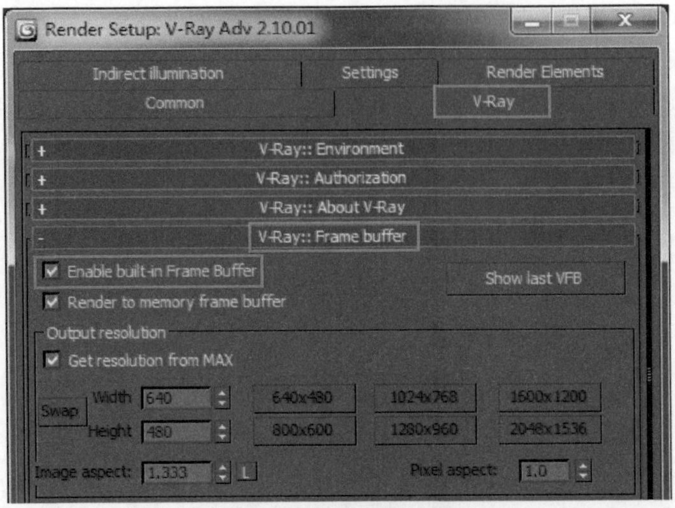

图 1-57　启用帧缓存渲染

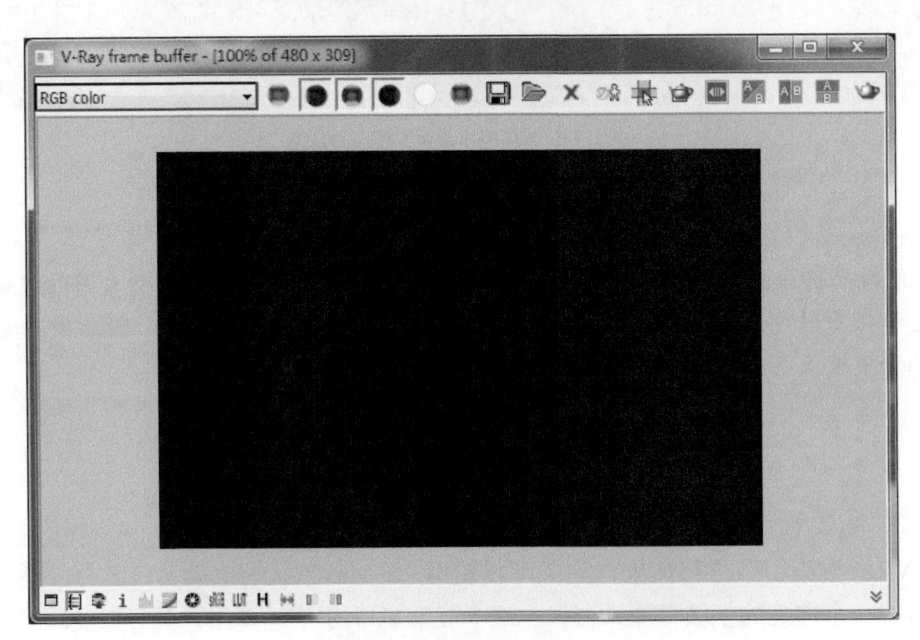

图 1-58　帧缓存渲染窗口

一旦启用了帧缓存渲染，3ds Max自带的渲染窗口将不再打开。

1.4.2　帧缓存渲染的重要工具

帧缓存渲染窗口的上方和下方带有两个工具栏，分布着众多的按钮。本小节将对窗口上方工具栏中的按钮做一个简单介绍。

- ：这几个按钮用于控制RGB通道、Alpha通道和单色显示效果。
- ：保存，用于保存渲染好的图像。
- ：用于打开VRay图像。

- ：用于清空内存中的图像。单击该按钮，缓存将被清空，窗口中的画面消失，窗口呈现黑色。这个功能适用于前后几帧图像叠加而引起画面混乱的情况。
- ：复制图像到3ds Max自带渲染窗口。单击该按钮，将会在3ds Max自带渲染窗口中复制一个图像。
- ：光标追踪渲染，可以在渲染时用光标指定渲染的区域。
- ：区域渲染，允许用户在渲染画面中指定一个矩形的区域进行渲染。
- ：用于已渲染图像之间的对比分析，如图1-59所示，可以水平方向对比、垂直方向对比，也可以交换位置对比。

图 1-59　对比图像功能

- ：渲染。单击该按钮，将在帧缓存渲染窗口中开始渲染。

1.4.3　帧缓存渲染的色调编辑

帧缓存渲染窗口下方工具栏中的按钮基本都与图像的色调编辑有关。当图像渲染完成后，可以使用这些按钮对图像做色阶、曝光、色彩曲线等控制操作。

- ：显示校正控制。单击该按钮，将打开Color corrections(色彩校正)对话框。在该对话框中可以对渲染画面的曝光度、色阶和色彩曲线进行手动编辑，但是需要打开相应的按钮才能使用这些校正工具，如1-60所示。
- ：使用色阶校正。单击该按钮，将会使用Color corrections对话框中色阶的编辑结果。
- ：使用色彩曲线校正。单击该按钮，将会使用Color corrections对话框中色彩曲线校正的编辑结果。
- ：使用曝光校正。单击该按钮，将会使用Color corrections对话框中曝光控制的编辑结果。

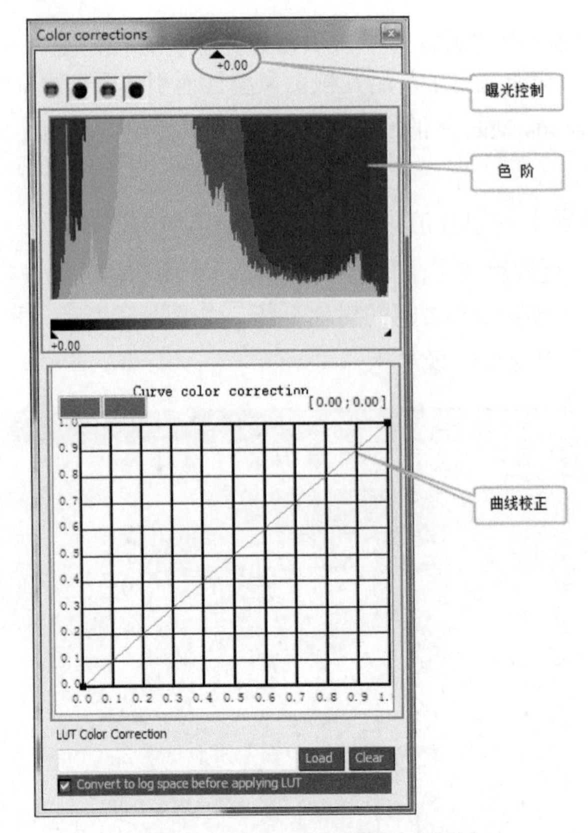

图 1-60　Color corrections 对话框

1.5　提高渲染效率的诀窍

在商业效果图的制作过程中，有很多提高渲染效率的诀窍。使用得当，可以大幅提高效果图的出图效率。本小节将总结几种提高渲染效率的方法。

1.5.1　局部渲染

进行局部渲染操作推荐使用VRay的帧缓存渲染窗口。单击 (区域渲染)按钮，然后在渲染窗口中拖出一个矩形区域，后面的渲染将只会针对这一块区域进行。由于渲染面积较小，渲染速度很快，可以节省大量的渲染时间。

图1-61中，左侧图像为某室内场景的摄像机视图。如果需要观察左侧楼梯部分的渲染效果，可以框选出楼梯所在的区域，结果红框内的楼梯画面被渲染。

局部渲染的另一个作用是，在全图渲染完成之后，局部修改模型、材质或照明，无须再重现渲染全图，只需要对修改过的区域使用局部渲染即可。这种做法可以称之为“打补丁”。

图1-62所示为一个典型案例。画面左侧的木质楼梯在全图渲染完成之后需要修改材质，此时只需要将楼梯部分框选出来做一个局部渲染，即可完成画面的更替。渲染耗时只有全图的1/8左右。由于采用的是帧缓存渲染窗口，红框之外的其他画面仍然保留在缓存之中，两者仍然可以拼合为一个完整的画面。

图 1-61　局部渲染实例

图 1-62　在画面上“打补丁”

1.5.2　光标追踪渲染

在默认情况下，VRay的画面渲染顺序是通过预设确定、无法更改的。渲染顺序在Settings选项卡下的V-Ray::System卷展栏的Region sequence(区域顺序)下拉列表中设定，如图1-63所示。

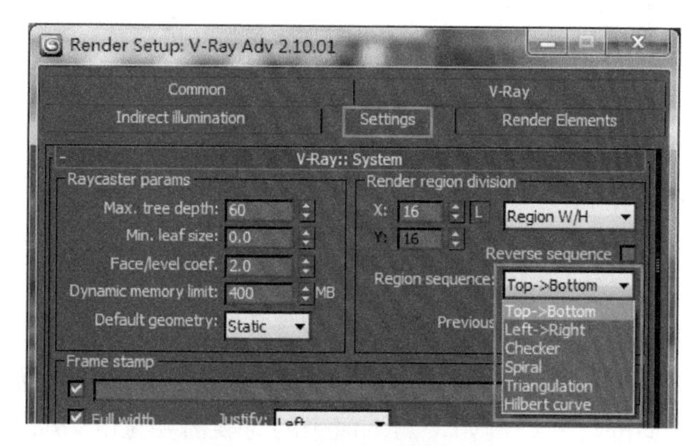

图 1-63　渲染区域顺序列表

光标追踪渲染也是帧缓存渲染窗口独有的一个功能，在渲染的时候可以手动指定需要渲染的画面，这样可以快速了解画面中某些局部的情况，以此来决定是否需要继续渲染，如图1-64所示。

图 1-64　光标追踪渲染

1.5.3　小比例渲染

室内效果图的成品图通常需要打印出图，所以分辨率通常会比较高。例如A4规格的打印出图，按300dpi计算，输出的图像分辨率将达到3500像素×2480像素(横向放置)。

在进行渲染测试的时候，为了提高渲染效率，可以将分辨率调低，这样可以大幅度缩短渲染时间。还以A4规格的300dpi图像为例。在Render Setup窗口中将Output Size的模板设置为Custom(自定义)，将宽度和高度的分辨率输入到Width(宽度)和Height(高度)文本框中，按下Image Aspect(图像比率)右侧的锁定按钮，如图1-65所示。

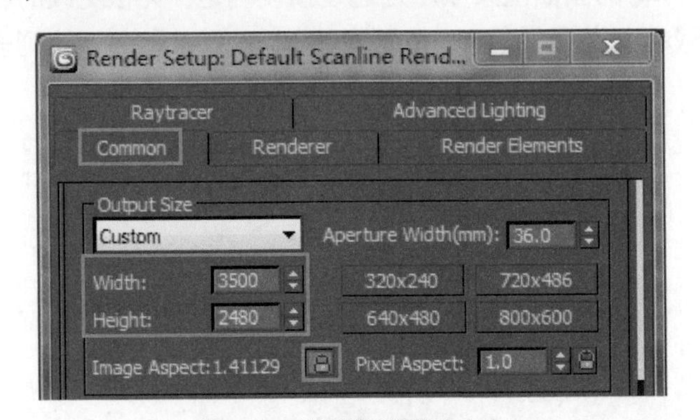

图 1-65　设置输出图像的大小

按下Image Aspect右侧的锁定按钮，是为了方便今后设定与最终成品图相同比例的小图，而不用每次都去计算小图的尺寸。例如，测试渲染的时候需要宽度为640像素的小图，这时只需要将Width设置为640，软件会自动算出Height值，如图1-66所示。

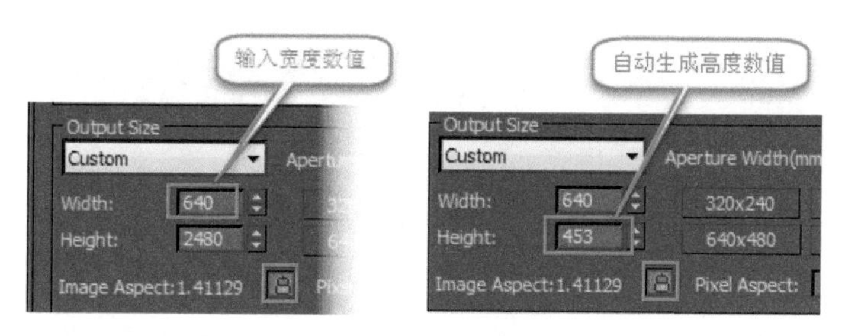

图 1-66　自动生成尺寸

如果是常用的一些输出尺寸，可以直接将这些尺寸放置在预设按钮上，方便调用。方法是在任一预设按钮上右击，在弹出的Configure Preset(配置预设)对话框中输入数值，单击OK按钮确认操作，预设按钮上将出现设定值，如图1-67所示。

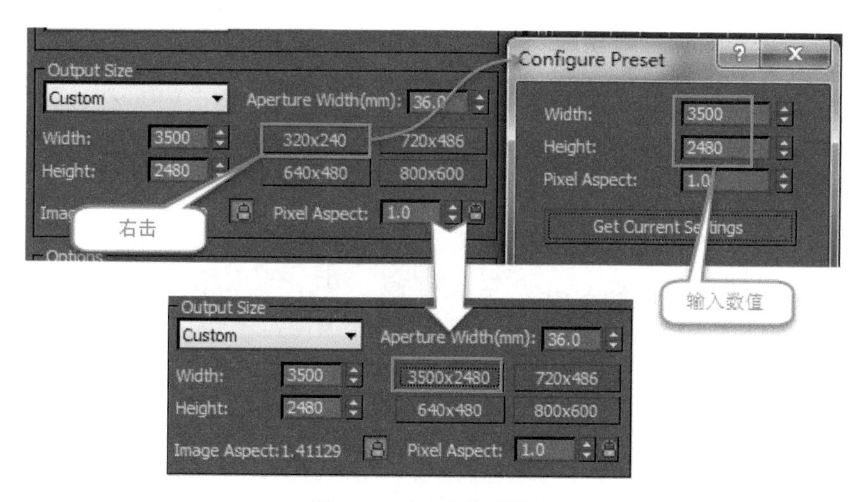

图 1-67　自定义预设模板

今后在需要使用这些模板尺寸的时候，单击预设按钮即可调用。

小比例渲染对效率的提升是非常明显的，这里可以做一个简单的对比计算。仍以A4输出为例，成品图尺寸3500像素×2480像素，总像素为868万。而采用小比例渲染，如640像素×453像素，总像素约为30万。两者相差将近30倍，也就意味着渲染时间消耗也相差30倍。

1.5.4　低完成度渲染

前面三个小节介绍的提高渲染效率的方法虽然都比较快捷，但是有一个共同的问题，即必须完成渲染前的预处理过程，进入到正式渲染才能生效，而预处理往往又是个很耗费时间的过程。

对于VRay熟练操作者而言，很多情况下不需要把图渲染出来就可以预判结果，及早发现图像的问题，以决定是否需要继续渲染图像。这种操作可称为“低完成度”渲染。

要做到低完成度渲染，需要预先做一些设置。这些设置主要集中在Indirect illumination选项卡之中。在V-Ray::Irradiance map和V-Ray::Light cache卷展栏中，有几个选项和低完成度有关，分别是V-Ray::Irradiance map卷展栏中的Show calc. phase(显示计算状态)和Show direct light(显示直接光照)，以及V-Ray::Light cache卷展栏中的Show calc. phase，如图1-68所示。

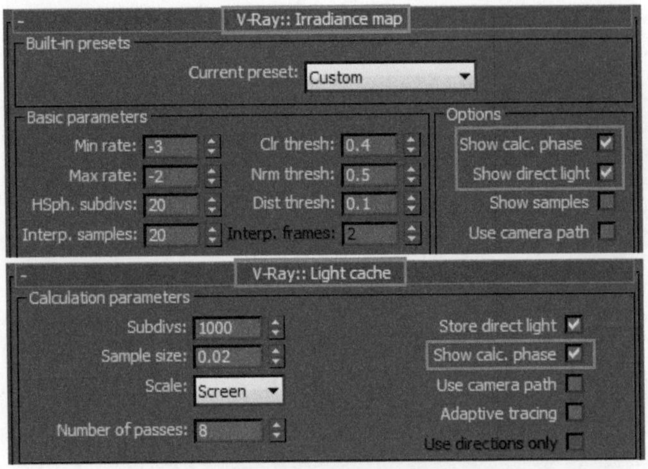

图 1-68　和低完成度有关的几个选项

选中V-Ray::Irradiance map卷展栏中的Show calc. phase复选框，VRay在计算发光贴图的时候将显示发光贴图。选中Show direct light复选框，将会观察到整个渲染过程。图1-69所示为计算完发光贴图的情形。

图 1-69　发光贴图的计算状态

选中V-Ray::Light cache卷展栏中的Show calc. phase复选框，可以显示被追踪的光线路径。是否选中该选项对灯光贴图的计算结果没有影响，但是可以给用户一个比较直观的视觉反馈。图1-70所示为计算完灯光缓存的情形。

观察图1-69和图1-70，虽然渲染还没有开始、画面还很粗糙，但是已经可以大致了解场景的材质和光影效果等信息。如果在这个阶段发现比较明显的问题，就可立即将渲染停下来重新调整，不必把画面全部渲染完成，这样可以节省大量的渲染时间。

如果上面所说的几个与低完成度有关的选项都没有开启的话，在正式渲染之前的预处理阶段，渲染窗口将显示为黑色。如果参数设置得较高，预处理过程会是很漫长的，所以强烈建议用户一定要把这几个选项打开，以便及早发现问题。

图 1-70　灯光缓存的计算状态

技巧提示

中途停止渲染的方法是，单击Rendering对话框中的Cancel按钮，而不是关闭帧缓存渲染窗口，如图1-71所示。

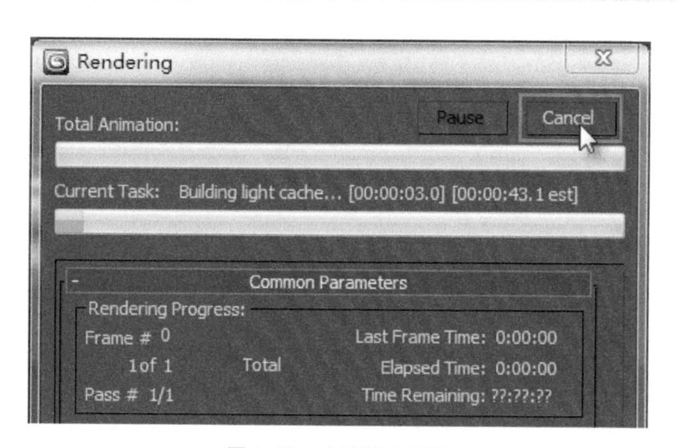

图 1-71　中途停止渲染

1.5.5　低参数渲染

VRay的参数设置对于渲染速度也会产生很大影响。较高的参数能获得高品质的图像，但是也会带来大量的时间消耗。在测试阶段，为了提高效率，可以将参数设置为较低的数值。待整体效果比较满意之后，再将参数调高。

以Irradiance map和Light cache组合为例，测试阶段可以将Irradiance map设置为Low或更低的Very low，将V-Ray::Light cache卷展栏中的Subdivs设置为500(数值越低品质越低)左右，将Sample size设置为0.05(数值越高品质越低)左右，如图1-72所示。

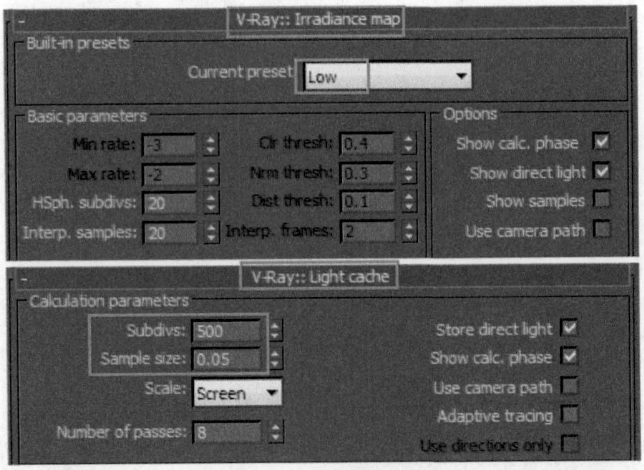

图1-72　调低渲染参数

为了方便今后调用上述参数，可以将这个设置保存为一个参数模板。方法是，打开Render Setup窗口底部的Preset(预设)下拉列表，执行Save Preset(保存为预设)命令，如图1-73所示。

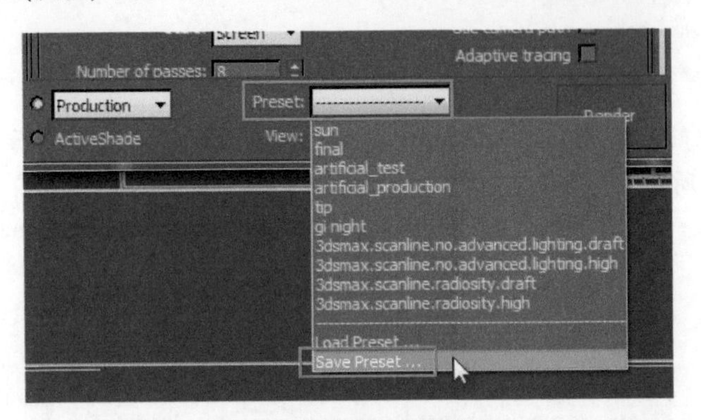

图1-73　保存渲染参数预设

在设置完保存路径和名称(例如命名为test.rps)之后，将出现Select Preset Categories(选择预设项目)对话框，在其中选择需要保存的项目，V-Ray Adv 2.10.01是其中必须保存的项目，如图1-74所示。

一旦设置完渲染模板之后，在Preset下拉列表中就会出现一个test项目，如图1-75所示。

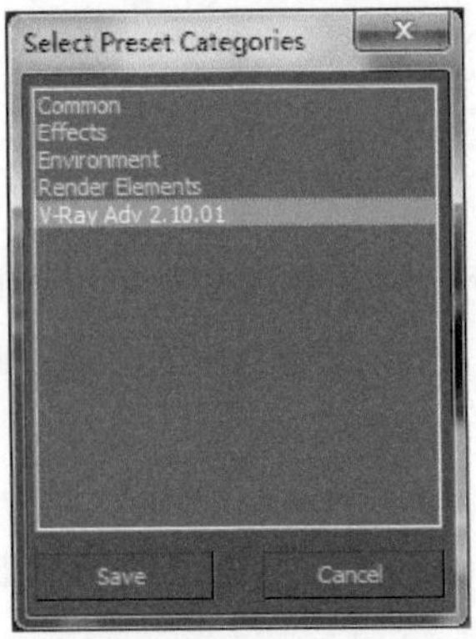

图1-74　选择预设项目

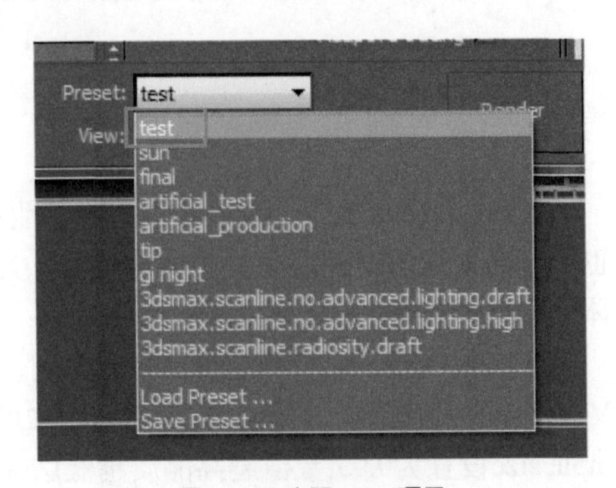

图1-75　出现 test 项目

技巧提示

如果想删除某个已经存在的渲染模板，可以到该模板的存盘目录中将这个模板的rps文件删除。删除之后，这个模板选项仍然会出现在Preset下拉列表中。选择这个预设，会出现Render Presets Error(渲染预设错误)对话框，表示无法加载这个预设，之后这个模板就会从下拉列表中消失。

图1-76提供了一组对比。上方图像为低参数渲染，下方图像为高参数渲染，两张图的分辨率均为480像素×360像素，两者的渲染耗时相差5倍以上。

图1-76　两种设置的对比

有时为了更好地分析场景中的光影效果、加快渲染速度，还可以暂时关闭某些效果。这些操作主要集中在V-Ray::Global switches(全局开关)卷展栏中，如图1-77所示。

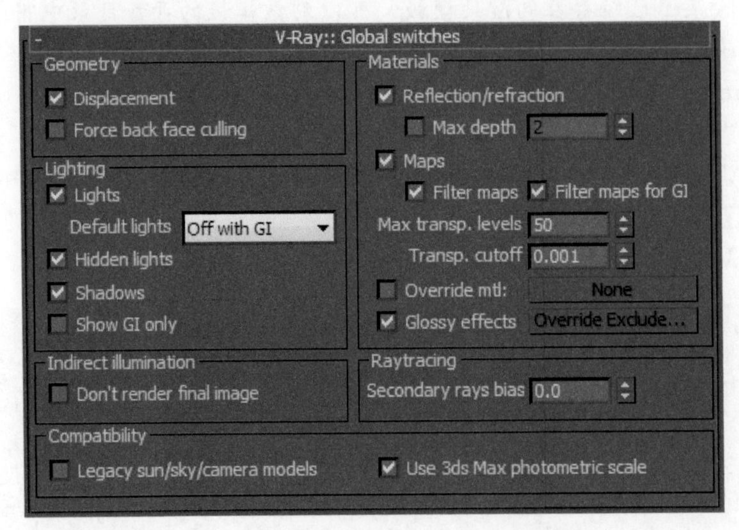

图1-77　V-Ray::Global switches卷展栏

对其中的选项简单介绍如下。

- Lights(灯光)：控制是否显示场景中的灯光。
- Shadows(阴影)：控制是否显示阴影。
- Reflection/refraction(反射/折射)：控制反射和折射材质的显示，反射和折射的计算量很大，取消选中该选项将会加快渲染速度。
- Override mtl(覆盖材质)：可以使用一个材质球替代场景中的所有材质。通常用于测试建模是否存在漏光等现象，以及时纠正模型的错误。

在材质编辑器中编辑好一个VRay材质球，通常使用白色默认参数。将这个材质球拖动到Override mtl选项右侧的按钮上，场景中的所有材质都被这个样本球所取代，成为了所谓的“白模”，如图1-78所示。

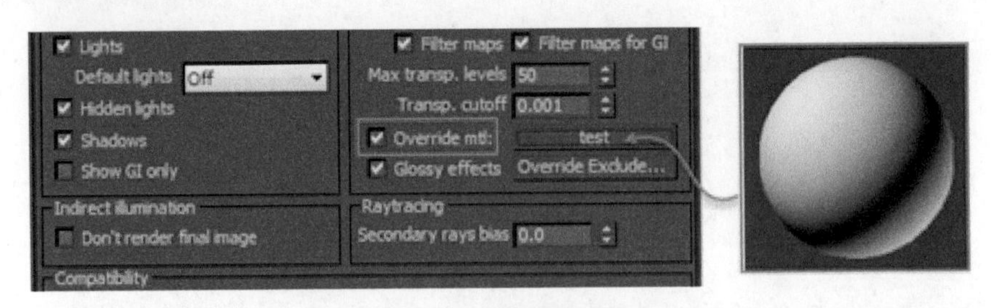

图1-78　使用覆盖材质

使用覆盖材质+test低参数渲染，结果如图1-79所示。由于不带材质，渲染耗时大幅缩短，仅为25.4秒。

如果给覆盖材质球加上VRay的线框贴图(VRayEdgesTex)，就可以生成设计感很强的带有线框的白模渲染效果，如图1-80所示。

图 1-79　渲染“白模”

图 1-80　带有线框的白模

1.6　本书中的一些约定

为了方便本章各场景渲染效果和渲染耗时的比较，本书中的所有场景都采用两种品质进行渲染：一种是草图级渲染品质，目的是快速检验渲染效果，方便对各项参数进行修改；一种是产品级渲染品质，采用较高的参数，达到出图的级别。

本书中草图级渲染的参数设置如下：Indirect illumination采取Brute force和Light cache两种算法，将Brute force的细分设置为12左右，Light cache的细分设置为300左右；在V-Ray选项卡中，将Image sampler(图像采样)的类型设置为Fixed(固定)，将其细分值设置为2，如图1-81所示。

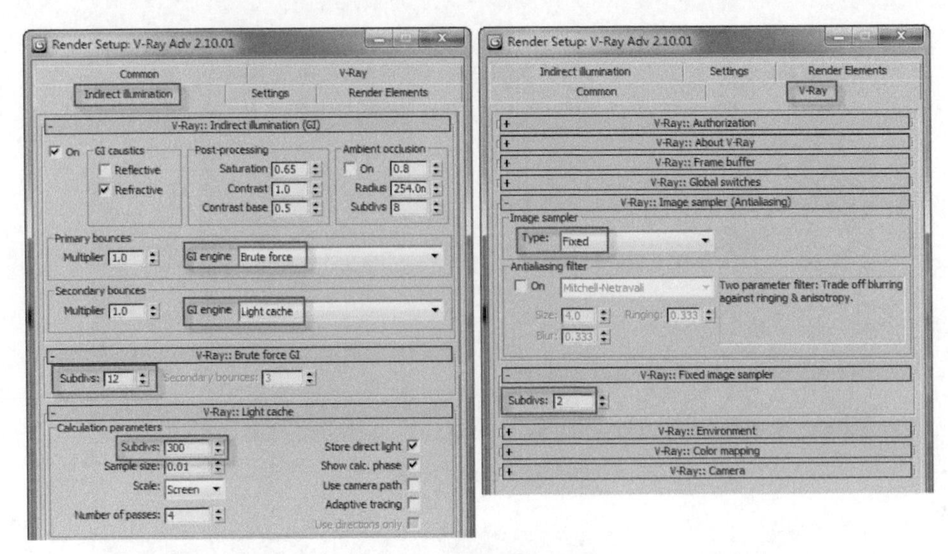

图 1-81　草图级渲染设置

本书中产品级渲染的参数设置如下：Indirect illumination采取Brute force和Light cache两种算法，将Brute force的细分设置为32左右，Light cache的细分设置为1200左右；在V-Ray选项卡中，将Image sampler的类型设置为Adaptive DMC(自适应DMC)，打开抗锯齿选项，将抗锯齿类型设置为Mitchell-Netravali，如图1-82所示。

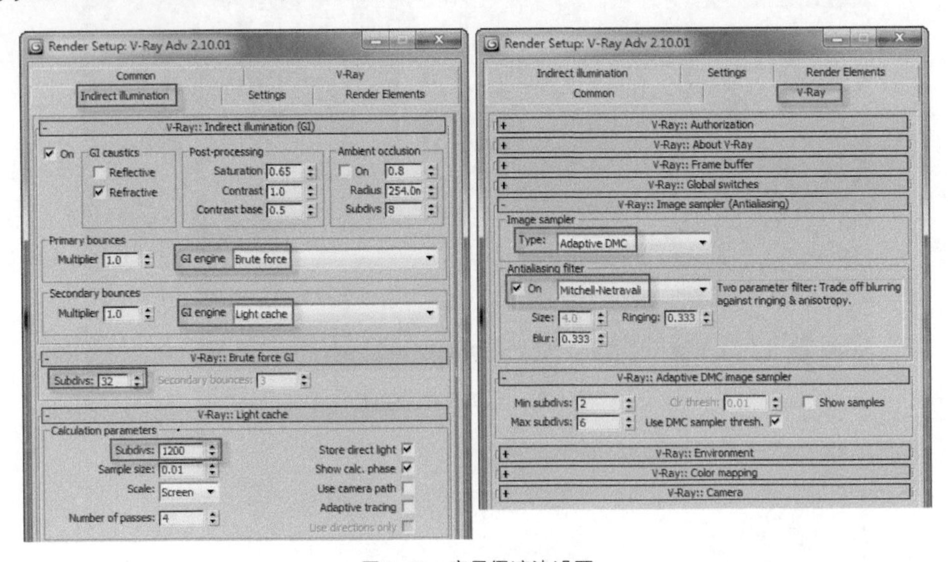

图 1-82　产品级渲染设置

两种渲染品质的共同设置如下：在V-Ray选项卡下的V-Ray::Frame buffer卷展栏中，选中Enable built-in Frame Buffer选项，使用内建的渲染窗口进行渲染；在Settings选项卡中，将渲染块的尺寸设置为16像素×16像素，选中Frame stamp(水印)选项组中的第一个复选框，为每张渲染图加上相关信息的水印，方便进行对比分析，如图1-83所示。

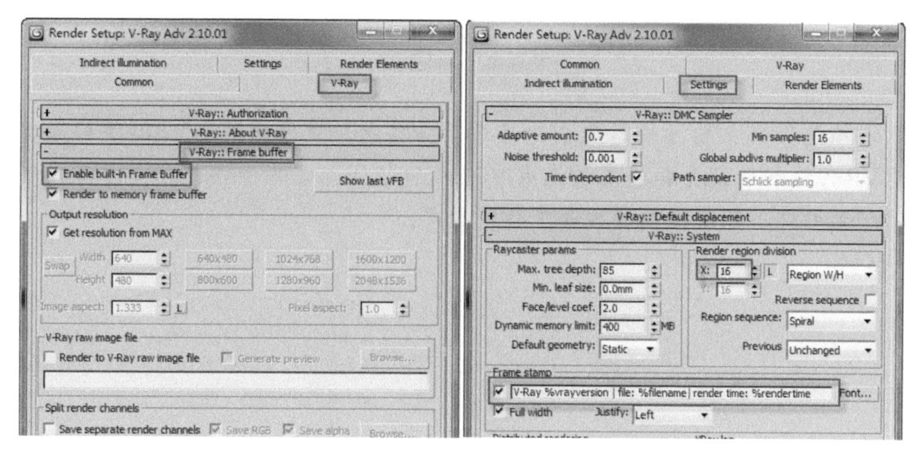

图 1-83　通用设置

为了提高操作效率，读者可将两种不同的渲染参数设置为预设模板。设置方法是，打开Render Setup窗口底部的Preset下拉列表，执行Save Preset命令，如图1-84所示。在需要进行渲染的时候，只需在Preset下拉列表中选择保存好的模板即可进行渲染，而无须反复修改参数。

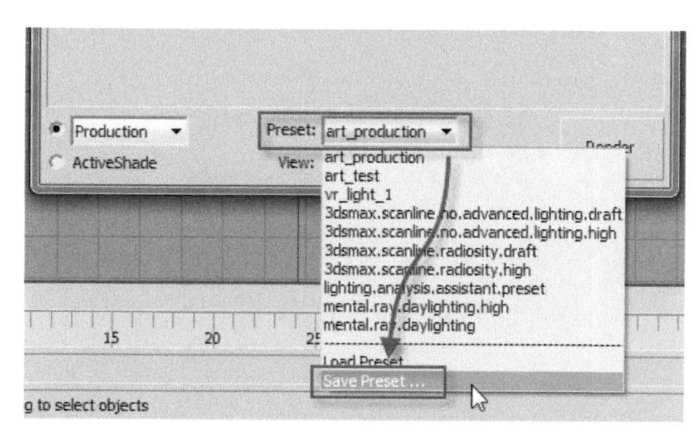

图 1-84　保存渲染预设

笔者的电脑配置为Intel Core i5-2300 CPU@2.8GHz、8GB内存、Win7/64位操作系统，如图1-85所示。读者可以根据这个配置大致推算出其他配置电脑的渲染速度。

系统

制造商:	Microsoft
分级:	系统分级不可用
处理器:	Intel(R) Core(TM) i5-2300 CPU @ 2.80GHz　3.00 GHz
安装内存(RAM):	8.00 GB
系统类型:	64 位操作系统
笔和触摸:	没有可用于此显示器的笔或触控输入

图 1-85　笔者电脑的配置情况

本书适用的软件为3ds Max 2011以上版本，VRay为Adv 2.10以上版本。

本章小结

本章回顾了历史上的渲染器之争和渲染算法之争，重点讲解了VRay渲染器。请读者特别留意VRay的参数设置和提高渲染效率这两个部分，这两个部分和实际工作的结合度是最高的，运用得当可以大幅度提高工作的效率。

第2章 细说灯光

内容提要：

- ◎ 光在建筑表现中的运用
- ◎ 三维照明中的几个基本要素
- ◎ 3ds Max 中的光源类型
- ◎ 历史上用过的模拟照明方法
- ◎ VRay 光源参数详解

三维渲染中最为重要的是什么？答案毫无疑问是光。要想做出优秀的三维渲染图像，必须深入了解光的属性，熟练掌握三维照明技法。本章就来详细地说一说光以及照明技术在三维渲染中的运用。

2.1 光在建筑表现中的运用

2.1.1 光的自然属性

关于光的来历，圣经《创世纪》中是这样记载的：第一天，上帝说要有光，就有了光；第二天，上帝说要有天空，就有了天空；第三天，上帝说要有陆地和海洋，就有了陆地和海洋；第四天，上帝说要有太阳和月亮，就有了太阳和月亮；第五天，上帝说要有鱼和飞鸟，就有了鱼和飞鸟；第六天，上帝说要有动物和人，就有了动物和人。

上面的故事带有神话的意味，但是光是自然界第一重要的元素是毫无争议的。在自然界和我们的生活环境中，光无所不在，我们每天睁开眼睛第一眼看到的就是光。光让我们的生活和自然界变得多姿多彩(见图2-1)。光怪陆离、五光十色、灯红酒绿等描述生活状态的成语无一不与光有关。我们的工作场所、学习场所和生活娱乐场所无不充满着各种光。据统计，人类感官收到外部世界的总信息中，至少90%以上通过眼睛。离开了光，我们的生活将变得无法想象。

图 2-1　没有光就没有多姿多彩的世界

光的自然属性在历史上曾经争论了很久，人类对光的认识经历了一个漫长的过程，历史上出现过多种关于光的理论。

早在公元前500年，古希腊数学家、哲学家毕达哥拉斯(Pythagoras，约公元前580—约公元前500年)就提出了可视射线理论。这种理论认为光是由眼睛发射出来的，照射在物体上，人才能看见。他认为光是触角，伸到所看见的物体上。

伟大的原子论者、古希腊哲学家德谟克里特斯(Democritus，约公元前460—公元前370年)认为物体本身辐射出可见的粒子形成了光。

古希腊伟大的哲学家柏拉图(Plato，约公元前427—公元前347年)认为光的形成来自于眼睛的光线辐射和物体的光线辐射。

中国古代的先贤也对光做出了研究和记载。成书于战国中后期(公元前388年左右)的《墨经》中就有多处关于光学研究的记载，在该著作的《经下》和《经说下》中有多处关于光学的经验定律和注释。例如，其中一条为“景之小大，说在杝正远近”，意思是说影子大小取决于物体位置和远近。物体斜放时，影子短而浓；正放时，影子长而淡。光源尺寸小于物体时，影子尺寸大于物体，反之亦然；远近也是一样的，光源离物体远则影子尺寸小，反之则尺寸大。

但是中国古代并没有形成光学研究的系统体系，没有产生一部光学的专门著作，对于光学现象和光学原理的记述只是零星地散布在不同的书籍之中。

到了17世纪，伟大的物理学家艾萨克·牛顿对光进行了系统的研究，认为光是由以直线方式运动和振动的粒子组成的。而另一位同时代的物理学家惠更斯则支持光波动说，认为光和尘埃一样以波的方式运行。当时两位大师展开了激烈的争论。由于牛顿在物理学等领域的巨大名声，当时学术界广泛接受牛顿的光学理论。图2-2所示为牛顿的巨著《光学》。

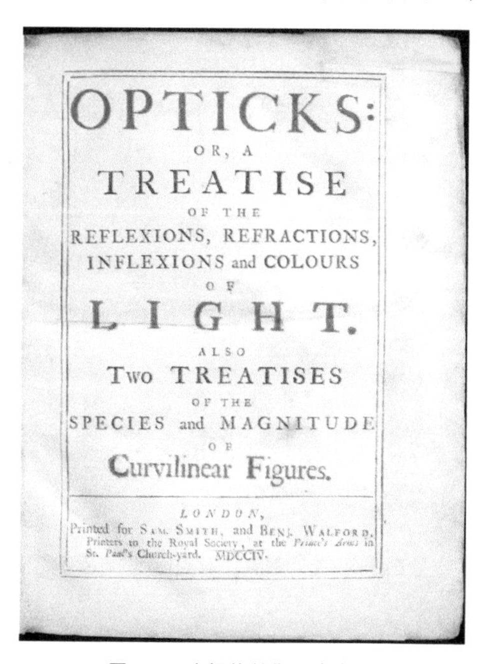
OPTICKS:
OR, A
TREATISE
OF THE
REFLEXIONS, REFRACTIONS,
INFLEXIONS and COLOURS
OF
LIGHT.
ALSO
Two TREATISES
OF THE
SPECIES and MAGNITUDE
OF
Curvilinear Figures.

LONDON,
Printed for SAM. SMITH, and BENJ. WALFORD,
Printers to the Royal Society, at the Prince's Arms in
St. Paul's Church-yard. MDCCIV.

图 2-2　牛顿的著作《光学》

19世纪之后，随着几位重要科学家(托马斯·杨、詹姆斯·麦克斯韦和马克斯·普朗克等)的研究，光的本质得到了彻底的揭示。

现代科学研究认为，光同时具备以下四个重要特征。

(1) 光以波的形式传播。光就像水面上的水波一样，不同波长的光呈现不同的颜色。

(2) 光以直线传播。笔直的“光柱”和太阳“光线”都说明了这一点。

(3) 光速极快。光在真空中的速度为30万千米/秒；在空气中的速度要慢些；在密度更大的介质中，譬如在水中或玻璃中，传播速度还要更慢些。

(4) 光中具有含能粒子，它们被称为“光子”，因此光能引起胶片感光乳剂等物质的化学变化。光线越强，所含的光子越多。

2.1.2　光的魅力

光照的作用对于人视觉功能的发挥极为重要，没有光，人就无法分辨明暗和色彩，也无法分辨物体的形状。光照不仅是人视觉的生理需要，也是美化环境必不可少的物质条件。

光照可以构成空间，也可以改变空间；既能美化空间，也能破坏空间。不同的光照不仅照亮了空间，而且能够营造出不同的空间意境和气氛。同样的空间，如果采用不同的照明方式，不同的照明位置、角度和方向，不同的灯具造型，不同的光照强度和色彩，就可以获得多种多样的视觉空间效应，时而明亮宽敞，时而温暖热情，时而温馨舒适，时而阴暗晦涩，时而神秘莫测。图2-3所示为相同的空间采用不同的照明方法产生的不同的氛围。

图 2-3　不同的照明体现不同的气氛

2.1.3　光在三维中的运用

灯光照明技术的运用在三维计算机图像作品中起着至关重要的作用，光照、动画和物体细节完美的结合可以产生诱人的三维环境，其中照明是三维制作中最为重要也是最难掌握的一个环节。

如果说建模和贴图等还有比较客观的评价标准的话，照明则是一个见仁见智的技术环节，同一个场景让不同的人来设计照明，一定会一人一个样。

在日常生活中，三维光照涉及许多技术领域和艺术学科。传统的光照采用的是灯光运动和放置技术及原理，使用心理学思想，通过细微的颜色分配和调色来表达情感，并通过光线分层将统一的、相关联的场景结合在一起，就像在戏院将舞台和灯光结合在一起一样。然而，大部分人还是趋向于专门对数字三维处理过程的某一方面进行研究。

例如，一个建模高手可能不擅长在场景中使用材质贴图和照明，或者一个建模高手和贴图高手在建模上花费几个星期的时间，却在光照上草率行事。在很多场合，似乎光照只是用于显示场景中的物体。毕竟在真实世界中，光照的任务就是使物体可见和可辨别。

三维计算机图像技术由模型、材质贴图和照明三个部分组成。在建筑表现领域，形式取决于功能，无论模型做得多么精致、贴图做得多么逼真，在三维图形中照明都起到烘托或破坏场景的作用。据统计，做效果图通常是三分之一的时间用于建模和贴图，三分之二的时间用于调试灯光。好的光照场景可以隐藏模型中的不足之处，减少材质贴图及定位的工作量。通过光照，用户只需要改变主颜色和整体照明程度，就可以改变场景中物体给人的印象和感觉。图2-4和图2-5为优秀的灯光应用作品。

图 2-4　室内效果图中灯光的运用

图 2-5　灯光在效果图中的运用实例

2.2 三维照明中的几个基本要素

2.2.1 光的三个基本属性

光是一种电磁波。我们周围其实充满了各种电磁波，从X射线到无线电波，这些电磁波最大的区别在于它们的波长不同。可见光的电磁波波长范围是400～800纳米，可见光的光谱如图2-6所示。

图2-6 可见光的光谱

光在传播过程中会产生几个重要的光学现象，要在三维软件中很好地表现光的照明效果，必须对这几个光学现象有深刻的理解。光的三个基本属性是反射、折射和吸收。这三种现象在现实生活中随处可见。

2.2.2 反射

光射到两种介质的分界面上时，有一部分光改变传播方向，回到原介质中继续传播，这种现象称为光的反射。光射到任何物体表面，都会发生反射现象(绝对黑体除外，理想条件下，绝对黑体能吸收所有的电磁辐射)。

在三维图像的制作中，对于反射的表现是一个极为重要的技法，反射是表现物体质感和外形的重要因素。图2-7所示为三维反射材质的表现。

图2-7 光的反射

反射的强弱与物体的光滑程度有关，物体表面越光滑，反射的光线越集中，反射也越强烈，一般称之为镜面反射；反之，物体表面越粗糙，反射的光线分布越散乱，反射也越微弱，一般称之为漫反射。图2-8所示为镜面反射和漫反射原理图。

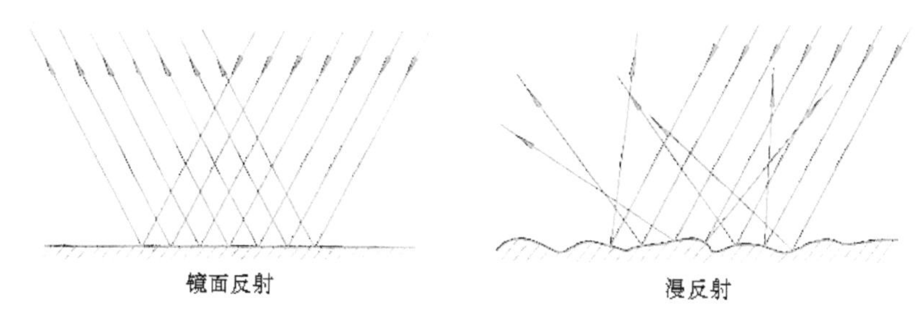

图 2-8　两种反射效果的原理图

三维材质制作中，常见的反射较强的材质有玻璃、水面、抛光的金属、抛光的木材、塑料、陶瓷等。

反射的强弱还与物体的形状有很大关系，圆润的表面更容易形成比较强的反光。因此，要产生强烈的高光效果，不仅与材质有关，还与模型的形状有关。了解这些知识，有助于我们在三维图像中更好地表现反射。

图2-9提供了一组对比，图中的两个立方体具有相同的外形尺寸和材质。不同的是右侧的立方体的边缘做了倒圆角处理，所以在其棱线上出现了高光，很好地表现出了立方体的外形，效果明显好于没有倒角的左侧立方体。

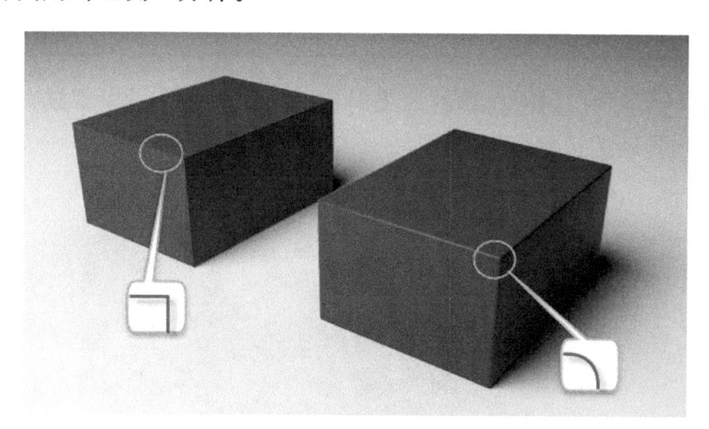

图 2-9　倒圆角的作用对比

2.2.3　折射

光从一种透明介质斜射入另一种透明介质时，传播方向一般会发生变化，这种现象称为光的折射。光的折射与光的反射一样都是发生在两种介质的交界处，只是反射光返回原介质中，而折射光则进入另一种介质中。由于光在两种不同物质里的传播速度不同，故在两种介质的交界处传播方向发生变化，这就是光的折射。折射原理如图2-10所示。

折射只能发生在透明的物质之中，常见的带有折射效果的材质有玻璃、水、冰、塑料等。图2-11所示为几种透明物质的折射效果。

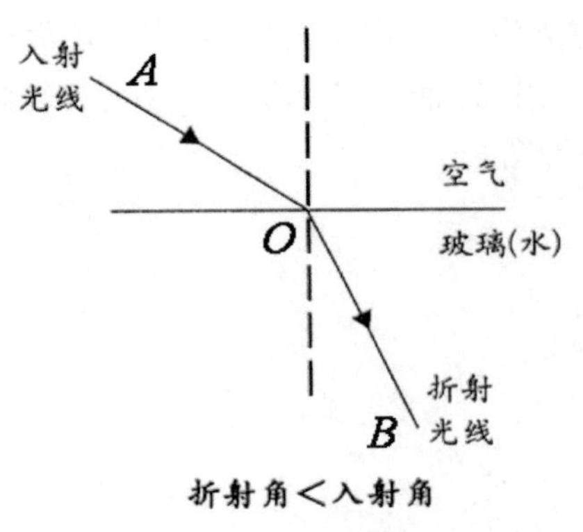

图 2-10 折射原理

图 2-11 透明物质的折射效果

透明物质对于光线的折射程度称为折射率，折射率在三维软件中的英文是Index of Refraction(IOR)。不同的透明物质的折射率差异很大，数值越大，则折射率越高。常见物质的折射率如表2-1所示。

表 2-1 常见物质的折射率

材 质	折射率(IOR)	说 明
真空	1.0	相当于没有折射
空气	1.0003	折射极小，一般可忽略不计
水	1.333	
玻璃	1.5～1.7	因氧化铅含量的不同而变化
水晶	2.0	
钻石	2.418	

图2-12所示为一组不同折射率材质的渲染对比。可以看出，折射率越高，对光的折射越强烈，透过材料观察其背后的景物变形越严重。

图 2-12 不同折射率材质的渲染对比

2.2.4　吸收

我们知道，自然光是由七种颜色(红橙黄绿青蓝紫)的光混合而成的，我们之所以能看到丰富的色彩，是源于物体对光的吸收。当一束白色光照射到一个红色的物体上时，白色光中的其他六种颜色都被红色物体所吸收，只有红色光被反射出来，被人眼所感知，于是就看到了红色，如图2-13所示。

如果所有的色光都被物体反射出来，我们看到的就是白色。如果所有的色光都被物体吸收了，我们看到的就是黑色。图2-14所示为黑色的产生原理。

图 2-13　红色的产生原理

图 2-14　吸收所有的色光形成黑色

很多光源的光谱并非单色的，它们的光是由不同颜色的单色光混合形成的。例如橙色，实际上并非单色的光，而是由红色和绿色的光混合形成的。有许多颜色都不是单色的，因为没有这样的单色的颜色，例如灰色、粉红色和绛紫色等。

了解色彩的吸收原理，有助于处理室内效果图的色调。不同的家具、地板和墙面的颜色搭配会产生各种色光的混合搭配。合理使用色彩搭配，可以产生良好的色光混合效果。图2-15展示了一幅色光搭配合理的室内效果图。

图 2-15　合理的色光搭配

2.3　3ds Max 中的光源类型

3ds Max的光源面板是创建光源的主要工具，默认情况下包括Standard(标准)和Photometric(光度学)两种类型。安装了某种渲染插件之后，会有该插件的专用光源类型。例

如，安装了VRay之后，会有一个VRay专用光源面板，如图2-16所示。

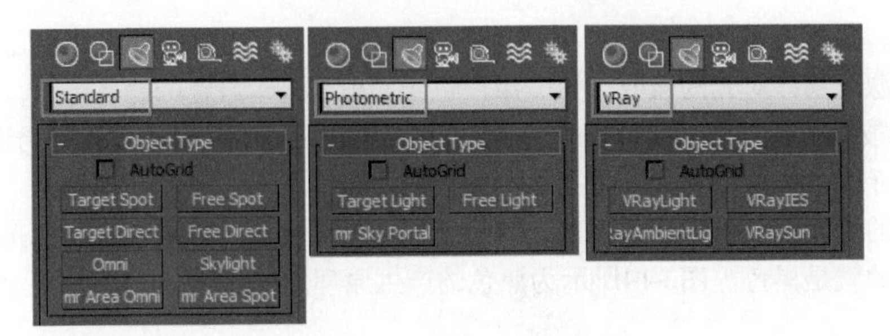

图2-16　3ds Max 光源面板

2.3.1　标准光源

标准光源是3ds Max中最为古老的光源，其中包括8种光源。除了与扫描线引擎配合的6种最基本的光源之外，还包括两个mr(Mental Ray)光源。

在没有渲染引擎的时代，几乎所有的三维场景都是由标准光源中的6种光源提供照明的。CG高手们可以用这些最原始的光源做出非常漂亮的渲染效果，并且发明了各种巧妙的布光技法来弥补标准光源的不足，这个部分将在2.4小节中详细介绍。图2-17所示为一个采用模拟照明方法渲染的图像。

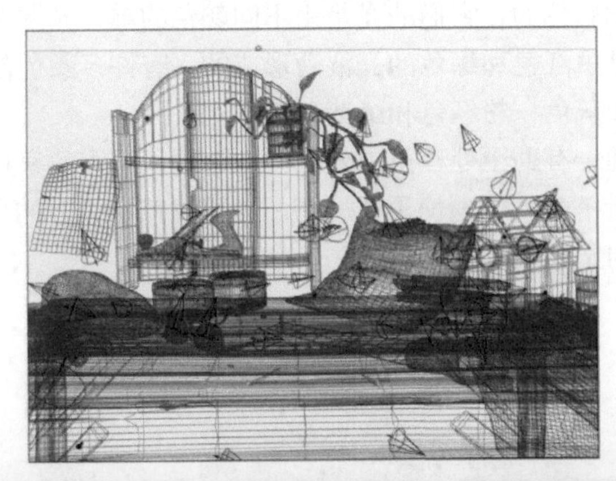

图2-17　采用模拟照明方法渲染的图像

1. 聚光灯

在计算机制图中，聚光灯是多数灯光设计方案中应用的一个基本要素。聚光灯是CG制作者喜欢的一种光源，因为这种光源很容易控制，可以方便地将光瞄准到特定的目标上，就像图2-18中所显示的。

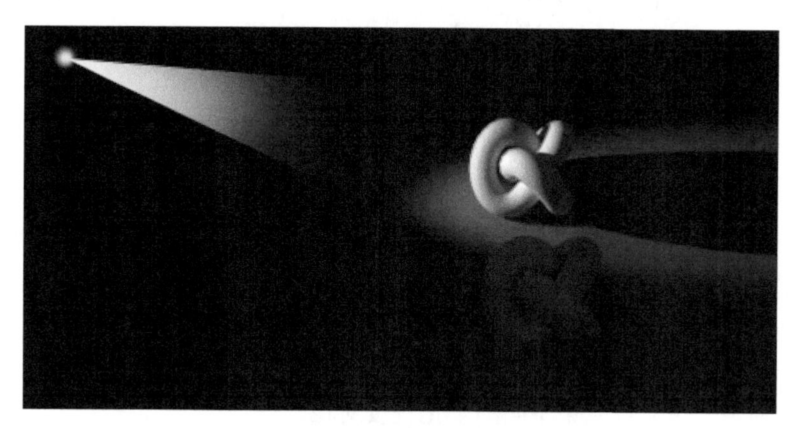

图 2-18　聚光灯能够将光瞄准到特定的目标上

聚光灯模拟从一点发出的带有方向性的光辐射，类似于探照灯或手电筒的照明效果。然而，聚光灯将照亮的区域局限在一个特定的锥体或光柱内。聚光灯的旋转可以帮助确定光柱瞄准的位置。可以将“目标”与光源连在一起，这样光就能够始终朝向目标所在的位置；还可以用三维物体将聚光灯的光分开，仿佛闪光灯或汽车前车灯一样，这样光柱就可以瞄准目标，仿佛光是从物体辐射出去的。

图2-19所示为聚光灯的一个典型应用。将聚光灯放置在汽车大灯的前方，模拟汽车大灯的照明效果，并与大灯模型绑定在一起，可以与车身同时运动。

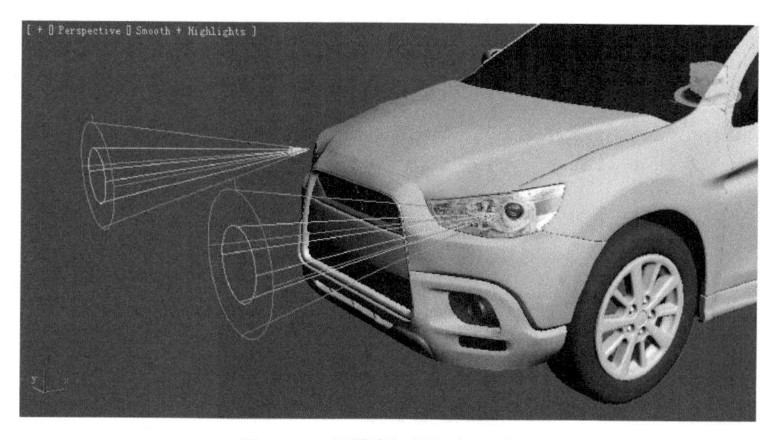

图 2-19　用聚光灯模拟汽车大灯

聚光灯在CG制图的视觉效果中应用得很多。聚光灯有一些特别的控件和选项是其他类型的光源所不具备的，如图2-20所示。有些效果通过聚光灯的光束是很容易控制的，如从一个光源放射出一幅图像映射，或是形成一束可见光柱，就像光是透过雾发射出来的。

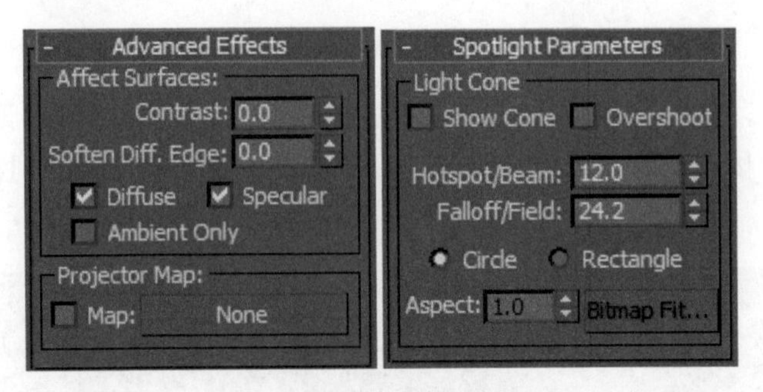

图 2-20　聚光灯的参数

一些常见的参数用来控制聚光灯形成的锥体的宽度(Hotspot/Beam和Falloff/Field)，使聚光灯的光柱可以在很宽和很窄之间变动。锥体的值越大，光越接近光束的边缘，强度变得越弱。聚光灯束柔和的边缘使光照亮的区域不会太突兀，也能够避免投射的光形成边缘很尖锐的“圆圈”。它还使用户可以使用聚光灯更精细地对一些区域进行明暗处理。例如，使用有柔和边缘的光束，可以调节聚光灯，使房间内窗户和窗帘周围的区域亮一些；也可以减小亮度，使角落暗一些。图2-21所示为聚光灯光束不同的柔化程度对比。

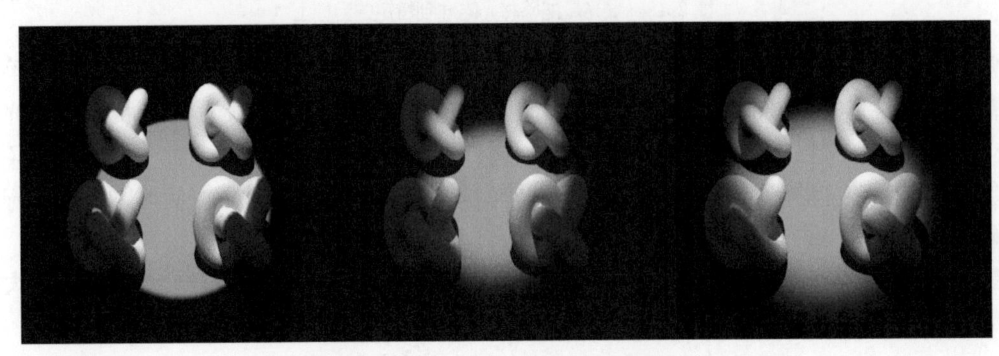

图 2-21　聚光灯锥型光束的柔化程度对比

由于聚光灯可以很容易地定位和控制，以前有很多CG作者依赖它来模拟几乎所有的光源，并在多数场景中完全应用聚光灯进行光处理。即使当光需要向多个方向照射时，如台灯的光，也可以通过将两个或多个聚光灯放在一起，对准不同的方向照射来实现。

2. 平行光

平行光包括Target Direct(目标平行光)和Free Direct(自由平行光)两种类型。生活中常见的平行光光源包括探照灯、阳光等。

目标平行光使用目标对象指向灯光。由于平行光线是平行的，所以平行光线呈圆形或矩形棱柱而不是圆锥体。图2-22所示为平行光示意图。

图 2-22　平行光

阳光严格地说应该是一种点光源，其光束并非平行，但是由于距离地球极为遥远，到达地球的阳光已经非常接近平行光了，所以平行光经常用来模拟直射阳光。

在VRay阳光没有出现之前，VRay中主要使用目标平行光来模拟阳光。使用得当，效果也相当不错。图2-23所示为笔者多年前的一幅VRay习作，其中的日光采用的就是标准光源中的目标平行光，效果不输现在流行的VRay阳光。

图 2-23　采用目标平行光模拟阳光

3. 泛光灯

Omni(泛光灯)是一种理想的点光源，模拟空间中从一个无限小的点向各个方向投射光线。这种光源的名称和图标在不同的三维软件中有所不同，例如，在Maya中被称为point light(点光源)，但是其功能都是一样的。图2-24所示为泛光灯示意图。

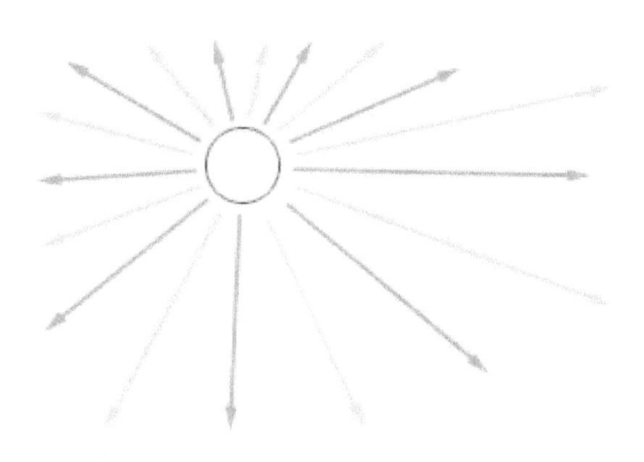

图 2-24　泛光灯

点光源又被称为全光源或全向光源，其发光效果类似一个无遮挡的电灯泡或发光的星星。点光源的光线分布呈现一种放射状，所以其照明效果和阴影效果也呈现一种近小远大的放射状，如图2-25所示。

图 2-25　点光源的照明效果

真实生活中其实没有这么理想的点光源存在，无论是灯泡、蜡烛，还是萤火虫，这些光源都只能在一定程度上接近点光源。即便是最为接近泛光灯的灯泡，也有用于与灯座连接的金属卡口，这个方向上的光线是被遮挡的，并非是理想的点光源。图2-26所示为悬挂状态的电灯泡，是现实生活中与泛光灯最为接近的一种光源。

尽管点光源的默认方向是全方位的，但是也可以通过一定的方法产生不规则的照明效果，就像真实的灯泡一样，向某些方向发射更多的光。例如安装在台灯灯罩里的灯泡，其光线的投射就被限定在特定的方向。图2-27所示为受到台灯灯罩遮挡的点光源的照明效果。

图 2-26　悬挂的电灯泡与点光源十分接近

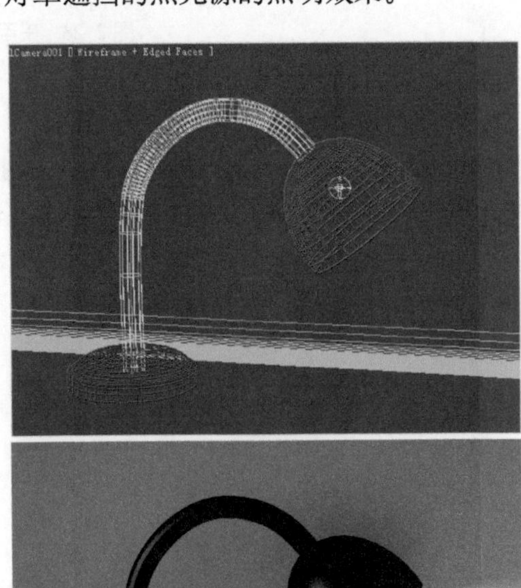

图 2-27　台灯的照明效果

2.3.2　光度学光源

光度学灯光在5.0版本被引入到3ds Max中，是为了配合5.0版本中出现的一个新的渲染模块——Radiosity(光能传递)。

光度学光源能精确模拟面状光源、线状光源，甚至光域网的照明效果，再配合光能传递渲染引擎，一时间给3ds Max的渲染效果带来了很大的提升。图2-28所示为采用光能传递引擎渲染的室内效果图。

图 2-28　采用光能传递引擎制作的效果图

3ds Max 6.0版本引入了重量级渲染引擎Mental Ray，使光能传递引擎的地位受到影响。随着光能传递的衰落，与之配套的光度学光源也逐渐被边缘化。

时至今日，对于VRay引擎而言，光度学光源的一个重要的用武之地就是其光域网功能。虽然VRay也有支持光域网的VRayIES光源，但是参数不如光度学光源丰富和专业。图2-29所示为光度学光源参数面板。

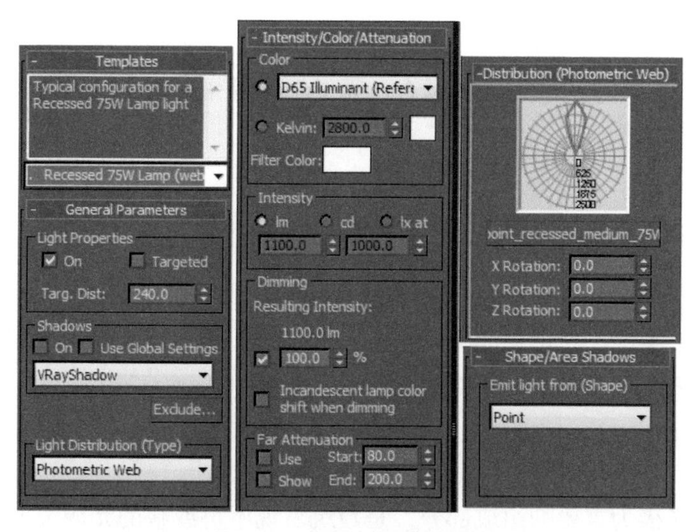

图 2-29　光度学光源参数面板

在光度学光源中，关于亮度(Intensity选项组)的设定就有光通量单位流明(lm)、发光强度单位烛光(cd)和照度单位勒克斯(lx)三种方式，这些都是表征光源亮度的专业单位。因此光度学光源适合于专业的照明设计，可方便地按照需要精确地模拟照明效果。而VRayIES光源只有一个power参数用于设置光源的亮度，相比之下就显得很“业余”了。图2-30为VRayIES光源参数面板。

光度学光源关于颜色的设置也非常专业，除了色温的设置之外，还提供了一个灯光颜色的模板，提供了多达21种常见光源的颜色，如图2-31所示。

- VRayIES Parameters
enabled
enable viewport shading
targeted
None
rotation X 0.0
rotation Y 0.0
rotation Z 0.0
cutoff 0.001
shadow bias 0.2
cast shadows
affect diffuse
affect specular
use light shape
shape subdivs 8
color mode Color
color
color temperature 6500.0
power 1700.0
area speculars
Exclude...

图 2-30　VRayIES 光源参数面板

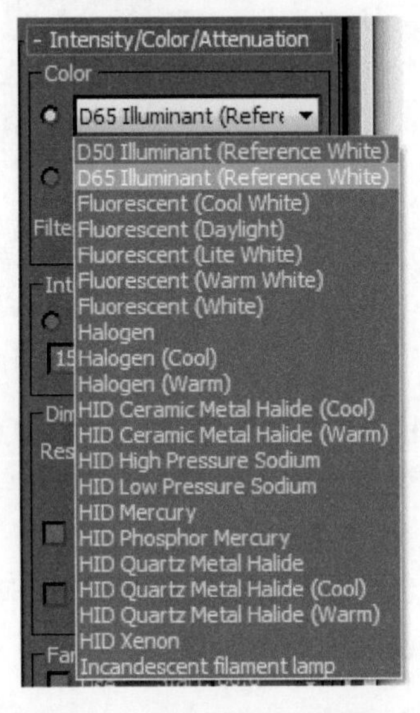

图 2-31　光度学光源的颜色模板

综上所述，如果在要求比较专业的场合，光度学光源往往能更精确地表现光域网效果，因此推荐优先使用这种光源。

2.4　历史上用过的模拟照明方法

在渲染引擎和各种算法没有出现之前，CG制作者们采用什么办法照明和渲染场景呢？多年前漂亮的渲染效果是怎么做出来的呢？带着这些疑问，本小节将回顾一下历史上曾经使用过的一些采用灯光阵列模拟各种照明条件的方法。

2.4.1　模拟天空光

天空光是自然光极为重要的组成部分，是建筑表现不可或缺的光源类型。天空光是光线在大气中因散射而引起的漫射光线，其颜色取决于每天的时间和当时的季节。天空光的亮度在空中并非一成不变。太阳的位置和照射方向决定了天空光在空中相对太阳的区域。天空光的特点是柔和而均匀，且无明显方向性。

图2-32所示为有无天空光的对比测试，显而易见，使用天空光可以大大提升场景的真实性。

图 2-32　无灯光（左）和天空光（右）渲染对比

在3ds Max的标准光源面板中，有一个Skylight光源类型，就是用来模拟天空光的。在这个光源还没有出现之前，当时的CG作者通常采用一种在球面上阵列泛光灯的方法来模拟天空光的照明效果。

常用的做法是，创建一个泛光灯或聚光灯，对这个光源进行复制并做半球面上的阵列，复制类型应该选择Instance(实例)，方便后面的参数修改。将这个灯光阵列罩住场景，如图2-33所示。

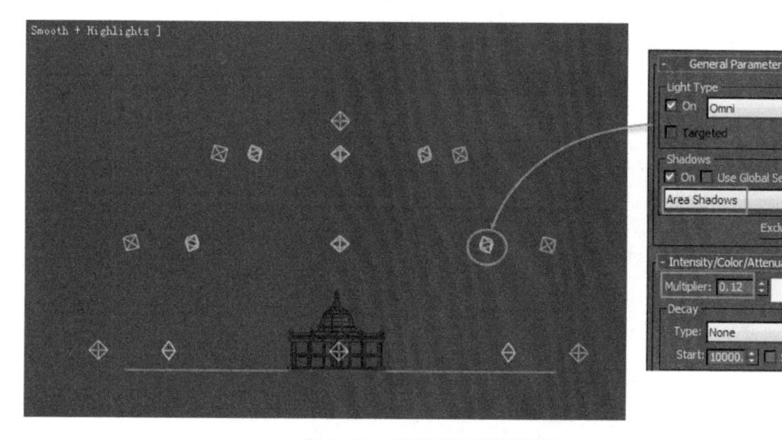

图 2-33　泛光灯的球面阵列

将泛光灯的亮度倍增(Multiplier)设置为一个较低的数值(本例中为0.12)，开启阴影，渲染结果如图2-34所示。

为了模拟地面的反射光，通常还需要在场景的下方复制一圈光源，关闭阴影，将光源的倍增设置为更低的数值，如图2-35所示。

加上地面反射光的渲染效果如图2-36所示，较之图2-35有了明显的改善。

图 2-34　灯光阵列的渲染结果

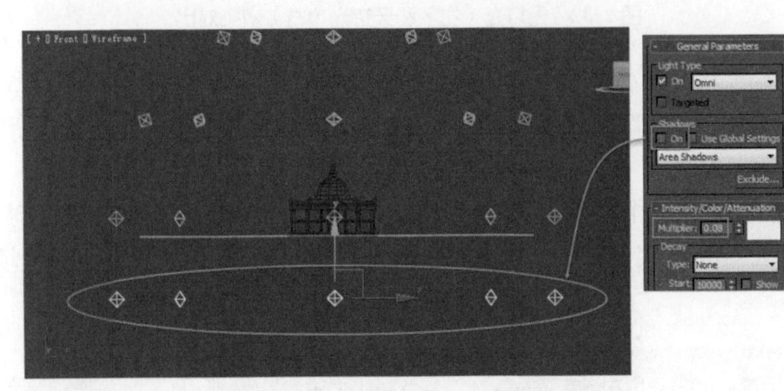

图 2-35　模拟反射光的灯光阵列

图 2-36　带有地面反射的渲染结果

2.4.2　模拟面光源

面状的光源是三维照明中很重要的一种类型，不论是从窗口投射进来的天空光，还是计算机、电视屏幕、投影仪屏幕、广告灯箱发出的光线，都是一种面发光的照明效果。

面光源的照明特点是光线柔和、阴影的虚化效果极佳，因此面光源是CG制作者十分喜爱的一种光源。图2-37所示为使用VRay面光源的渲染效果。

图 2-37　VRay 面光源的渲染效果

在没有面光源的时代，CG制作者通常使用在平面上阵列反光灯的方法来模拟面光源。首先创建一个面片，给面片一个自发光材质。在3ds Max默认扫描线渲染引擎中，自发光材质仅仅是一种显示效果，并不能产生照明效果。在发光面片的前方做一个泛光灯阵列，如图2-38所示。

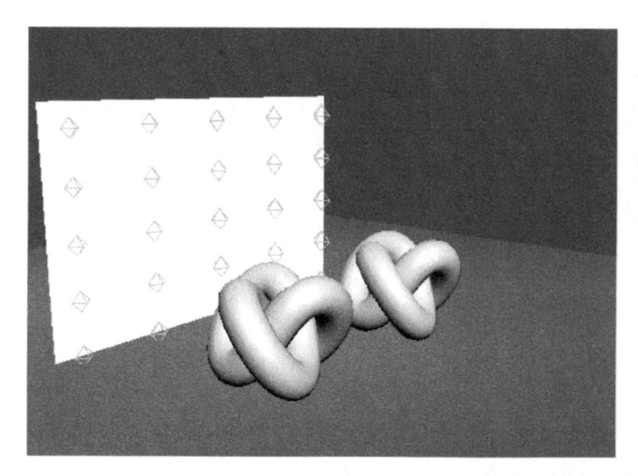

图 2-38　泛光灯阵列模拟面光源

图2-39所示为另一个泛光灯阵列的应用。在窗口处做一个泛光灯阵列，用来模拟从窗口进入室内的天空光。

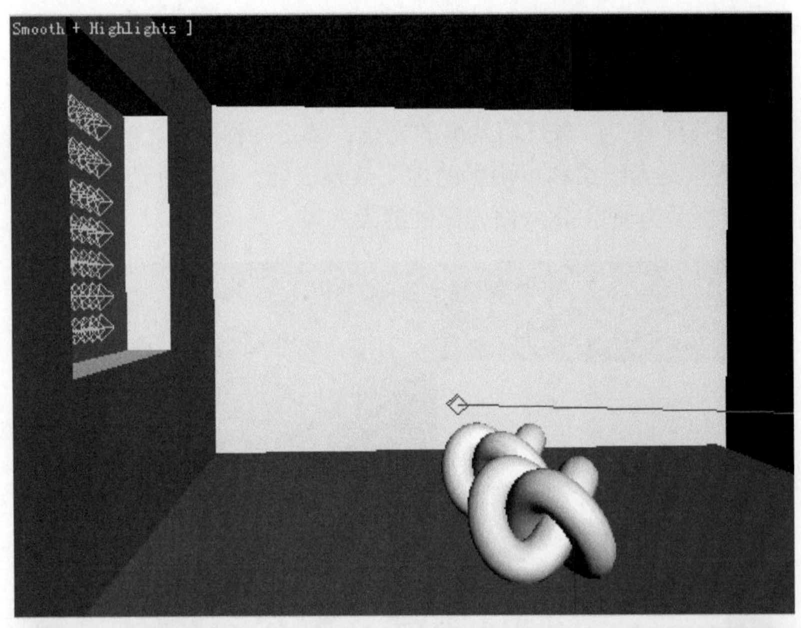

图 2-39　泛光灯阵列模拟入户天空光

2.4.3　其他类型的 3D 灯光阵列

除了上述两种常用的灯光阵列做法之外，还有一些较为复杂的阵列方法，例如钻石型、金字塔形、环形、正方形、管型等，这些都是CG前辈在照明实践中总结出来的方法。

钻石型阵列通常由7个光源组成，包括1个主灯光和6个外围灯光，如图2-40所示。主灯光的强度通常是所有灯光中最强的，主灯光表现出灯光阵列的主要颜色。6个外围灯光呈钻石型排列，产生和主灯光不同的颜色。外围灯光视需要可以产生投影，也可以不产生投影。

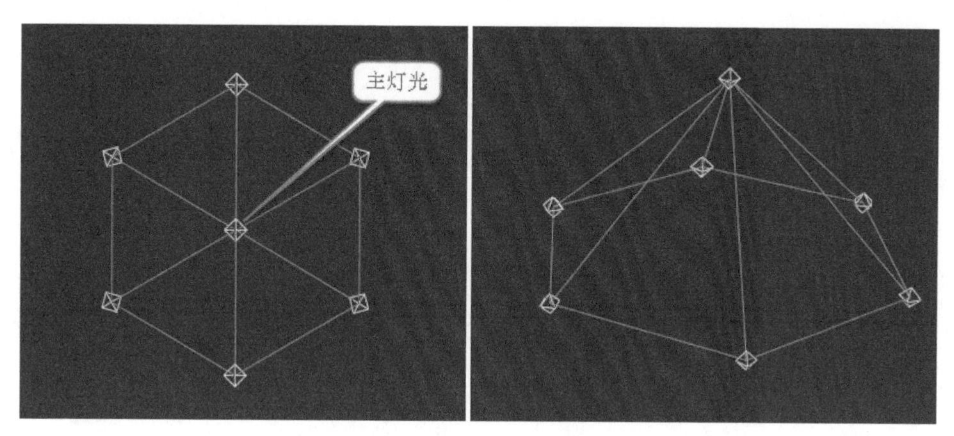

图 2-40　钻石型 3D 灯光阵列

金字塔形阵列中，6个光源呈金字塔形排列。主灯光位于塔基点之上的轴中心，四个灯光位于塔底，一个灯光位于塔尖，如图2-41所示。这种光源也可以转换为倒塔形，主灯位于下面的塔尖，其他灯光位于塔的基面上。

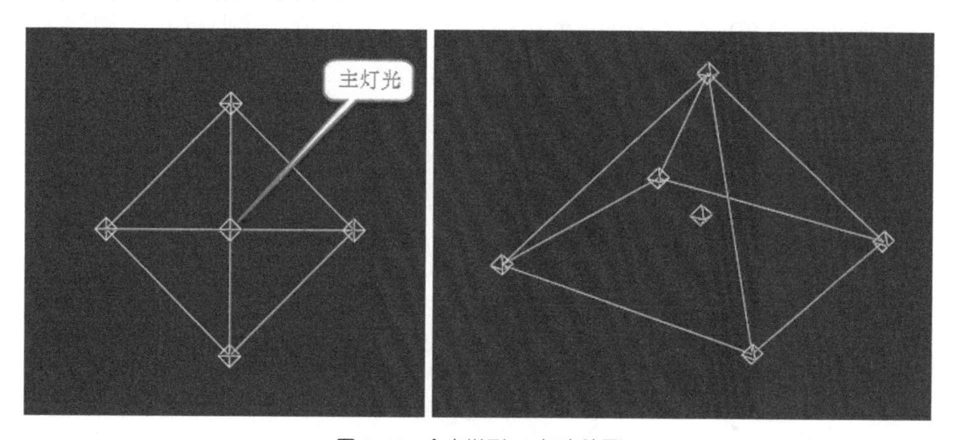

图 2-41　金字塔形 3D 灯光阵列

环形灯管阵列一般由12～16个灯光组成，它们环绕着主灯光呈环形排列，如图2-42所示。环形排列是水平、垂直甚至是倾斜的。环形的每一半都可以有自己的颜色。

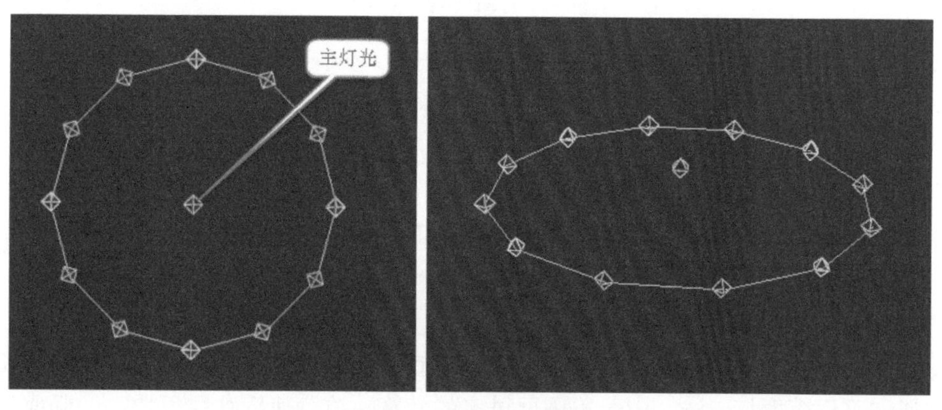

图 2-42　环形 3D 灯光阵列

正方形灯光阵列由9个灯光呈网格状排列，具有最大强度的主灯光位于网格的中心，8个外围灯光占据阵列的4个角，如图2-43所示。

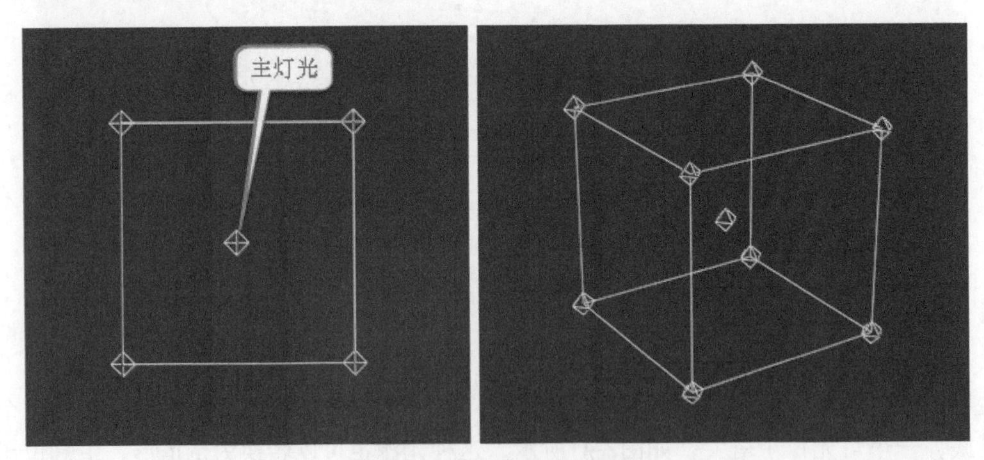

图 2-43　正方形 3D 灯光阵列

管型灯光阵列由至少9个，且可多至25个以上的灯光组成。主灯光位于圆柱的中心轴线上，外围灯光围绕着主灯光排列在圆柱面上，如图2-44所示。

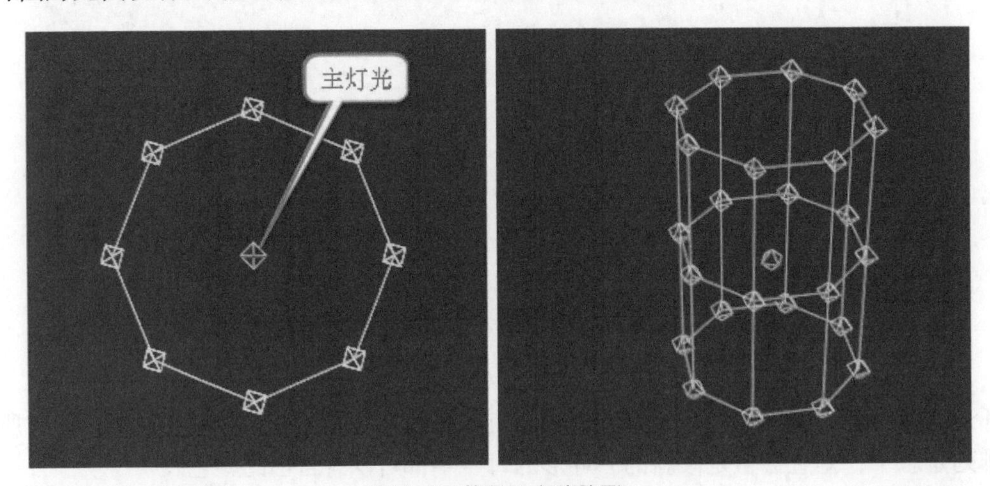

图 2-44　管型 3D 灯光阵列

尽管可以容易地将所有的外围灯光强度设置为同一个值以预测3D灯光阵列的照明和阴影情况，但灯光阵列的外围光源不必具有相同的颜色和相同的强度。

2.4.4　古今光源设置的优劣对比

在没有光能传递、没有光线追踪、没有全局照明的年代，CG高手们用最原始的光源、最简单的扫描线引擎也可以做出极为出色的渲染效果。他们总结出了一套模拟打光技法，使用灯光的阵列来模拟各种情况下的照明效果。

模拟打光法需要很丰富的经验和很强的美术功底，而且其调试的过程往往比较漫长，一般人难以胜任。采用模拟打光法，由于不需要过多的计算，渲染速度往往很快，一张成品图一般几分钟即可渲染完毕。

而时至今日，模拟打光法已经被强大的全局照明所取代，照明的设置也变得简单了许多，通常只需要按照真实光源的分布直接打上灯光即可产生不错的渲染结果。这应该说是一种进步——降低了技术的门槛，让更多的人都能进行三维图像的制作，把自己的设想变为逼真的图像。

但是凡事有一利就有一弊。全局照明的渲染需要大量的计算，渲染速度通常都很慢，一两个小时渲染一张图是司空见惯的事情。

2.5　VRay 光源参数详解

2.5.1　VRay 的光源系统

本小节将介绍VRay的灯光系统，并且全面阐述VRay渲染器灯光的特性，相信通过本节的学习，读者将会对渲染器的灯光概念有全面的了解。

VRay光源面板已被整合进3ds Max的光源面板中，打开3ds Max的光源面板，在下拉列表中选择VRay选项，然后单击VRayLight按钮就可以设置VRay光源参数了，如图2-45所示。

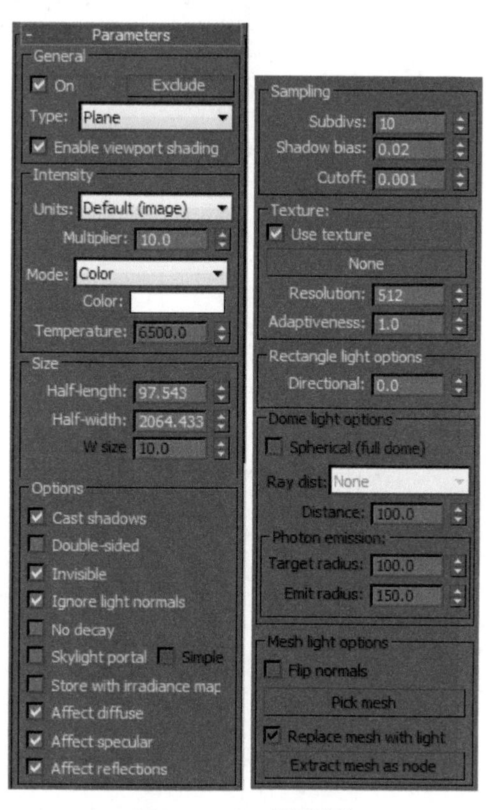

图 2-45　VRay 光源参数

1. General(基本参数)

(1) On(开启)：控制VRayLight的开关。

(2) Type(类型)：VRay提供了3种基本灯光类型供用户选择，如图2-46所示。

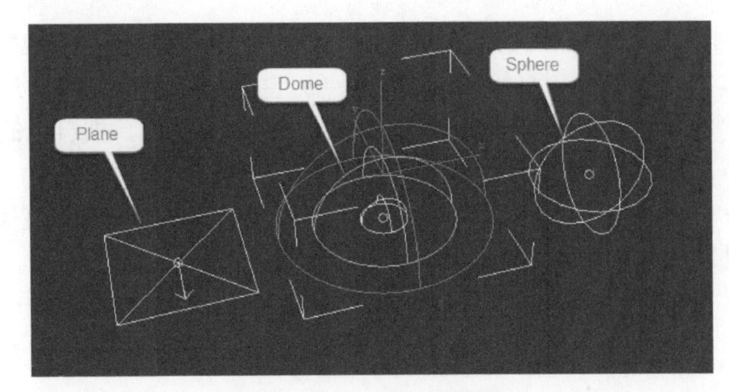

图 2-46　VRayLight 的类型

- Plane(面片光)：将VRay灯光设置成长方形，放置的位置和大小如图2-47所示。

图 2-47　Plane 类型的灯光

- Dome(半球光)：将VRay灯光设置成穹顶状，类似于3ds Max的天光物体，光线来自于位于光源Z轴的半球状圆顶，如图2-48所示。对于室内效果图而言，这个光源的重要性远不如面光源。

图 2-48　Dome 类型的灯光

- Sphere(球形光)：将VRay灯光设置成球状，其大小和位置如图2-49所示。

图 2-49　Sphere 类型的灯光

2．Intensity(亮度)

- Units(单位)：设置灯光亮度单位。
- Color(颜色)：设置灯光的颜色。
- Multiplier(倍增)：设置灯光颜色的倍增值。

3．Size(尺寸)

Size选项组根据所选的灯光类型的不同而显示不同的参数，用于控制光源的尺寸大小。

- Half-length：面片光长度的一半(如果灯光类型是球形光，那么这里就变成球形光的半径)。
- Half-width：面片光宽度的一半(如果灯光类型是球形光，此值不可用)。

4．Options(选项)

Options选项组用于控制灯光的一些重要参数。

- Double-sided(双面)：用于控制灯光的双面都产生照明效果(当灯光类型为面片光时有效，为其他灯光类型时无效)。
- Invisible(不可见)：用于设置在最后的渲染效果中VRay的光源形状是否可见。如果取消选中该选项，光源的外形将会被渲染，否则光源不可见，如图2-50所示。

图 2-50　取消选中（左）和选中（右）Invisible 复选框的对比

- Ignore light normals(忽视灯光法向)：一般情况下，光源表面在空间的任何方向上发射的光线都是均匀的，但是取消选中该选项时，VRay会在光源表面的法线方向上发射更多的光线，通常的结果是场景的亮度有所降低，如图2-51所示。

图 2-51　选中（左）和取消选中（右）Ignore light normals 复选框的对比

- No decay(不衰减)：在真实的世界中，光线亮度会按照与光源的距离的平方的倒数进行衰减。也就是说，距离增大1倍，亮度衰减为1/4；距离增大3倍，亮度衰减为1/9。衰减的示意图如图2-52所示。选中该选项后，灯光的亮度将不会因为距离而衰减，场景的亮度将会急剧增加，如图2-53所示。

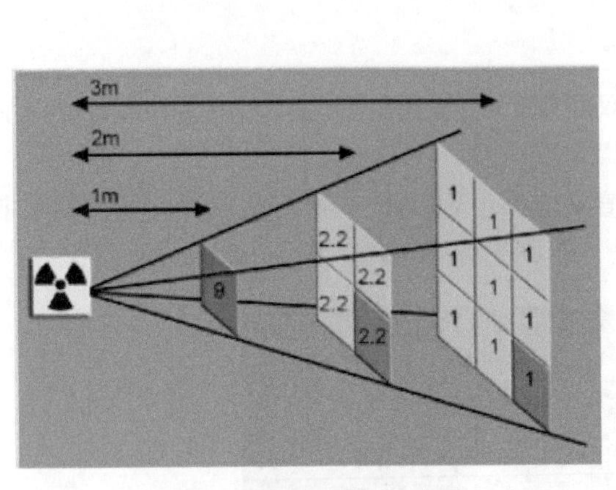

图 2-52　灯光亮度衰减示意图

图 2-53　灯光无衰减的情形

- Skylight portal(天空光入口)：选中该选项后，在Intensity选项组中设置的颜色和倍增值都将被VRay忽略，代之以环境的相关参数设置。这个选项是做室内日光效果时的重要设置，在本书第3章中会有详细讲解。
- Store with irradiance map(储存在发光贴图中)：选中该选项时，如果计算GI的方式为Irradiance map，则VRay将计算VRay灯光的光照效果，并将计算结果保存在发光贴图中。选中该选项之后，渲染速度将会大幅提高，但是渲染品质会有所下降。如图2-54所示，左侧图像(取消选中)的品质明显好于右侧图像(选中)，但左侧图像的渲染耗时是右侧图像的3倍以上。

图 2-54　取消选中（左）和选中（右）Store with irradiance map 复选框的对比

- Affect diffuse(影响漫反射)：决定灯光是否影响物体材质属性的漫反射。如果取消选中该选项，VRay光源将不会照亮场景中所有对象的Diffuse材质通道，其结果是，场景将变为一片漆黑，如图2-55所示。

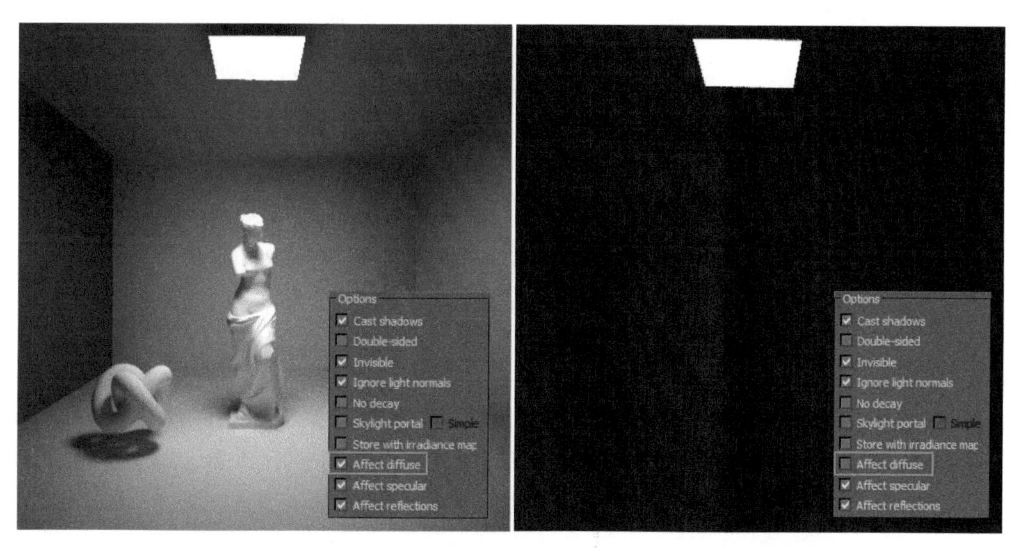

图 2-55　选中（左）和取消选中（右）Affect diffuse 复选框的对比

- Affect specular(影响高光)：决定灯光是否影响物体材质属性的高光。取消选中该选项后，模型表面的高光材质将无法被灯光照明，如图2-56所示。

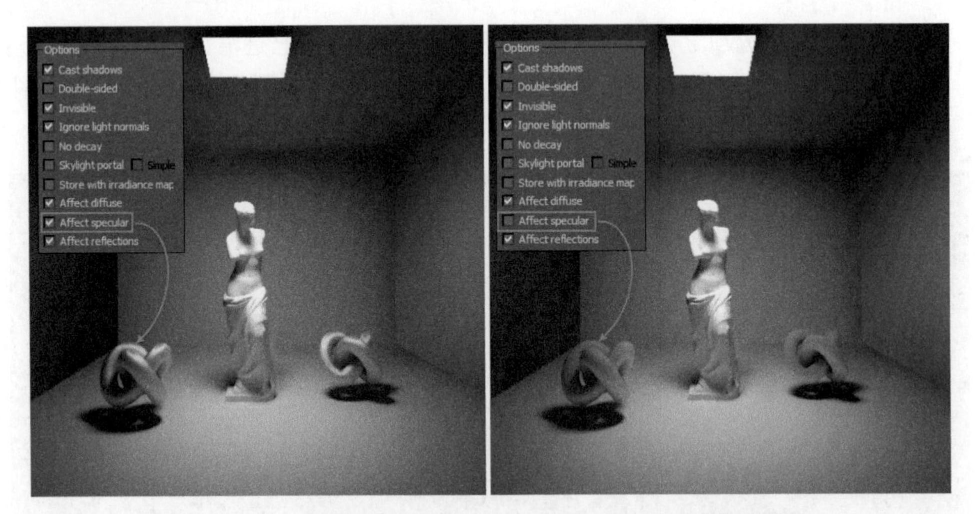

图 2-56　选中（左）和取消选中（右）Affect specular 复选框的对比

- Affect reflections(影响反射)：决定场景中的反射材质是否反射灯光。如图2-57所示，选中该选项，图中的镜子能够反射天花板上的面光源；取消选中该选项，面光源将不被反射。

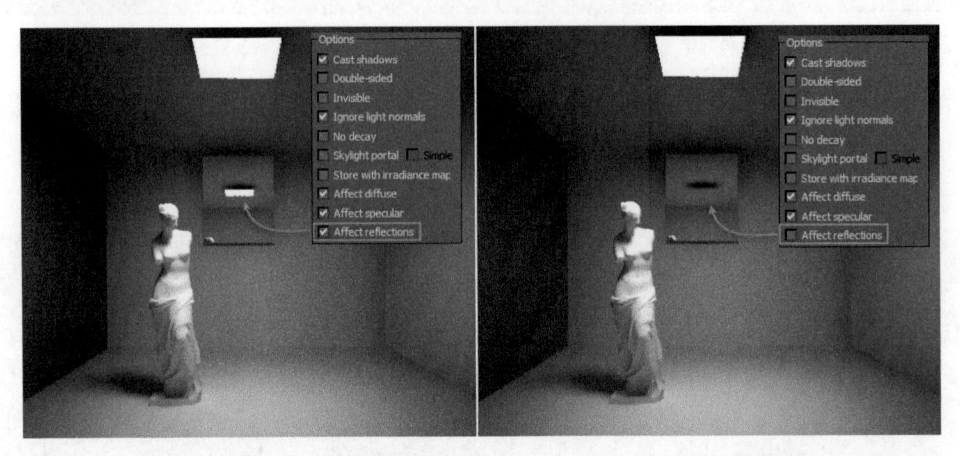

图 2-57　选中（左）和取消选中（右）Affect reflections 复选框的对比

经验提示

在室内效果图制作中，用于补光的光源一般不需要被渲染，但是即便选中了Invisible复选框，这些光源仍然有可能被一些反射材质(如瓷砖、玻璃等)所反射。这时就需要取消选中补光光源的Affect reflections选项，这样才能让补光光源从场景中“彻底消失”。

5．Sampling(采样)

Sampling选项组用于控制灯光的采样情况。

- Subdivs(样本细分)：设置在计算灯光效果时使用的样本数量，取值越大，效果越平滑，但是会耗费更多的渲染时间。渲染成品图的时候，通常要设置为32以上方可满

足需要。图2-58所示为一组不同样本细分取值的对比。

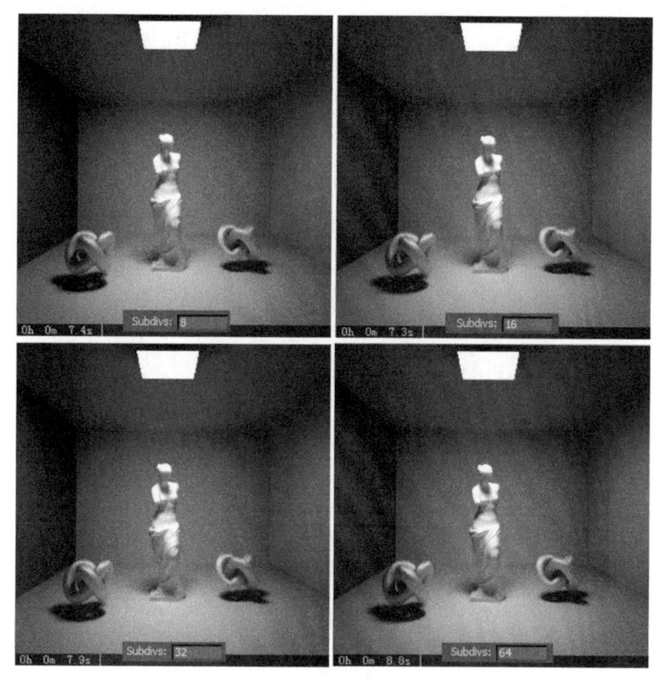

图 2-58　不同样本细分取值的对比

- Shadows bias(阴影偏移)：设置产生阴影偏离效果的距离。取值越小，阴影与模型之间的距离越远；取值越大，阴影与模型之间的距离越近，乃至消失。图2-59所示为一组不同阴影偏移取值的对比。可以看到，随着数值的不断加大，阴影与模型越来越靠近。

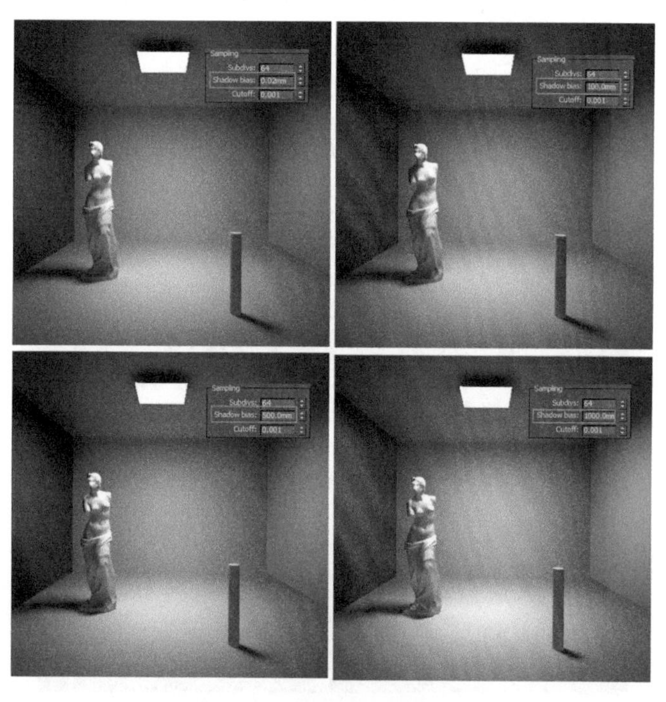

图 2-59　不同阴影偏移取值的对比

2.5.2 VRay 中的"特殊"光源

除了上一小节介绍的VRay光源之外，VRay还提供了一种自发光材质，用来模拟生活中常见的自发光物体，例如显示器、电视机、霓虹灯、广告灯箱等。

自发光材质可以加载给任何形状的物体，其表现能力要远比VRay光源强大。VRay的自发光材质与标准材质中的self-illumination最大的不同在于，VRay自发光材质可以产生真正的照明效果，不需要任何额外的灯光作为补充。VRay自发光材质面板如图2-60所示。

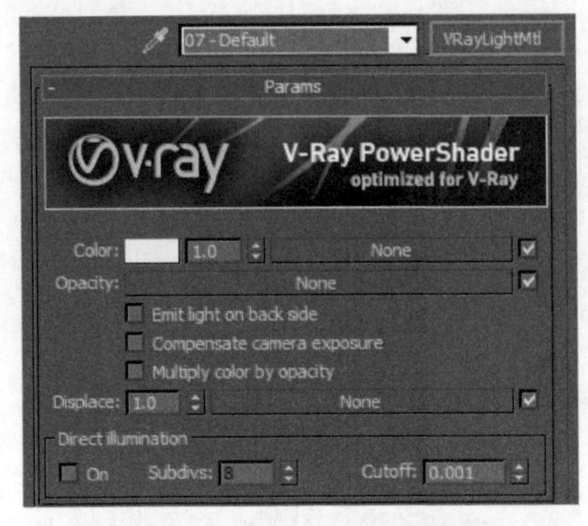

图 2-60 VRay 自发光材质面板

在图2-61所示的场景中，环形的幕布采用了VRay自发光材质，其渲染效果逼真地表现出了幕布的自发光照明效果。

图 2-61 VRay 自发光材质渲染效果

利用Color右侧的颜色示例按钮，可以方便地设置自发光材质单色发光的颜色，如图2-62所示。

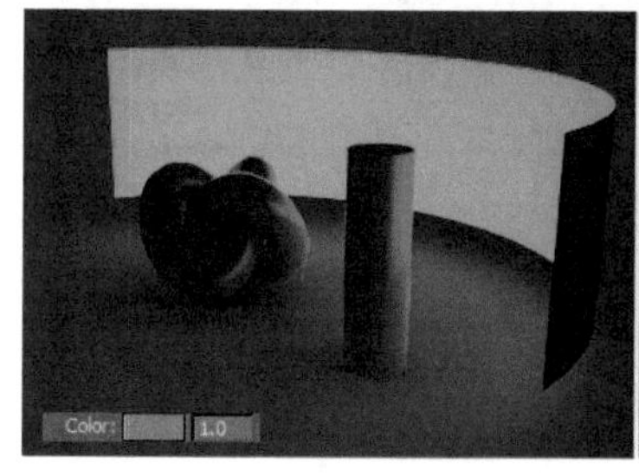

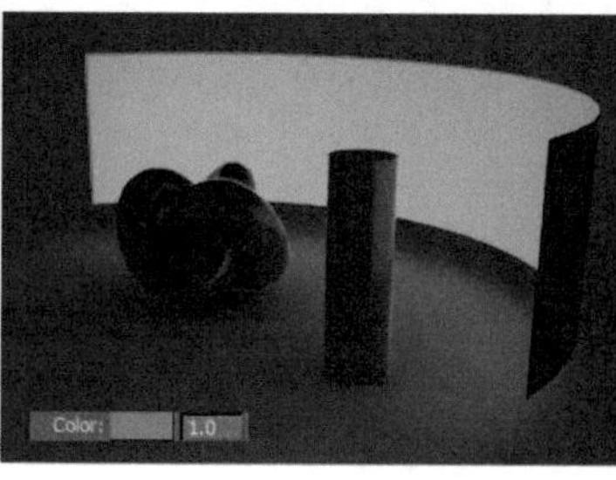

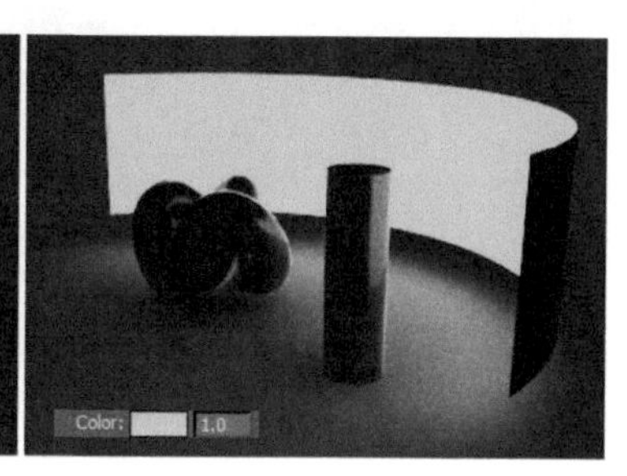

图 2-62　自发光的颜色设置

自发光的强度也可以任意设置，相当于光源的亮度参数。只需要设置Color右侧的数值即可调节自发光的强度。取值越大，强度越高，如图2-63所示。

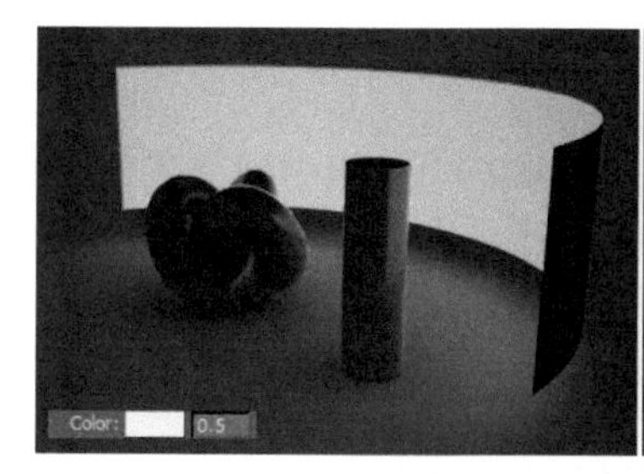

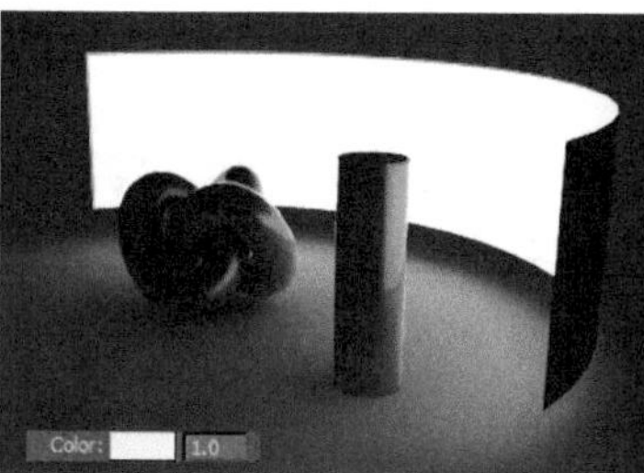

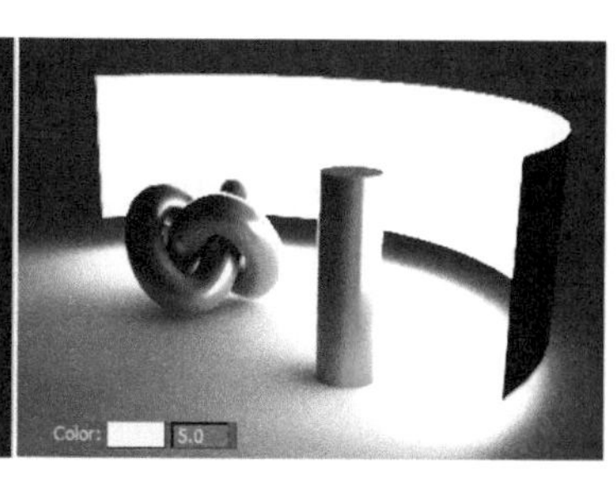

图 2-63　自发光的强度设置

在Light color通道中使用贴图，还可以模拟各种渐变色的自发光效果，甚至是贴图的自发光效果，如图2-64所示。这个功能可以用于各类带有自发光面的物体，如显示器、投影屏幕和广告灯箱等。

图 2-64　渐变色和贴图的自发光效果

自发光材质可以赋给任何形状的几何体，产生逼真的物体自发光效果，这一点是VRay光源所无法胜任的。图2-65所示为各种几何体的自发光效果。

图2-65　各种几何体的自发光效果

自发光材质这种特殊的光源在室内效果图制作方面有很多应用，适用于各种异形灯具、暗藏灯带等照明效果的制作，能做出VRay光源所无法做出的效果。相关的应用案例将在本书第7章中进行详细讲解，请读者参看相关章节。

2.5.3　光影效果的综合设置技巧

在成功的室内照明中，光影和灯具的形状与灯光一样重要。如果一个空间中缺失了光影效果，会显得苍白和缺少质感。有时，均衡的亮度是至关重要的，例如办公空间。然而，让灯光穿越某个空间，并在整个房间中需要吸引眼球的地方增加照明，会带来特殊的氛围和情绪。

本小节将采用图2-66所示的范例场景，介绍几种典型的光影效果配置方法。

图2-66　光影效果演示场景

1. 直射

直射布光方式在雕塑的正上方使用嵌顶式灯光向下照射，光源类型为光度学光源中的目标光源，并加载光域网文件，如图2-67所示。渲染结果如图2-68所示。直射布光方式不仅在雕塑上打出了亮光，更在其周围营造出了光影效果，使画面显得层次分明。

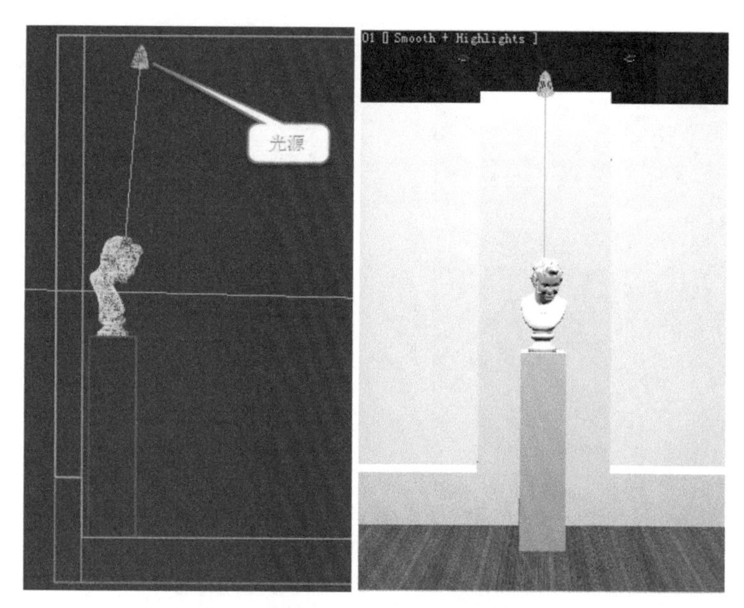

图 2-67　直射布光方式

图 2-68　直射的照明效果

2. 隐藏式光源

隐藏式光源可以营造出具有戏剧性的光影效果。在雕塑背后创建一盏向上投射的光度学目标光源，加载光域网文件，如图2-69所示。渲染结果如图2-70所示。这种照明的组合能起到勾勒物体轮廓的作用，不仅能够营造出视线的焦点，还能够增加空间的纵深感。

图 2-69　雕塑背后的射灯

图 2-70　隐藏式光源的照明效果

3．最大化灯光

在物体靠前的顶部墙面上，测试好合适的距离，创建两盏光度学目标光源模拟的聚光灯，如图2-71所示。渲染结果如图2-72所示。这时投射下来的灯光会如同瀑布洒下来的感觉，最大化地照亮物体。

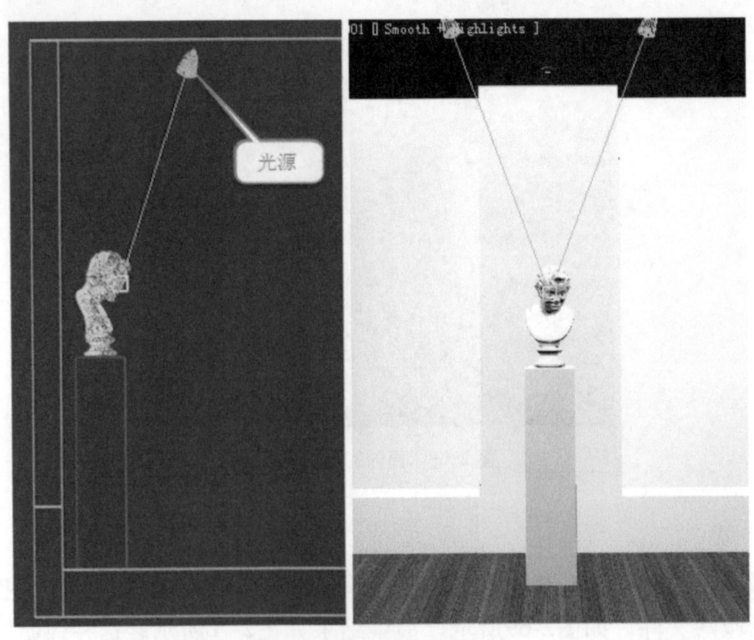

图 2-71　两盏聚光灯的位置

图 2-72　最大化灯光的效果

光影效果的配置还有很多种组合方式，本小节只是介绍了其中几种最常见的组合。本书限于篇幅无法过多展开，读者可参阅相关书籍、资料。

2.5.4　阴影效果的设置技巧

安装了VRay渲染器插件以后，不但增加了VRay自己的灯光，而且标准灯光的阴影也多了两个与VRay有关的类型，即VRayShadow(VRay阴影)和VRayShadowMap(VRay阴影贴图)，如图2-73所示。如果使用VRay渲染器，一般都应采用这两种阴影。

VRayShadowMap的特点是渲染速度快，但是画质较为粗糙，不支持透明阴影和面阴影，因此通常用于动画的渲染，不太适合静帧图像。这种阴影的主要参数集中在VRayShadowMap parameters卷展栏中，如图2-74所示。

Shadows
On　Use Global Settings
VRayShadowMap
Adv. Ray Traced
mental ray Shadow Map
Area Shadows
Shadow Map
Ray Traced Shadows
VRayShadow
VRayShadowMap

图 2-73　两种 VRay 阴影类型

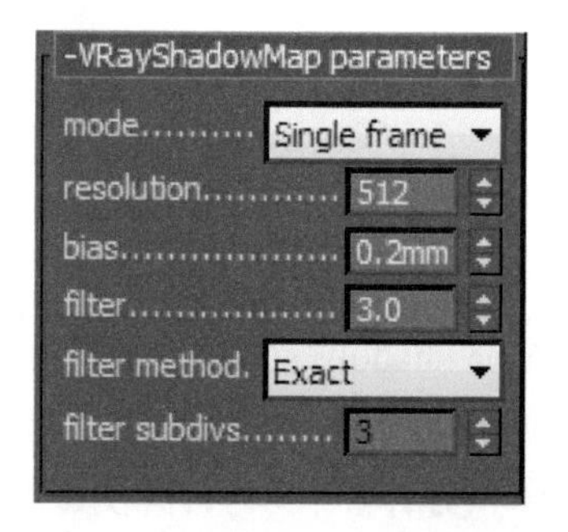

图 2-74　VRayShadowMap 的主要参数

VRayShadows有很多的优点，比如其支持面阴影，也可以正确表现来自VRay的置换物体或者透明物体的阴影。其主要参数集中在VRayShadows params卷展栏中，如图2-75所示。

Transparent shadows(透明阴影)：它的作用是对透明且有颜色的物体，其阴影也会带有物体的颜色。但是，要渲染出物体的颜色阴影，在材质编辑器的Refraction(折射)选项组中，要选中Affect shadows(影响阴影)复选框，如图2-76所示。否则，有一项未选，颜色阴影都无法渲染。取消选中Transparent Shadows复选框时，将考虑灯光中物体阴影参数的设置，但是来自透明物体的阴影颜色将变成单色(仅为灰度梯度)，如图2-77所示。

VRayShadows params
Transparent shadows
Bias: 0.2
Area shadow
Box
Sphere
U size: 10.0mm
V size: 10.0mm
W size: 10.0mm
Subdivs: 8

图 2-75　VRayShadows 的主要参数

图 2-76　产生与模型同色的阴影

图 2-77　阴影显示为灰色

- Area shadow(面阴影)：控制是否打开面阴影类型。面阴影的特点是，与物体越接近的阴影越清晰，与物体距离越远的阴影越虚化。
- Box(方体)：VRay计算阴影的时候将它们视作方体状的光源进行投射，如图2-78所示。

图 2-78　方体面阴影

- Sphere(球体)：VRay计算阴影的时候将它们视作球体状的光源进行投射，如图2-79所示。在参数相同的情况下，球体阴影的虚化程度要高于方体阴影，所以球体阴影是默认的阴影类型。

图 2-79　球体面阴影

- U/V/W size(U/V/W向尺寸)：当VRay计算面阴影的时候，表示VRay获得的光源的U/V/W三个方向的尺寸(如果光源为球体，则相应地表示球体的半径)。三个参数的取值越大，则阴影虚化程度越高，如图2-80所示。
- Subdivs(样本细分)：设置在某个特定点计算面阴影效果时使用的样本数量，较大的取值将产生平滑的效果，但是会耗费更多的渲染时间。它对时间的影响是很明显的，使用的时候应该谨慎。图2-81所示为不同Subdivs取值的结果比较。

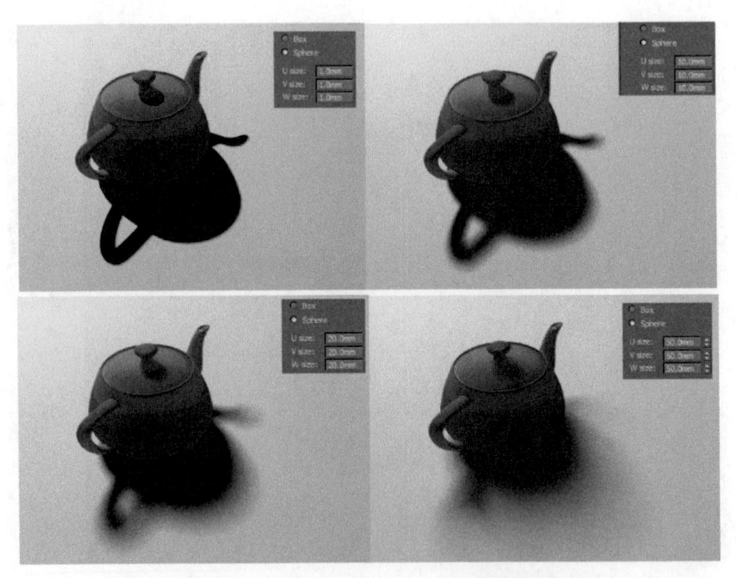

图 2-80　不同 uvw 尺寸取值的面阴影对比

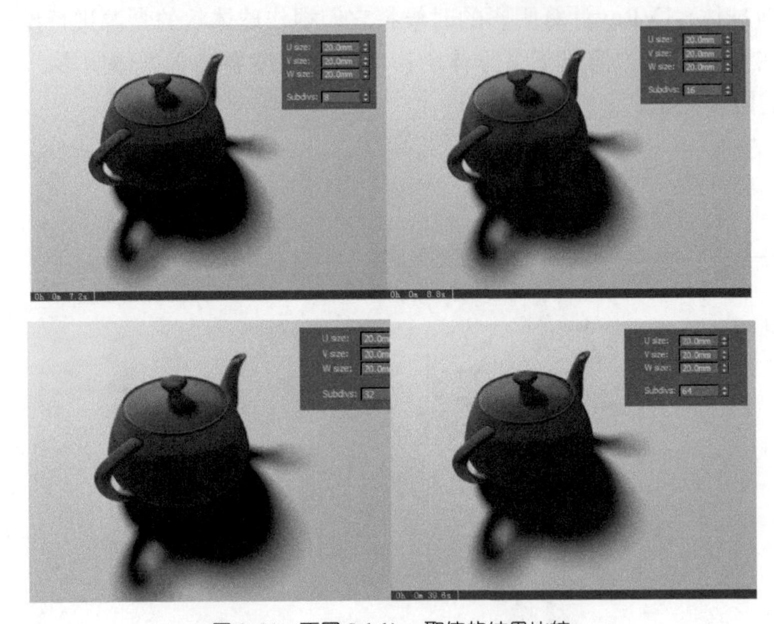

图 2-81　不同 Subdivs 取值的结果比较

本章对三维灯光的发展历史、参数和使用技巧等做了一个比较全面的回顾、分析和总结。灯光作为三维CG图像制作中极为重要也是最难掌握的环节，在实际工作中的运用极为复杂多变。尽管本书后面的章节对灯光的运用做了详细的讲解，但也不可能涵盖工作中遇到的所有问题，还需要读者结合实际工作多加实践，反复揣摩，方能达到运用自如、融会贯通的境界。

第3章 白天的光影表现

内容提要：

- ◎ 天空光
- ◎ 为各种形状的窗子创建天空光
- ◎ VRay 阳光

天空光和日光是制作白天效果最主要的两个光源，虽然本书是研究室内照明的，但天空光对于室内效果图而言也十分重要。天空光和日光可通过各种管道进入室内，对室内的照明产生很大的影响，其中最主要的通道就是各种窗子。本章将详细讲解天空光和日光的创建、参数设置等相关技巧，最重要的部分是如何为各种形状的窗子设置天空光。

3.1 天 空 光

所谓天空光，是指阳光在穿透大气层时被各种物质(如大气、云雾、尘埃等)散射后形成的一种均匀的光线分布。天空光的特点是均匀、柔和，是自然光照明的重要组成部分。相比于直射阳光明亮清晰的照明效果，天空光没有明确的方向性，也不会产生明显的光斑，是一种球面的照明效果。

对于室外照明，天空光的贡献在于它是一种漫反射光，这种光在正对太阳位置的那片天空下时最强。当在CG圈中提及天空光时，通常认为它涵盖了从环境物体反射光的作用。可以更简单地认为天空光是一种单独的元素，它操控着大量位于天空中的辅助光，被看作是一个穹顶，所有投射仅仅漫反射出蓝光。事实上，构成这个天空光穹顶的单个光束之间的唯一差异是，每个光束用其亮度最强的方向对着太阳，并在一堆光束中变得更亮。图3-1所示为光影效果优秀的CG作品。

图3-1　光影效果优秀的CG作品

来自太阳的光看似是一个遥远明亮的光源，它的表现形式说明它的照明可以分离成多个组成部分，而这些组成部分正是建立在这种单一遥远明亮的光源可以分成不同层次的基础上的。第一层光线组成部分被称为天空光，天空光是由太阳光在穿过大气层时光线分散而引起的一种漫反射光。同时，因为太阳光反射了构成外部环境多种物体的光，一系列有色光照到环境物体上，被反弹的照度也对室外光线有相当大的影响。图3-2所示为优秀的日光表现CG作品。

图 3-2　优秀的日光 CG 作品

3.1.1　加载天空光场景

打开素材包中的room_sky_start.max模型文件，这是一个房间的模型，如图3-3所示。

图 3-3　模型场景

按8键，打开Environment and Effects(环境和特效)窗口，单击None长按钮，在弹出的材质/贴图浏览器(Material/Map Browser)中选择VRaySky贴图类型，如图3-4所示。

按M键，打开材质编辑器(Material Editor)，将长按钮拖动到一个空白的样本球上释放，在弹出的对话框中选择Instance(实例)方式，这样就可以在材质编辑器中编辑VRay天空光参数了，如图3-5所示。

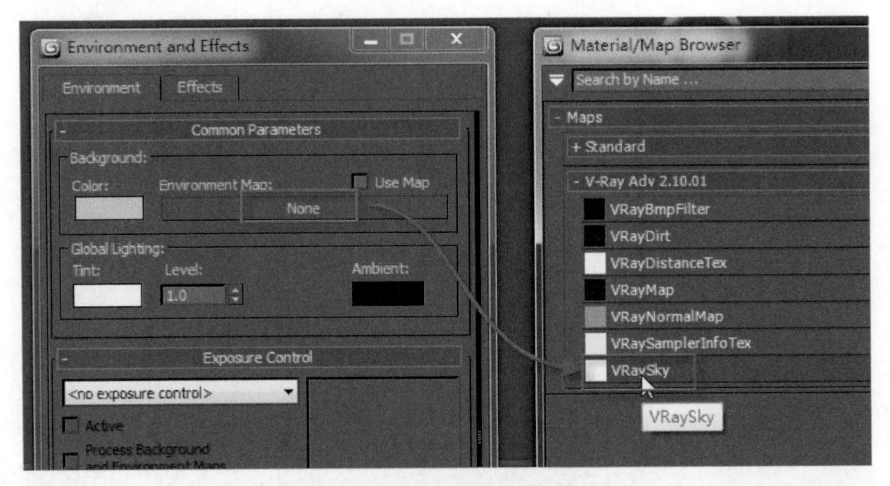

图 3-4　设置天空光贴图类型

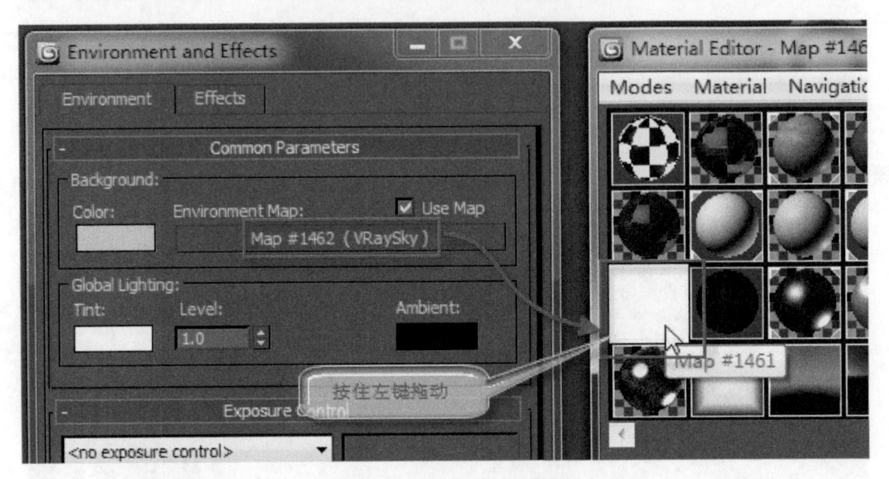

图 3-5　设置天空光实例

VRaySky Parameters(VRay天空光参数)卷展栏如图3-6所示。

VRaySky Parameters
manual sun node
sun node　None
sun turbidity　3.0
sun ozone　0.35
sun intensity multiplier　1.0
sun size multiplier　1.0
sun invisible
sky model　Preetham et al.
indirect horiz illum　25000.0

图 3-6　VRaySky Parameters 卷展栏

草图级渲染结果如图3-7所示。

图 3-7　草图级渲染结果

在VRaySky Parameters卷展栏中做如下设置：选中manual sun node(手动阳光节点)复选框，将sky model(天空光模式)设置为CIE Overcast(CIE阴天)模式，将indirect horiz illum(地平线直接照明)设置为30000，如图3-8所示。

VRaySky Parameters
manual sun node
sun node None
sun turbidity 3.0
sun ozone 0.35
sun intensity multiplier 1.0
sun size multiplier 1.0
sun invisible
sky model CIE Overcast
indirect horiz illum 30000.0

图 3-8　设置天空光模式

草图级渲染结果如图3-9所示。

图 3-9　CIE Overcast 模式渲染结果

3.1.2 摄像机参数对渲染的影响

VRay物理摄像机的参数设定对于最终的渲染效果影响很大。VRay物理摄像机与真实摄像机的参数设置完全一致，可以精准地表现场景的光影效果。其中最重要的参数为f-number(光圈系数)和shutter speed(快门速度)。以图3-8所示的渲染参数为例，使用摄像机的默认参数f-number为8、shutter speed为200(1/200秒)，如图3-10所示。

Basic parameters
type............ Still cam
targeted............ ✓
film gate (mm)....... 36.0
focal length (mm)... 26.659
fov.............. 67.814
zoom factor.......... 1.0
horizontal offset.... 0.0
vertical offset...... 0.0
f-number............ 8.0
target distance...... 5896.7
vertical shift........ 0.0
horizontal shift...... 0.0
Guess vert. Guess horiz.

specify focus........
focus distance....... 200.0m
exposure............ ✓
vignetting........ 1.0
white balance D65
custom balance .....
temperature......... 6500.0
shutter speed (s^-1 200.0
shutter angle (deg). 180.0
shutter offset (deg) 0.0
latency (s).......... 0.0
film speed (ISO)..... 100.0

图 3-10 物理摄像机的默认参数

其渲染结果如图3-11所示，画面亮度严重不足。

图 3-11 默认摄像机参数渲染结果

要提高场景的亮度，可以降低快门速度(减小shutter speed数值)或加大光圈(减小f-number数值)。例如，将shutter speed设置为20(1/20秒)，使曝光时间增加到原来的10倍，渲染结果自然会变得更明亮，如图3-12所示。

图 3-12　shutter speed=20 的渲染结果

在不改变快门速度的情况下，也可以加大光圈来提高渲染的亮度。加大光圈，就是允许更多的光线进入快门进行曝光，加大曝光量，从而获得更高的亮度。现将f-number设置为3.2，渲染结果如图3-13所示。

图 3-13　f-number=3.2 的渲染结果

3.1.3　采用面光源模拟天空光

如果房间有窗口，还可以使用VRay面光源模拟天空光。

采用VRay光源，在窗口位置创建Plane类型的光源，并关联复制一个到另一个窗口，如图3-14所示。

在VRay面光源的Parameters卷展栏中，选中skylight portal复选框，这样该光源的倍增和颜色等参数均不可设置，如图3-15所示。

渲染结果如图3-16所示。

图 3-14　在窗口创建 VRay 面光源

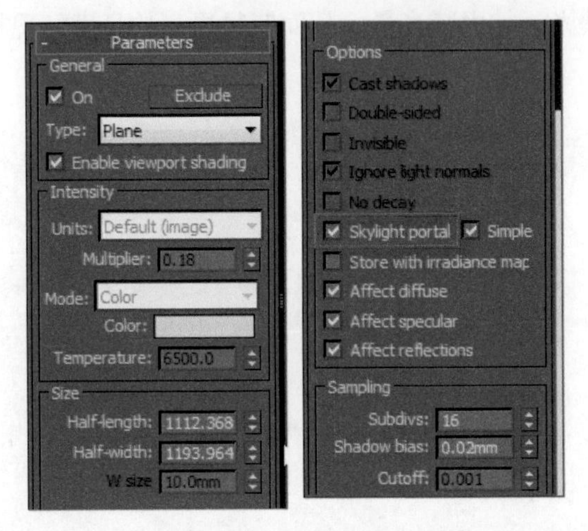

图 3-15　面光源的参数设置

图 3-16　带有面光源的渲染结果

如果对当前渲染效果的色调不满意，可以单击帧缓存渲染窗口左下角的Show corrections control(显示校正控制)按钮，打开Color corrections对话框。在这个对话框中，可以对已经渲染好的画面进行校正，比较常用的是曝光控制和色阶控制，如图3-17所示。读者可自行拖动滑块调整色阶和曝光程度，直到获得满意的结果。

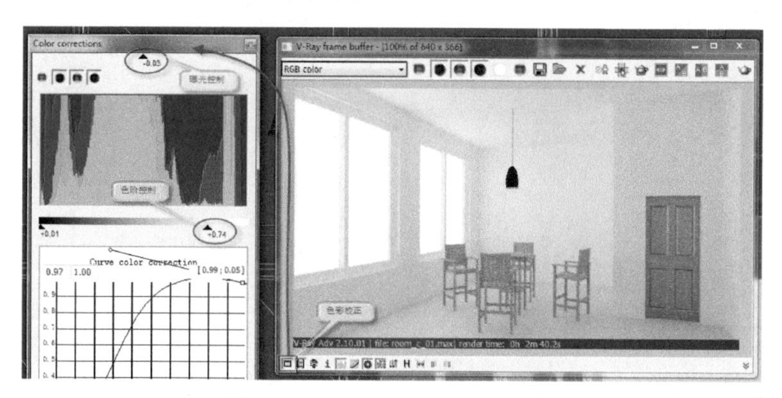

图 3-17　Color corrections 对话框

经验提示

Color corrections对话框还支持渲染同步操作。用户可以在渲染的同时打开对话框，边渲染边调整。

3.2　为各种形状的窗子创建天空光

上一小节讲解了如何创建天空光。在使用的模型中，窗子是最普通的矩形窗。但是在实际工作中会遇到各种形状和形式的窗子，本小节将介绍如何为各种不同形状的窗子创建天空光，这些窗子都是在实际工作中经常遇到的，具有很高的通用性。

3.2.1　折角窗

打开层管理器显示room_c_2模型，如图3-18所示。

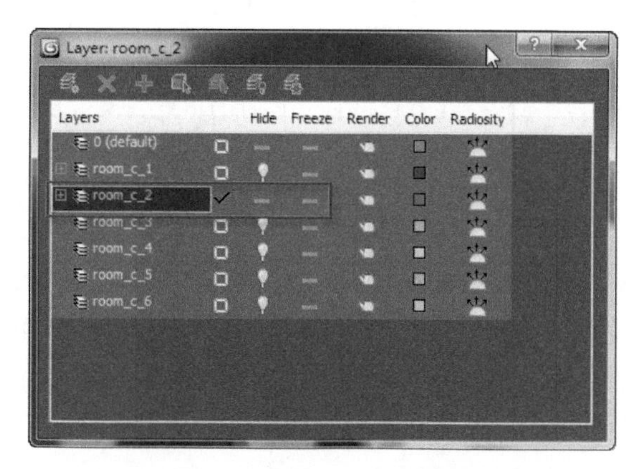

图 3-18　显示 room_c_2 模型

这是一个带有折角窗的房屋模型，如图3-19所示。

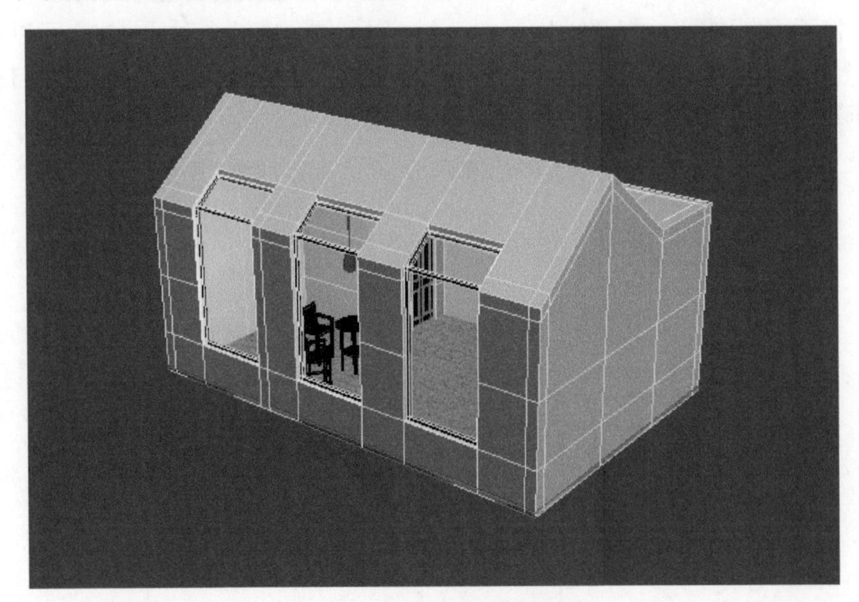

图 3-19　带有折角窗的房屋模型

这种带有折角的窗子虽然比3.1小节中的矩形窗结构复杂，但是可视为两个矩形窗的组合，如图3-20所示。

因此，这种折角窗的天空光也可以采用两个VRay面光源来模拟。分别创建两个VRay面光源，仔细调整其宽度和高度，使其与窗框的尺寸匹配，如图3-21所示。

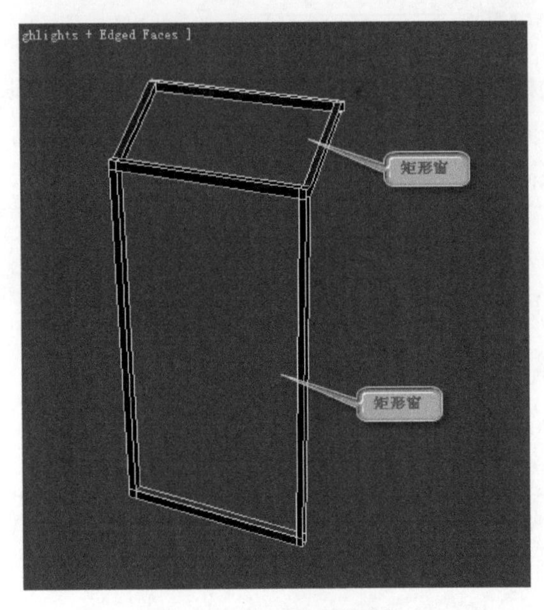

图 3-20　折角窗的结构分解

图 3-21　折角窗的天空光设置

再将这两个光源采用实例方式复制到另外两个窗子上，如图3-22所示。

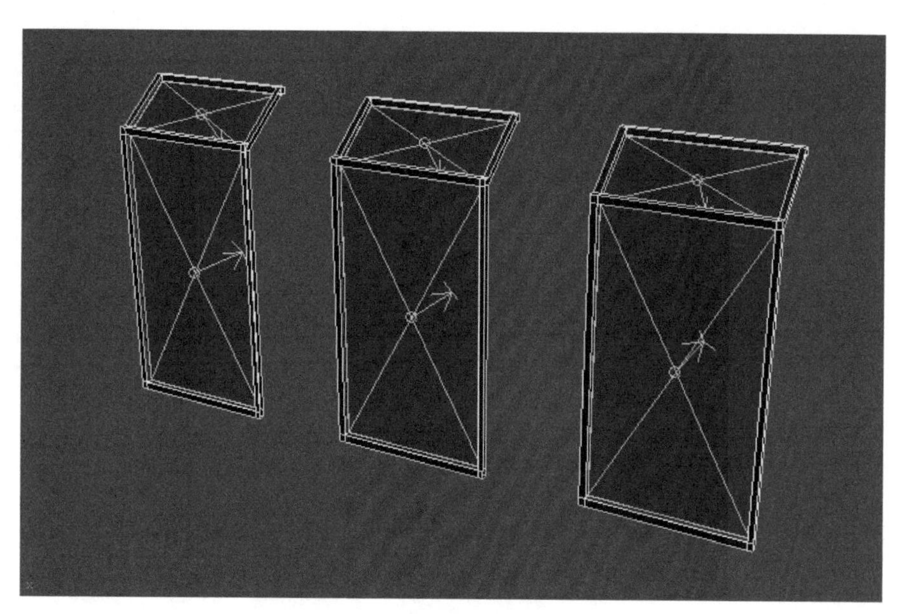

图 3-22　复制到另外两个窗子上

渲染结果如图3-23所示。

图 3-23　折角窗渲染结果

3.2.2　异形窗

除了最为常见的矩形窗外，各种异形的窗子在建筑中也是比较常见的，如图3-24所示。对于这类异形窗的天空光表现技法，也是做照明必须研究的课题。

图 3-24　各种异形的窗子

本小节使用一个比较典型的案例来介绍异形窗的天空光表现技法。在层管理器中打开room_c_3模型，这是一个带有异形窗的房间模型。窗子的上半部分带有一个月牙形结构，如图3-25所示。

图 3-25　带有异形窗的房间模型

对于这种异形窗，比较简单的处理方法是使用一个VRay平面光源从外边直接将窗子完全遮挡住模拟天空光，如图3-26所示。

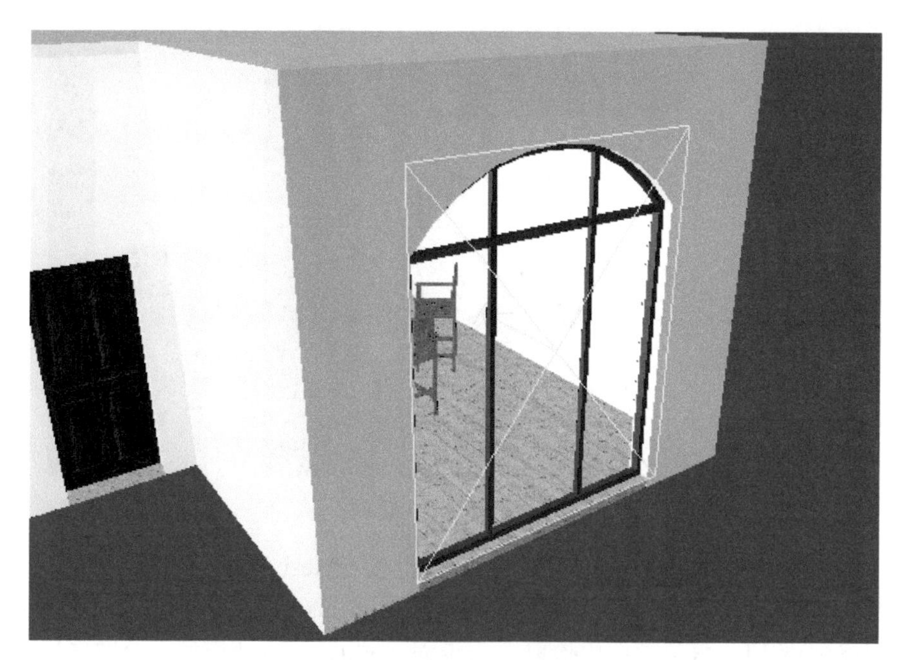

图 3-26　比较简单的处理方法

由于这种方法创建的面光源与窗口的形状并不完全一致，所以一定要把光源放在窗子靠室外的部分，依靠窗洞将多余的部分遮挡住。如果像前面的案例一样放在靠室内的部分，误差就会很大。

上述方法虽然简单易行，但是显然不够精确。如果需要精确模拟异形窗的天空光照明效果，可以采用Mesh(网格体)类型的VRay光源，通过指定一个自发光的网格模型来精确模拟天空光，如图3-27所示。

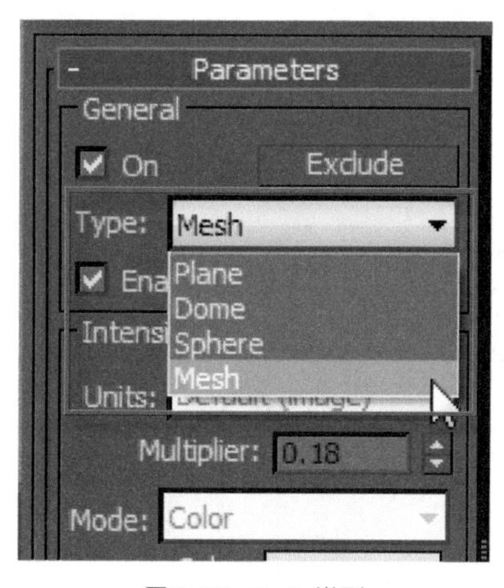

图 3-27　Mesh 类型

具体操作如下。

(1) 首先创建一个和窗洞形状完全一致的Mesh模型，最好是单面的Mesh模型，注意法线方向一定要指向房间内部，将其命名为“light_mesh”，如图3-28所示。

图 3-28　创建 Mesh 模型

(2) 在任意位置创建一个VRay面光源，将Type设置为Mesh类型。

(3) 在VRay光源参数面板中，单击Mesh light options(网格体灯光选项)选项组中的Pick mesh(拾取网格体)按钮，再到视图中拾取上一步创建的light_mesh模型。拾取之后，Pick mesh按钮上将显示Editable Poly，如图3-29所示。

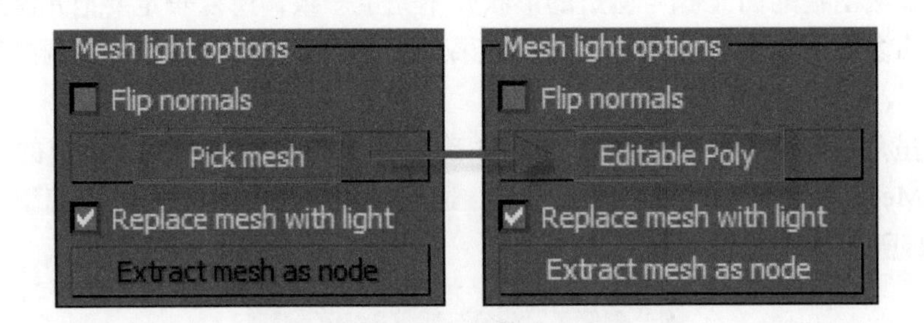

图 3-29　拾取 Mesh 模型的前后对比

渲染结果如图3-30所示，天空光照明效果模拟得很精准。

图 3-30　异形窗渲染结果

选中Mesh light option选项组中的Flip normals(翻转法线)复选框，可以翻转光源的法线方向，也就是使法线朝向室外，如图3-31所示。

渲染结果如图3-32所示。

Mesh light options
Flip normals
Editable Poly
Replace mesh with light
Extract mesh as node

图 3-31　翻转法线

图 3-32　翻转法线后的渲染结果

仔细对比图3-30和图3-32两张效果图，会发现两者有明显的差别。光源法线朝向室内的图3-30，光影效果更加细腻，画面上的噪点很少，质量明显好于法线朝向室外的图3-32。但是法线朝向室内的图3-30的渲染耗时要比法线朝向室外的图3-32多出50%以上。

3.2.3　天窗

在层管理器中打开room_c_4模型，这是一个带有金字塔形天窗的房屋模型，房屋顶部带有一个矩形的开口，如图3-33所示。

图 3-33　带有天窗的房屋模型

对于这种类型的天窗，只需要在屋顶的开口位置放置一个相同大小的VRay面光源，照射方向朝向室内，如图3-34所示。

图 3-34　在开口位置创建光源

渲染结果如图3-35所示。

图 3-35　天窗渲染结果

3.2.4　海景窗

海景窗的特点是面积大，甚至整面墙都是落地玻璃窗，以利于采光和观看风景。在层管理器中打开room_c_5模型，带有海景窗的房屋模型如图3-36所示。

海景窗的灯光设置比较简单，只需要给每个窗格创建一个VRay光源即可，如图3-37所示。

渲染结果如图3-38所示。

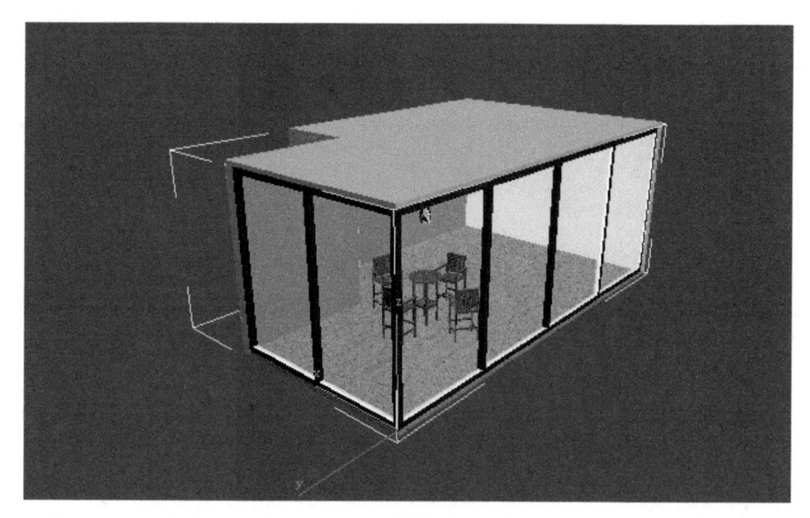

图 3-36　带有海景窗的房屋模型

图 3-37　海景窗的光源设置

图 3-38　海景窗渲染结果 (1)

另一种光源设置的方法如图3-39所示。创建两个通长的VRay面光源，以模拟两个墙面上所有窗子的天空光效果。

图 3-39 另一种天空光设置方法

渲染结果如图3-40所示。和图3-38相比效果相差无几，但渲染速度稍快，也是一种可以使用的天空光设置方法。

图 3-40 海景窗渲染结果（2）

3.2.5 入户花园

在层管理器中打开room_c_6模型，这是一个带有入户小花园的房屋模型，如图3-41所示。与小花园相连的是房间唯一的窗子，它成为自然光唯一的入口。

小花园的天空光创建方法如下：打开三维捕捉，设置捕捉特征点为Vertex或Endpoint，捕捉小花园模型对角线上的两个端点创建一个VRay光源，将其设置为天空光，如图3-42所示。

图 3-41　带有入户小花园的房屋模型

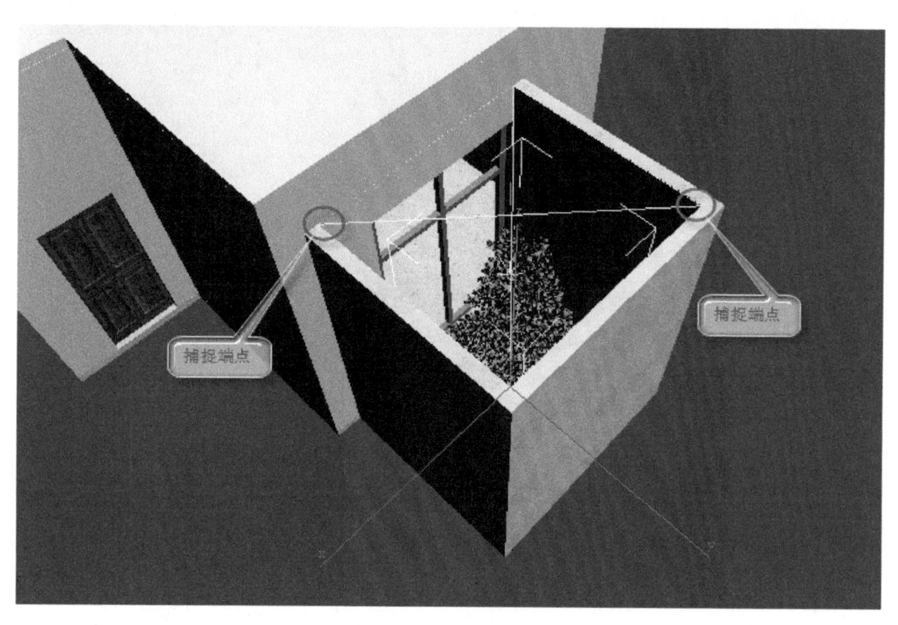

图 3-42　天空光的创建

由于通向小花园的窗子是唯一的自然光入口，所以进光量比较小，如果采用前面几个案例中的摄像机参数，渲染效果必定会很暗。

首先将shutter speed设置为20，渲染结果如图3-43所示。降低快门速度，延长曝光时间，可以提高场景的亮度。

观察图3-43，发现场景仍然比较暗。此时，既可以继续降低快门速度，也可以加大光圈，增加单位时间的进光量，同样可以达到提高亮度的效果。

将f-number设置为5.6(默认值为8)，渲染结果如图3-44所示。

如果f-number保持默认值8不变，将shutter speed降为10，渲染结果如图3-45所示。

图 3-43　渲染结果

图 3-44　f-number=5.6 的渲染结果

图 3-45　shutter speed=10 的渲染结果

对比图3-44和图3-45，可以发现两者的效果相差无几，但是图3-45的渲染速度要快10%以上，因此同样情况下可优先考虑调节快门速度。

3.2.6　气窗

在层管理器中打开room_c_7模型，这是一个带有气窗的房间模型，在房间的转角处有一个L形气窗，如图3-46所示。

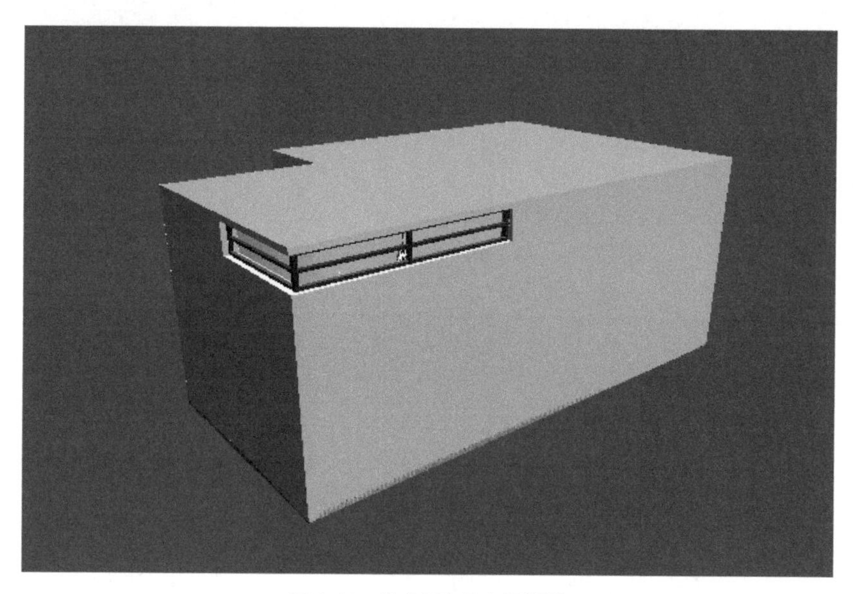

图 3-46　带有气窗的房间模型

天空光的创建如图3-47所示。在两个窗框位置各创建一个VRay光源，并设置为天空光。

图 3-47　天空光光源的创建

将摄像机的f-number设置为8、shutter speed设置为40，渲染结果如图3-48所示。另一个角度的渲染结果如图3-49所示。

在VRay光源面板中，单击VRayAmbientLight(VRay环境光)按钮，在场景中任意位置创建一个VRay环境光光源，如图3-50所示。

图 3-48　气窗渲染结果

图 3-49　另一个角度的渲染结果

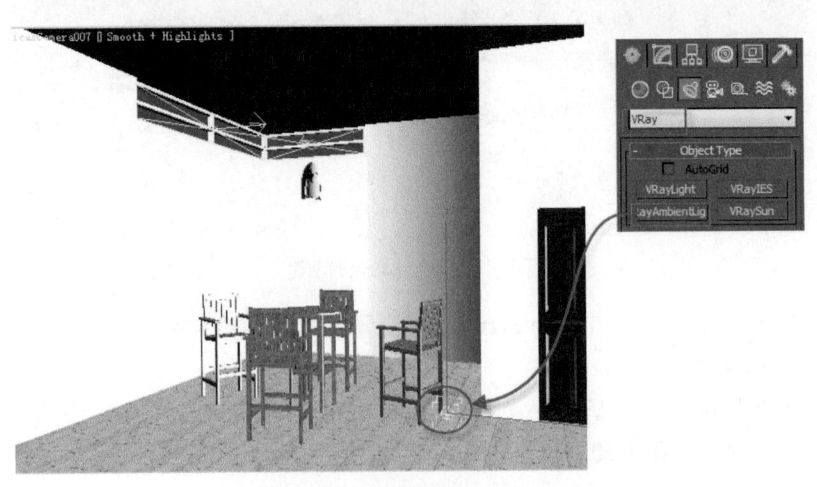

图 3-50　创建 VRay 环境光光源

使用VRayAmbientLight的默认参数，渲染结果如图3-51所示。

图 3-51　带有环境光的渲染结果

与图3-49相比，图3-51中环境光照明的效果明显。如果将gi min distance(gi最小距离)设置为200mm左右，如图3-52所示，渲染结果如图3-53所示，与图3-51相差无几。

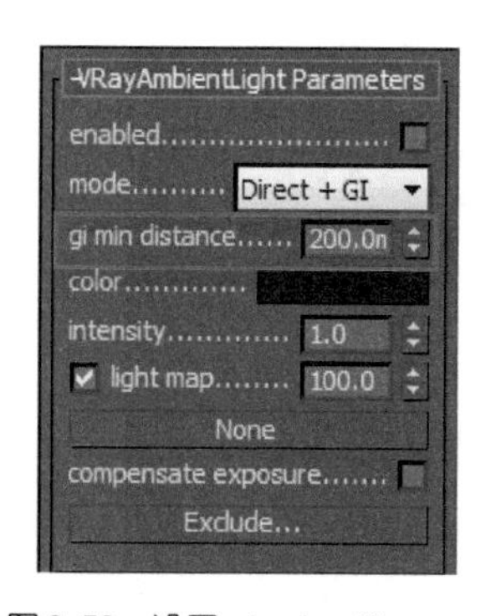

图 3-52　设置 gi min distance

图 3-53　gi min distance=200mm 的渲染结果

将VRayAmbientLight的mode(模式)设置为Direct(直接照明)，渲染结果如图3-54所示。

将VRayAmbientLight的mode(模式)设置为GI(全局照明)，渲染结果如图3-55所示。

将图3-54和图3-55与图3-53相比，可以发现，去掉直接照明或全局照明，画面都略微有点暗淡，因此一般可以将模式设置为默认的Direct+GI。

图 3-54 Direct 模式的渲染结果

图 3-55 GI 模式的渲染结果

3.3 VRay 阳光

太阳光是最重要的自然光源，当它普照大地，整个世界便姹紫嫣红、五彩缤纷。随时间的推移以及当天气发生变化时，光线都会直接影响物象的色彩。VRay的阳光系统可以精确模拟各种天气条件下的阳光照射效果。

3.3.1 VRay 阳光的创建

在层管理器中打开room_c_2模型，下面使用这个模型讲解VRay阳光的设置。

在VRay光源面板中，单击VRaysun(VRay阳光)按钮，在前视图中创建VRay阳光，目标指向房屋模型，和地面夹角为45° 左右，如图3-56所示。

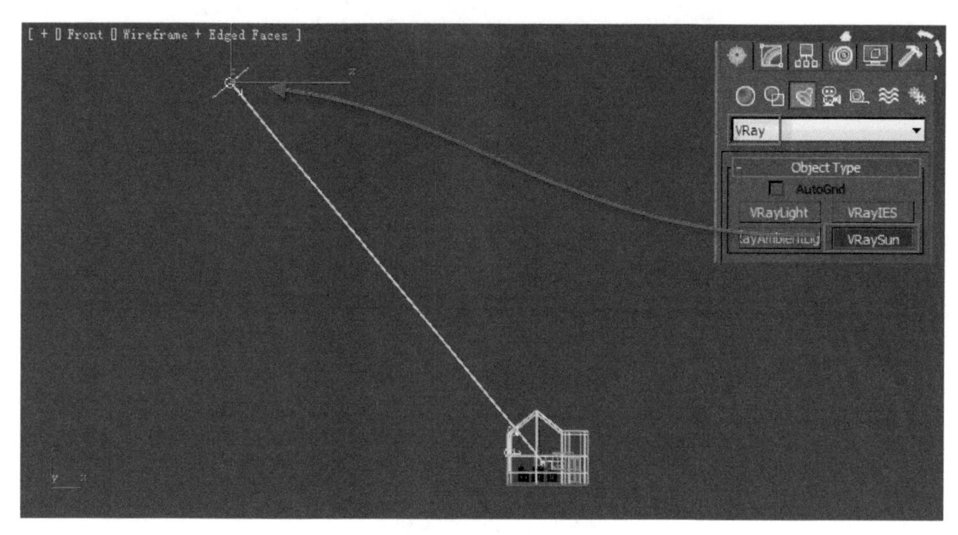

图 3-56　VRay 阳光的创建

在顶视图中，将VRay阳光的光源向东或向西移动(假定模型位于北半球，窗子朝南)，与房屋形成一定的夹角，如图3-57所示。这里的角度和图3-56中的角度将会影响阳光的入射角度，对地面上阳光光斑的形状产生直接的影响。例如，图3-57中阳光与地面的夹角越小，则地面上的光斑就会越长。

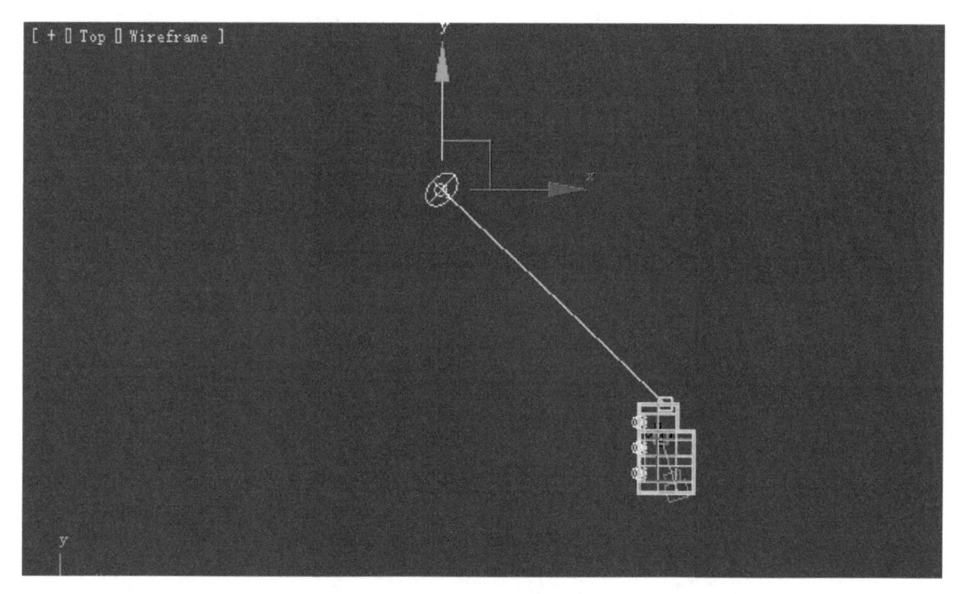

图 3-57　顶视图中阳光的入射角度

渲染结果如图3-58所示，地面上出现了直射阳光产生的强烈光斑。

如果将顶视图中的阳光光源移动到房间的东侧，同时将前视图中的阳光光源位置略微降低，如图3-59所示，则渲染结果如图3-60所示。由于入射角度的变化，渲染结果与图3-58相比有很大区别。入射的直射阳光更多，画面也更加明亮。

图 3-58 阳光渲染结果

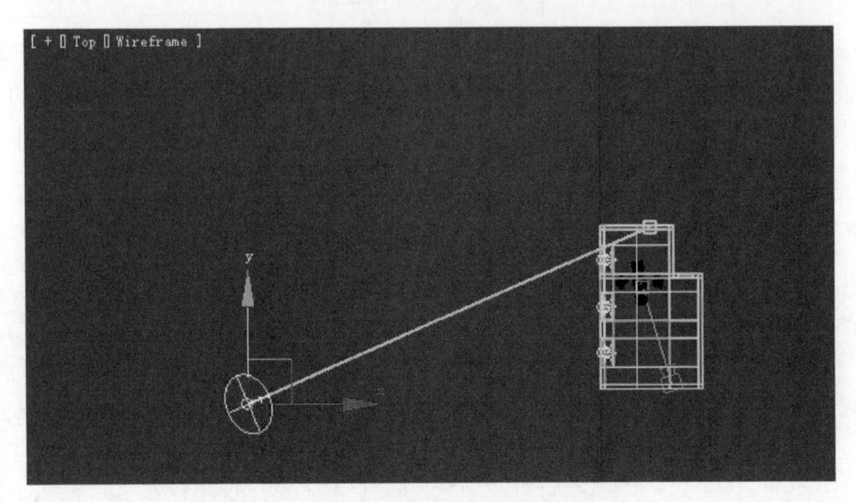

图 3-59 将阳光光源移动到房间东侧

图 3-60 调整入射角度后的渲染结果

3.3.2　VRay 阳光的参数设置

VRaySun Parameters(VRay阳光参数)卷展栏如图3-61所示。在该卷展栏中可以对VRay阳光的各项参数进行设置。

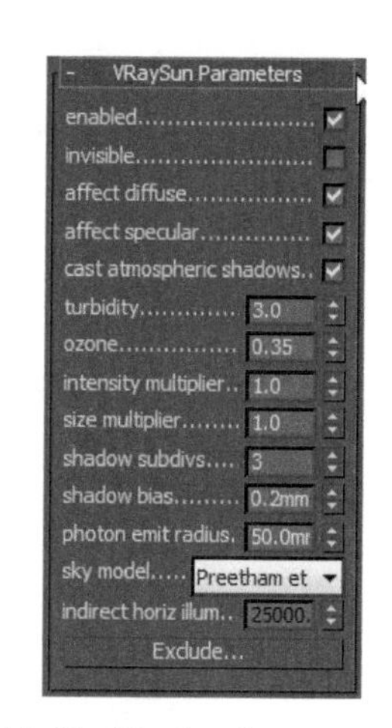

图 3-61　VRaySun Parameters 卷展栏

下面对该面板的参数进行介绍。

- enabled(开启)：设置是否开启VRay阳光，选中为开启，取消选中为关闭。
- invisible(不可见)：设置VRay阳光是否可见，选中为不可见，取消选中为可见。
- turbidity(浑浊度)：控制空气的清澈程度(取值范围为2～20)。turbidity为空气中的清洁度数值，取值越大，阳光越暖。一般情况下，白天正午时turbidity的取值为3～5，下午时为6～9，傍晚时可以设置到15，最大值为20。图3-62展示了一组turbidity不同取值的效果对比。从最小值到最大值，阳光的色调越来越偏向暖色调，光斑逐渐减弱，直至完全消失。
- ozone(臭氧)：模拟大气中的臭氧。对于室内效果的渲染，设置为较大的值时，墙面颜色容易受环境影响，地板能呈现真实的颜色，物体固有色的纯度会高些。该参数对VRay阳光没有太多影响，主要对VRay天空光有影响，通常可以不做设置。
- intensity multiplier(强度倍增)：取值越大，阳光越亮，通常设置为0.1以下的数值较好。
- size multiplier(尺寸倍增)：取值越大，光线越分散，阴影越模糊。
- shadow subdivs(阴影细分)：取值越小，阴影质量越差。
- shadow bias(阴影偏移)：取值越大，阴影的偏移距离越远，面阴影的效果越明显，阴影边缘越模糊；取值越小，阴影边缘越清晰。
- photon emit radius(光子发射半径)：取值越大，照射范围越大。该参数对场景的效果不会产生任何影响，只是帮助理解光照范围，一般无须设置。

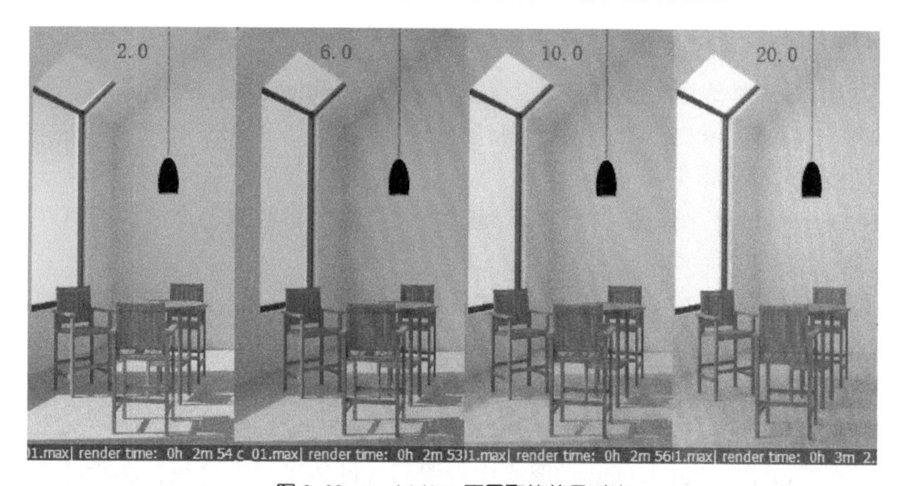

图 3-62　turbidity 不同取值效果对比

将intensity multiplier设置为0.6，turbidity设置为0.35左右，渲染结果如图3-63所示。

图 3-63　修改参数后的渲染结果

3.3.3　VRay 阳光节点的设置

除了在VRaySun Parameters卷展栏中设置VRay阳光的参数以外，还有一种方法也可以方便地设置VRay阳光的效果，这就是材质编辑器中的阳光节点。

在创建VRay阳光的时候，会出现一个V-Ray Sun对话框，询问用户是否需要自动加载一个VRaySky环境贴图，如图3-64所示。

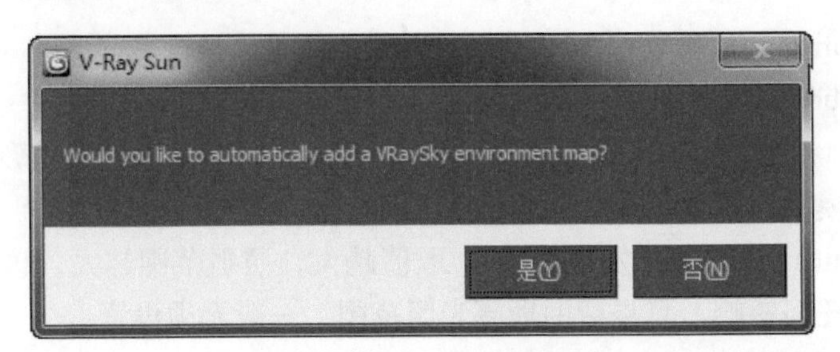

图 3-64　V-Ray Sun 对话框

如果在V-Ray Sun对话框中单击“是”按钮，在Enviroment and Effects窗口的Environment(环境)选项卡中，Environment Map长按钮上会自动加载一张VRaySky贴图，同时自动选中Use Map(使用贴图)复选框，如图3-65所示。

将Environment Map长按钮拖动到材质编辑器中的某个样本球上释放，即可在材质编辑器中编辑VRaySky贴图了，如图3-66所示。

如需手动控制VRay天空光效果，可以在VRaySky Parameters卷展栏中选中manual sun node(手动阳光节点)复选框，同时激活sun node右侧的长按钮，单击该按钮，再在任一视图中单击拾取阳光节点，如图3-67所示。

sun node右侧的长按钮上将出现阳光节点的名称，如图3-68所示。

现在可以在VRaySky Parameters卷展栏中设置阳光参数了。在这里，参数的含义和用法与VRaySun Parameters卷展栏中的完全一致。

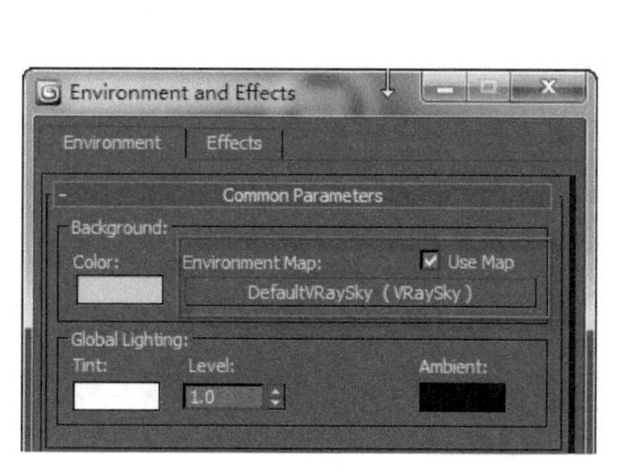

图 3-65　自动加载 VRaySky 贴图

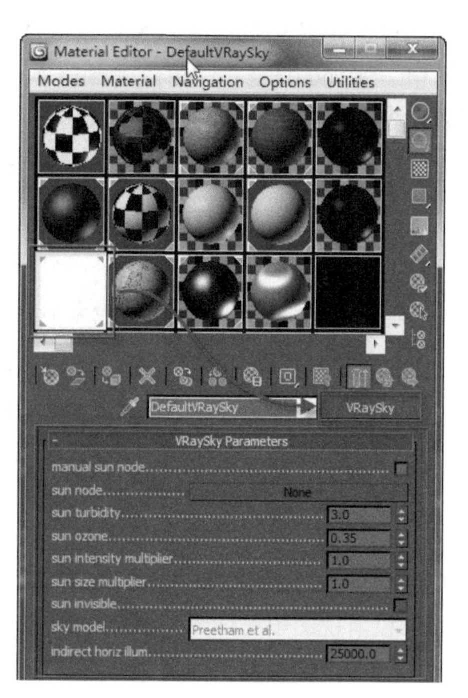

图 3-66　材质编辑器

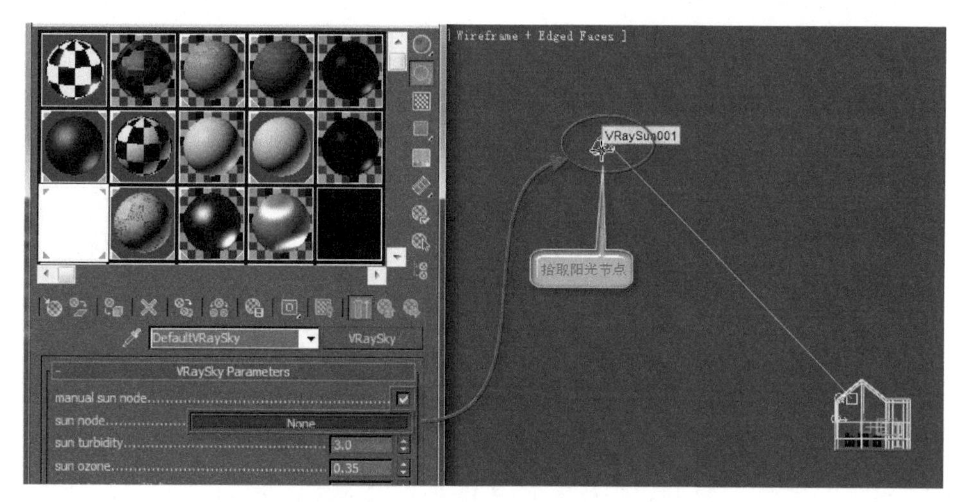

图 3-67　拾取阳光节点

VRaySky Parameters	
manual sun node	☑
sun node	VRaySun001
sun turbidity	3.0
sun ozone	0.35
sun intensity multiplier	1.0
sun size multiplier	1.0
sun invisible	☐
sky model	Preetham et al.
indirect horiz illum	25000.0

图 3-68　出现阳光节点的名称

确认目前阳光光源与地面的夹角保持在45°左右，将sun intensity multiplier设置为一个较小的数值，例如0.03左右。可以看到样本窗口中的缩略图由原来的纯白色变为一种由蓝到灰的渐变色，模拟上午的天空光颜色，如图3-69所示。

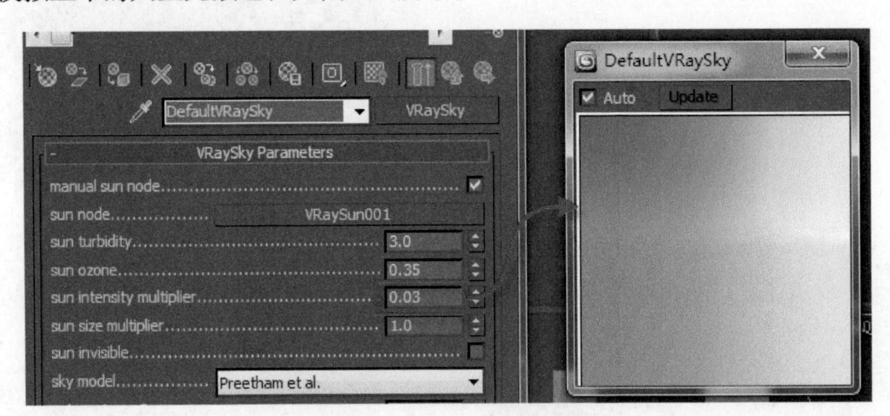

图3-69　样本窗口出现蓝灰渐变色

如果在前视图中将阳光光源的位置向地面移动，会发现样本窗口中的渐变色随之自动发生变化，由蓝灰色渐变转变为蓝橙色渐变，模拟傍晚或清晨的天空光颜色，如图3-70所示。

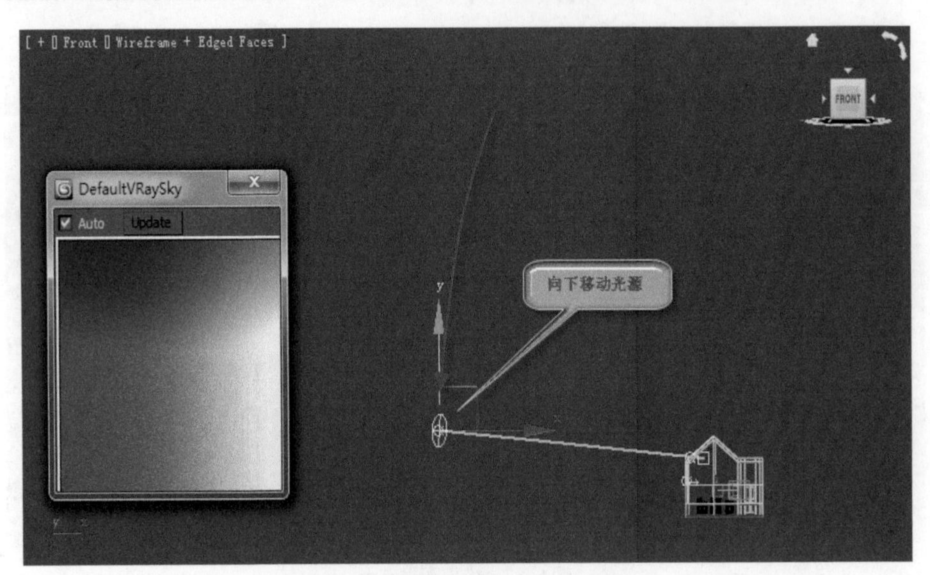

图3-70　移动日光改变天空光颜色

用户可以自行改变阳光的入射角度，观察天空光颜色变化的规律。这个变化是软件根据阳光和地面的夹角自动生成的，特别适合做阳光颜色变化的动画效果。只需要给阳光制作一个移动的动画，软件会自动生成阳光在某个角度的颜色。图3-71和图3-72展示了两个不同入射角度的渲染效果，比较准确地模拟了阳光的颜色变化。

图 3-71　上午的阳光效果

图 3-72　清晨的阳光效果

本章小结

本章详细讲解了室内白天自然光效果制作的两个重要光源——天空光和日光，最重要的部分是各种形状的窗子和天空光的关联方法。实际工作中遇到的情况千变万化，不可能在一个章节中面面俱到，只要读者掌握了天空光设置的基本原理和技巧，就可以举一反三、创造性地进行工作，从而制作出出色的渲染效果，那么本章的目的也就达到了。

第4章 黄昏效果的表现

内容提要：

◎ 用 VRay 阳光表现黄昏效果

◎ 使用 VRay 天空球光源制作黄昏效果

◎ 手动设置天空背景

黄昏是一天中自然光颜色变化最为丰富的时段，对于三维软件的表现是一种挑战。本章采用了两大类技法来表现黄昏，一类采用程序贴图手工设置，另一类采用高动态范围图像 (HDRI)。两种技法各有千秋。本章对于每种技法都列举了大量实例，可以帮助读者更好地理解和掌握黄昏的制作方法。

4.1 用VRay阳光表现黄昏效果

黄昏时分，阳光与地面的夹角逐渐变小，强度逐渐减弱，同时呈现出橙色到红色的渐变效果。此时的阳光可以使用上一章介绍的VRay阳光来模拟。

4.1.1 创建VRay阳光

打开素材包中的room_d模型文件。在层管理器中，打开room_d_1场景，如图4-1所示。

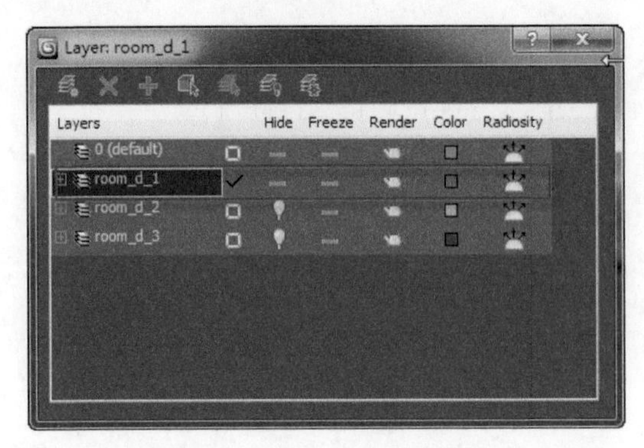

图4-1 打开room_d_1场景

与第3章中的操作一致，在前视图中创建一个VRay阳光，将其高度设置得较低，与地面的夹角约为8°左右。在顶视图中将阳光移动到房屋的下方，使阳光从一个较低的角度照射房屋，如图4-2所示。

在材质编辑器中将VRaySky材质的阳光节点(sun node)与上述阳光相关联，使其成为VRaySky的阳光节点。由于阳光材质会根据阳光和地面的夹角自动计算阳光的颜色，因此目前VRaySky显示的颜色为一种橙黄色，模拟傍晚或早晨的阳光颜色，如图4-3所示。

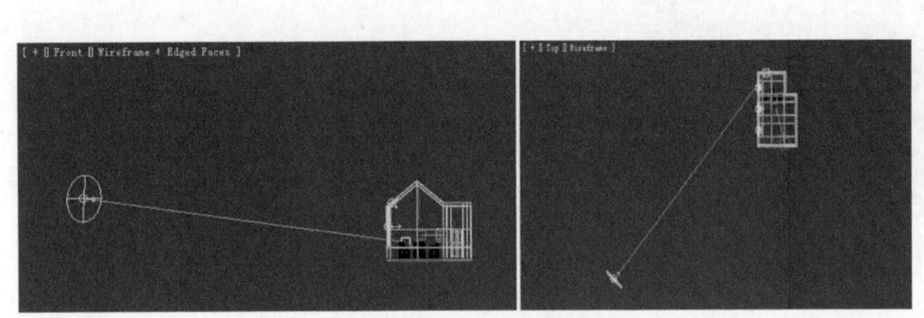

图4-2 VRay阳光的位置

图4-3 阳光节点的颜色

4.1.2 VRay阳光的参数设置

采用默认的摄像机参数(shutter speed=200，ISO=100)进行测试渲染，结果如图4-4所示。观察发现，场景过于昏暗，可见还需要对摄像机的参数进行修改。

图 4-4　默认摄像机参数的渲染结果

将摄像机的shutter speed设置为50、ISO设置为200，渲染结果如图4-5所示，黄昏的效果相当不错。

图 4-5　修改摄像机参数后的渲染结果

选中VRay阳光，将turbidity设置为8左右，渲染结果如图4-6所示。与图4-5相比，画面更加暗淡，同时墙面上的光斑也更微弱。

VRay阳光适合表现傍晚太阳落山之前的效果，阳光还能够在墙面和地面投射较为暗淡的光斑。太阳落山之后的夜景效果就需要采用其他的技法来表现了。

最后，在做下一个案例之前，请将本例中的VRay阳光关闭或删除，否则会影响下一个案例的效果。

图 4-6 调高浑浊度的渲染结果

4.2 使用 VRay 天空球光源制作黄昏效果

VRaylight光源带有一个Dome天空球模式，可以加载HDRI(高动态范围图像)贴图，非常适合表现黄昏效果。

4.2.1 创建 VRay Dome 光源

在层管理器中打开room_d_2场景，如图4-7所示。

图 4-7 room_d_2 场景

在房屋模型以外的任意位置创建一个VRay光源，将其Type设置为Dome，将Multiplier设置为1.0左右，如图4-8所示。

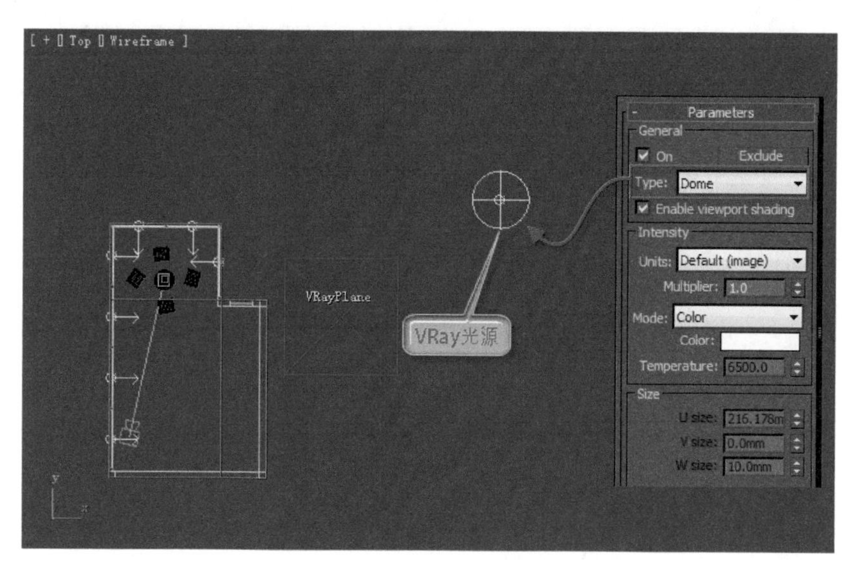

图 4-8　创建 Dome 光源

这种类型的光源外形是一个半球体，可以产生一种无方向、均匀的照明效果，比较适合表现黄昏时的环境光照明。由于Dome光源没有方向性，所以可以在场景的任意位置创建，不会影响照明效果。

4.2.2　使用 HDIR 贴图

创建了VRay Dome光源之后，首先做一个渲染测试，结果如图4-9所示。

图 4-9　Dome 渲染结果

由于采用的是Dome光源的默认设置，没有加载HDRI贴图，因此虽然产生了均匀的环境照明效果，但是很不真实，效果并不理想。下面来为Dome光源加载HDRI贴图。

首先，在材质编辑器中，选择一个样本球，单击获取材质按钮，在材质/贴图浏览器中选择VRayHDRI贴图，如图4-10所示。

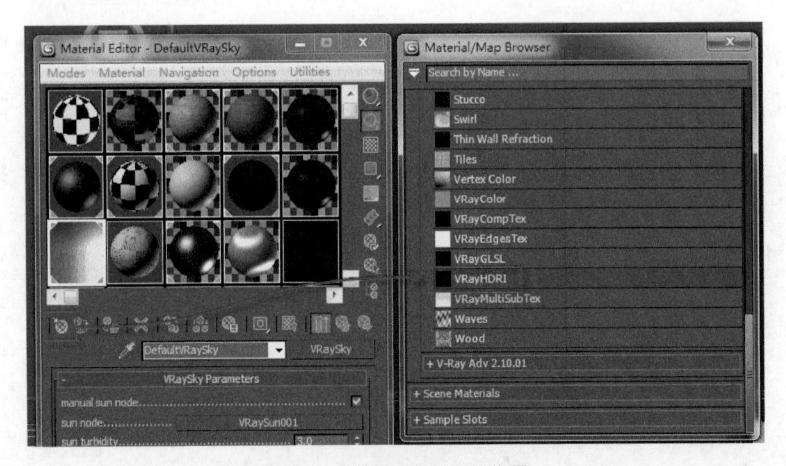

图 4-10　选择 VRayHDRI 贴图

接着，在VRayHDRI面板中，单击Browse按钮，选择素材包中的10_11_2012_7_30.exr文件，这是一个夜晚天空的高动态范围图像。将Mapping type(贴图类型)设置为Spherical(球形)，如图4-11所示。

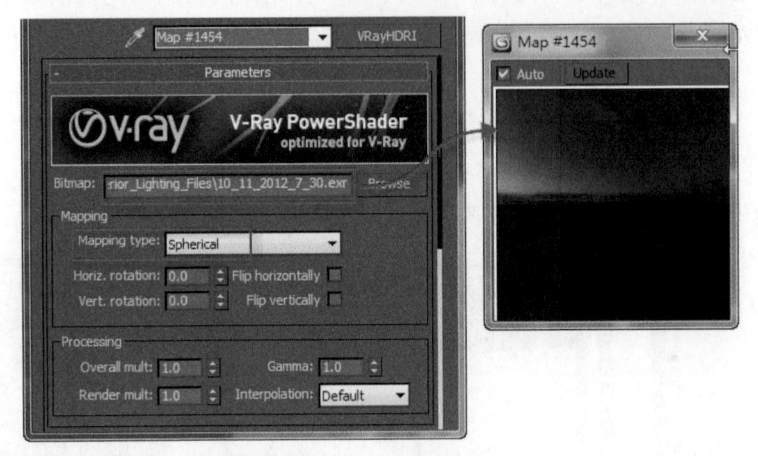

图 4-11　打开 HDRI 贴图

最后，使用鼠标将HDRI贴图拖动到Dome光源的Texture按钮上，释放鼠标左键，在弹出的对话框中选择Instance方式，如图4-12所示。

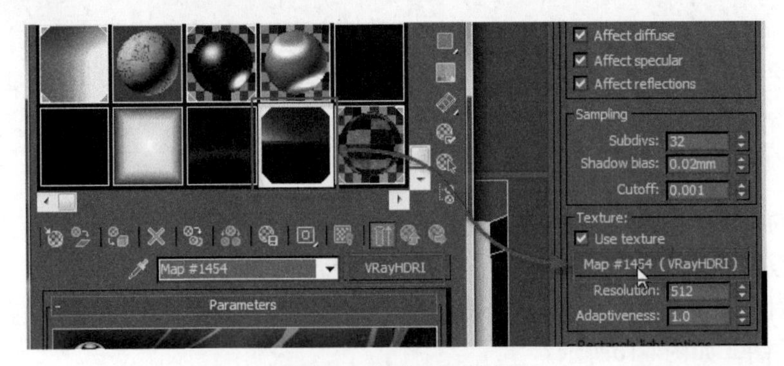

图 4-12　关联 HDRI 贴图

4.2.3　各种摄像机参数的渲染测试

将摄像机的shutter speed设置为20、ISO设置为200，渲染结果如图4-13所示，几乎一片漆黑。

图 4-13　渲染结果

将摄像机的shutter speed设置为5、ISO设置为400，渲染结果如图4-14所示。

图 4-14　shutter speed=5 的渲染结果

如果进一步降低shutter speed，将其设置为2，ISO保持不变，渲染结果如图4-15所示。

在快门速度一定的情况下，ISO的取值对于亮度的影响规律是，取值越大，亮度越高，画质也随之下降。图4-16所示为该场景不同ISO取值的渲染结果对比。

图 4-15 shutter speed=2 的渲染结果

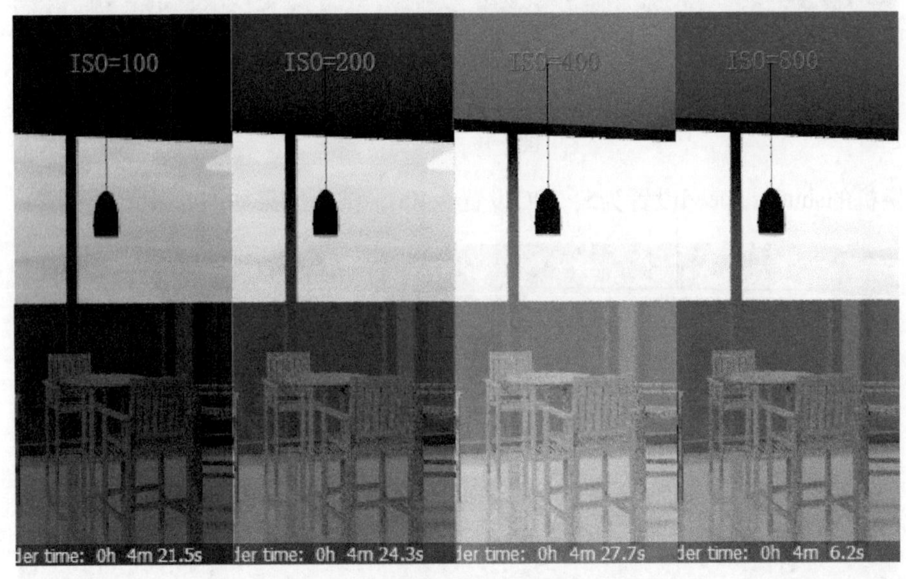

图 4-16 不同 ISO 取值的渲染结果对比

4.2.4 各种 HDRI 参数的渲染测试

在材质编辑器的VRayHDRI面板中的参数，对渲染结果也有很大影响。

Horiz. rotation(水平旋转)用于控制HDRI贴图在水平方向上的旋转角度。角度不同，画面也会有所变化，从而引起场景中光影效果的变化。图4-17提供了一组对比，设置为100°时，画面中间出现了一片明亮的云彩，渲染结果如图4-18所示。与图4-15相比，画面明亮了许多，这与HDRI画面中的效果是一致的。

图 4-17　不同 Horiz.rotation 取值的对比

图 4-18　Horiz.rotation=100 的渲染结果

Gamma值决定画面的亮度，数值越大，画面越亮，反之画面越暗。将Gamma设置为0.7左右，渲染结果如图4-19所示。图4-19除了Gamma值以外，其余设定与图4-18完全一致，而图4-19较之图4-18明显变暗。

图 4-19　Gamma=0.7 的渲染结果

Overall mult(全局倍增)用于控制渲染画面的整体亮度，取值越大，画面越明亮。将Overall mult设置为1.6左右，渲染结果如图4-20所示。

图 4-20　Overall mult=1.6 的渲染结果

Gamma和Overall mult都有调节画面亮度的作用，但Gamma更倾向于HDRI贴图中亮部的调节。因此，如果希望渲染画面中HDRI贴图的亮部更明亮，则可适当增大Gamma值。

对VRay HDRI贴图的参数做如图4-21所示的设置。

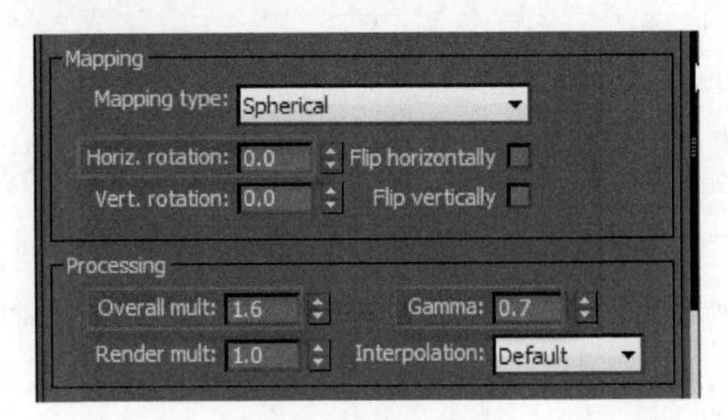

图 4-21　HDRI 的设置

渲染结果如图4-22所示。

图 4-22　渲染结果

4.3　手动设置天空背景

除了使用Dome中的HDRI贴图直接作为渲染背景之外，也可采用其他图像作为背景图，还可以手动制作背景图。这样做的好处显而易见：背景图和HDRI可以单独调整，避免顾此失彼，可以更灵活、方便地调节二者的关系，能获得更好的渲染效果。

4.3.1　采用 HDRI 作为背景

在层管理器中打开room_d_3场景，将摄像机的shutter speed设置为2、ISO设置为400。

此时VRayHDRI贴图的设置如图4-23所示。

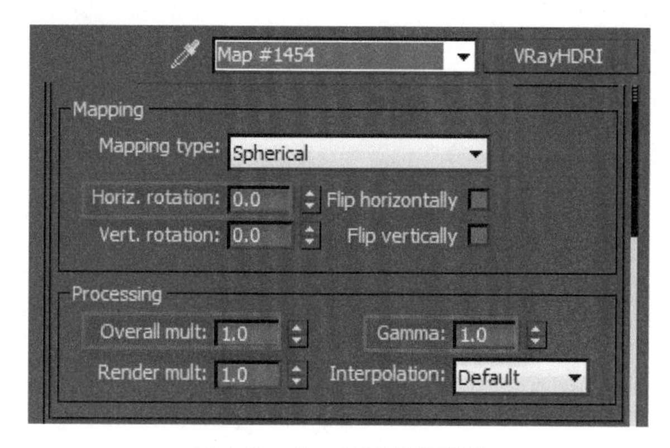

图 4-23　VRayHDRI 参数设置

渲染结果如图4-24所示。这张图的问题是，画面较暗，同时背景图有点曝光过度，变成了一片雪白，几乎看不到云层纹理。

图 4-24　shutter speed=2 的渲染结果

将摄像机的shutter speed设置为1，ISO保持400不变，渲染结果如图4-25所示。画面的亮度已经比较令人满意了，但是背景图仍然偏白。

图 4-25 shutter speed=1 的渲染结果

为了更好地表现背景图中的云层效果，可以将VRayHDRI贴图参数中的Gamma值降低为0.7左右，渲染结果如图4-26所示。现在虽然云层的贴图显示出来了，但是室内的光影效果又受到了一定的影响。

图 4-26 Gamma=0.7 的渲染结果

从上述几个步骤的渲染测试中可以看出，要同时协调好光影效果和背景图之间的关系，采用一张HDRI贴图有点力不从心。目前Environment and Effects窗口的Environment选项卡中的背景图设置还是默认的纯黑色，并没有指定任何的贴图。

4.3.2 初步设定背景图

首先，将Dome天空球删除或关闭。

任选一个样本窗口，为该样本窗口加载一个Gradient Ramp(坡度渐变)贴图。对坡度渐变贴图做如下设置：在Coordinates(坐标)卷展栏中，将贴图方式设置为Environ(环境贴图)方式，将Mapping(映射方式)设置为Spherical Environment(球形环境)方式，这样可以获得一个球形的贴图效果，非常适合作为环境贴图；将Angle(角度)选项组中的W设置为90，这样可以使渐变贴图沿垂直方向分布，而不是默认的水平方向，如图4-27所示。

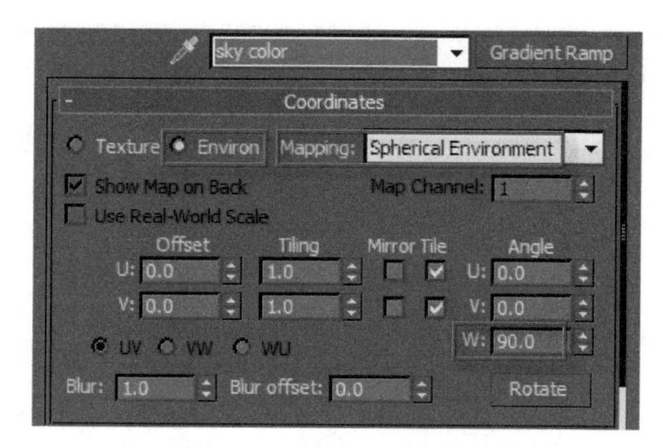

图 4-27　Coordinates 卷展栏中的设置

在Gradient Ramp Parameters(坡度渐变参数)卷展栏中，首先创建一个由四种颜色组成的渐变色，用于模拟夜晚天空的颜色，从左到右分别设置为黑色、黑色、深紫色和深蓝色，具体参数和位置可参照图4-28。

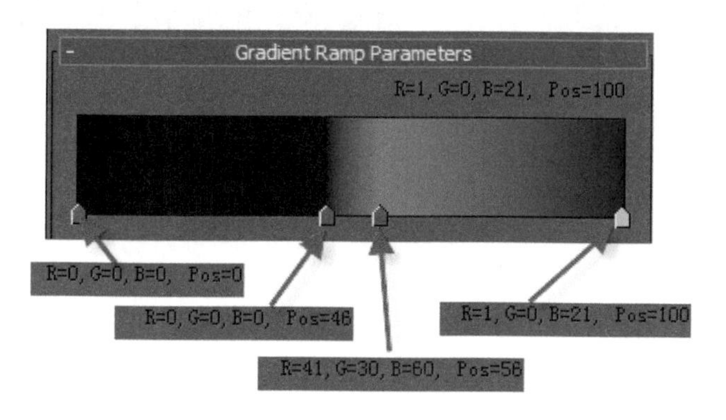

图 4-28　渐变色的设置

现在样本窗口中的渐变色应该如图4-29所示。

将样本窗口中的渐变贴图拖动到Environment选项卡中的Environment Map长按钮上，为场景加载环境贴图，如图4-30所示。

图 4-29　样本窗口的显示效果

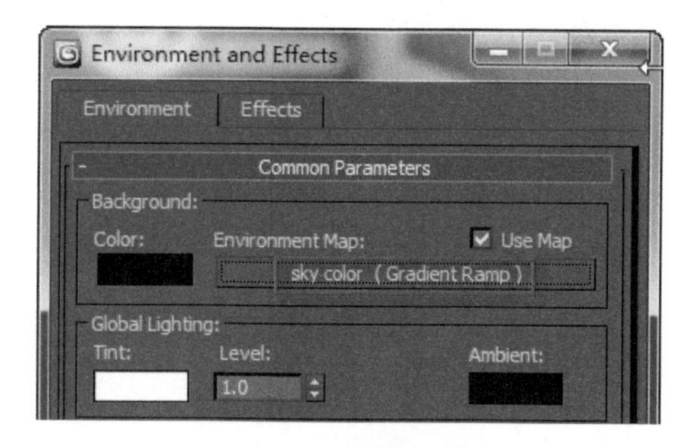

图 4-30　加载环境贴图

将摄像机的shutter speed设置为20左右，渲染结果如图4-31所示。虽然有了一定的夜景效果，但是仍然不够理想，画面明显偏暗。

图 4-31　环境贴图渲染结果

4.3.3　背景图的进一步设置

在上一小节中，虽然已经用坡度渐变贴图做出了初步的夜景天空效果，但是不够理想，还需要做进一步调整和优化。

目前渐变贴图的问题主要是，地平线附近的颜色变化仍然不够丰富。于是，在Gradient Ramp Parameters卷展栏中再增加两个色标，将这两个色标的颜色设置为橙色和玫红色。具体设置可参考图4-32。

调整后的渐变贴图如图4-33所示，这是一种傍晚天空的效果。

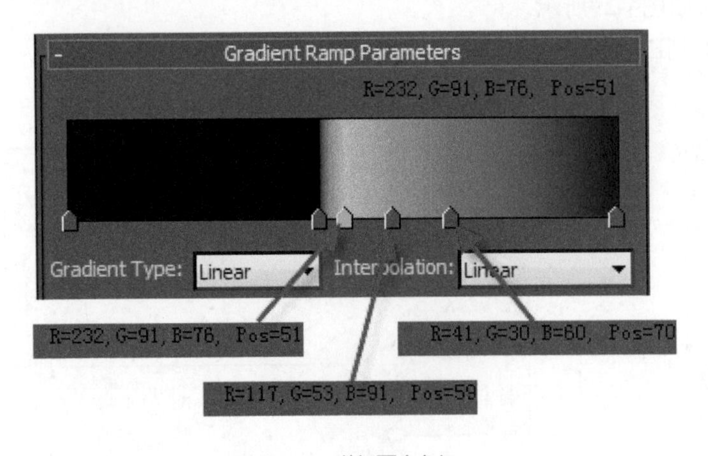

图 4-32　增加两个色标

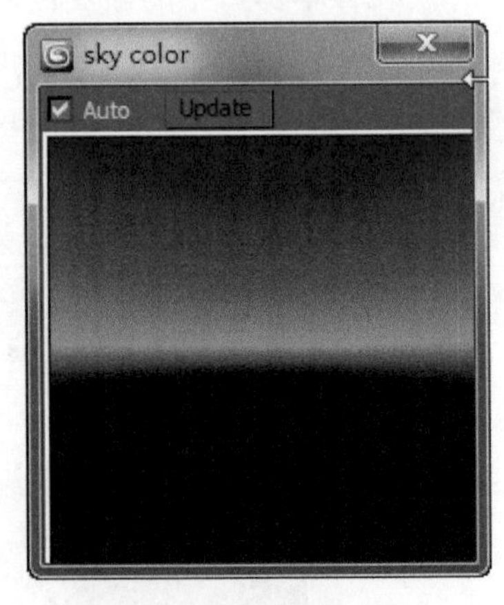

图 4-33　调整后的渐变贴图

渲染结果如图4-34所示。

图 4-34　渲染结果

还可以将渐变贴图设置成如图4-35所示的效果，这是一种夜晚天空的效果。

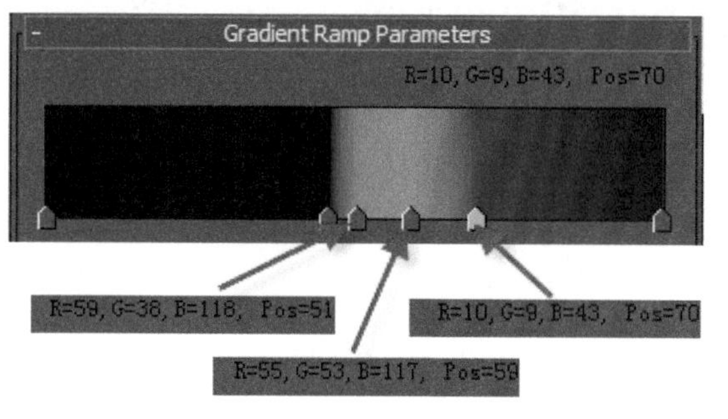

图 4-35　另一种渐变效果

渲染结果如图4-36所示。

图 4-36　另一种渐变色的渲染结果

傍晚的天空颜色变化极为丰富，这里仅仅举了两个例子。读者可以根据自己的需要或喜好，调出各种渐变色。

4.3.4　使用 Output 贴图

Output贴图可以方便地控制贴图的输出强度。

单击sky color贴图面板中的Gradient Ramp按钮，在弹出的材质/贴图浏览器中选择Output贴图，如图4-37所示。

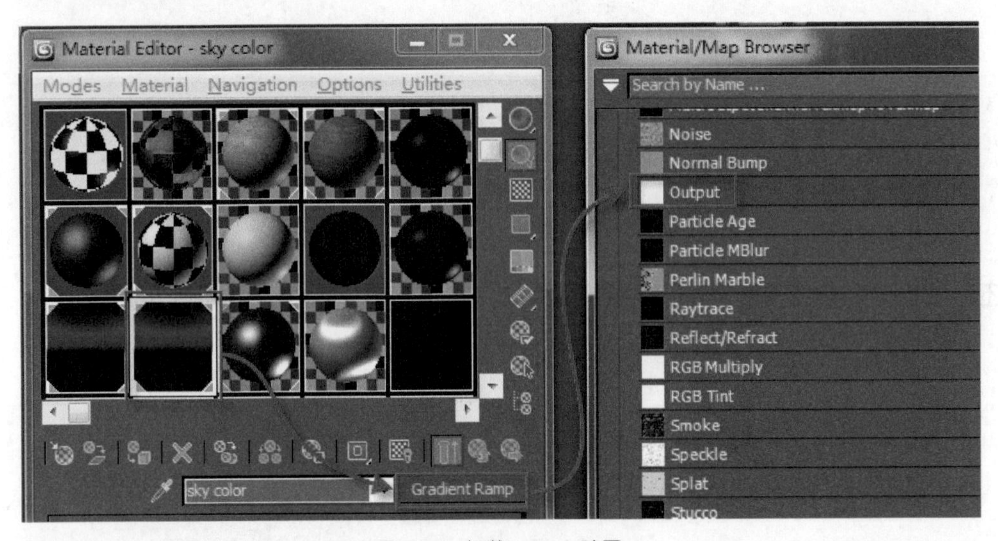

图 4-37　加载 output 贴图

弹出Replace Map(替换材质)对话框，选中Keep old map as sub-map(保持老材质为子材质)单选按钮，如图4-38所示。

Output贴图面板如图4-39所示。Gradient Ramp材质已经成为一个子材质。在Output卷展栏中，可以对子材质的输出进行各种设置。

图 4-38　Replace Map 对话框

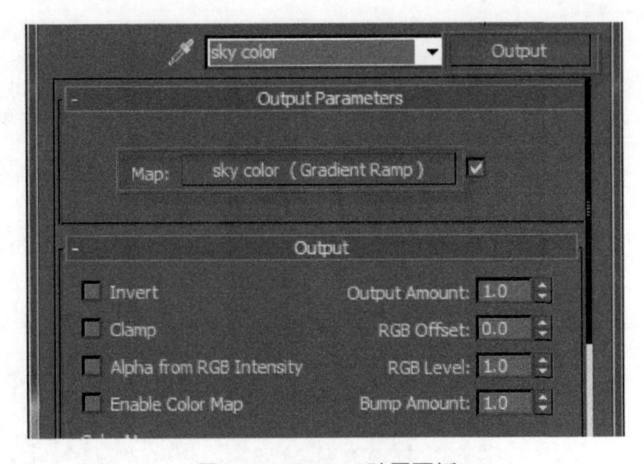

图 4-39　Output 贴图面板

将Output卷展栏中的Output Amount设置为0.75左右，执行测试渲染，结果如图4-40所示。

图 4-40　Output Amount=0.75 的渲染结果

4.3.5　采用程序纹理模拟云层效果

4.3.3小节介绍了使用渐变贴图模拟夜晚天空的做法，但是现在的天空贴图只是简单的颜色变化，并没有任何的纹理。本小节将介绍一种采用程序纹理模拟云层贴图的方法。

其实，渐变贴图不仅可以编辑颜色，也可以为标记点加贴图。现对图4-35所编辑的渐变贴图做进一步编辑。在#6号标记点上右击，在弹出的快捷菜单中执行Edit Properties(编辑属性)命令，将会打开Flag Properties(标记点属性)对话框，单击Texture(贴图)按钮，即可为该标记点指定一张贴图，如图4-41所示。

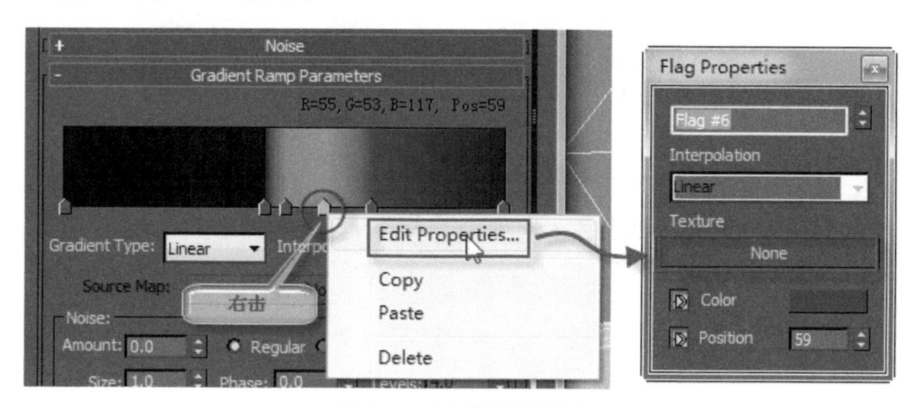

图 4-41　为标记点添加贴图

单击Flag Properties对话框中的Texture按钮，将打开材质/贴图浏览器。模拟云层贴图一般可选择Noise或Smoke贴图，本例使用Noise贴图，如图4-42所示。

Noise面板的设置如图4-43所示。将Size(噪波尺寸)设置为5左右，Tiling(平铺)X和Y都设置为0.2左右，Noise Type(噪波类型)设置为Fractal(分形)，Noise Threshold(噪波阈值)中的High设置为0.75左右、Low设置为0.26左右，Color #1和Color #2分别设置为两种深浅不同的蓝色。

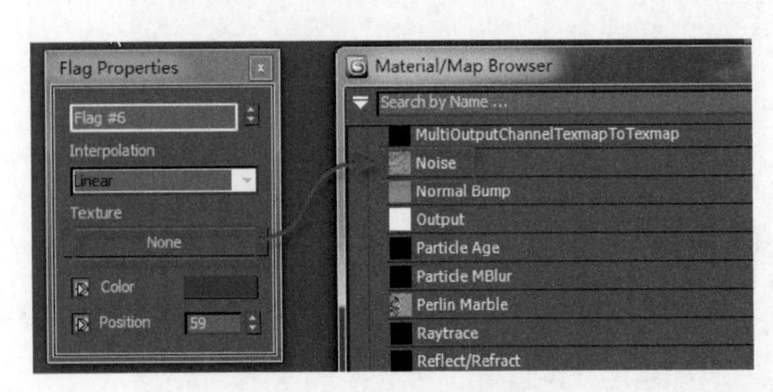

图 4-42　选择 Noise 贴图

图 4-43　Noise 面板的设置

为了方便观察，在层管理器中暂时关闭room_d_3的显示，这样可以直接渲染整个天空。渲染结果如图4-44所示，天空贴图的上半部分出现了明显的云层纹理。

图 4-44　程序纹理模拟的云层效果

以此类推，读者可以根据需要对渐变贴图中的标记点进行贴图的设置，更好地模拟云层效果。图4-45所示为在接近地平线的紫色云层中也加入噪波贴图的效果。

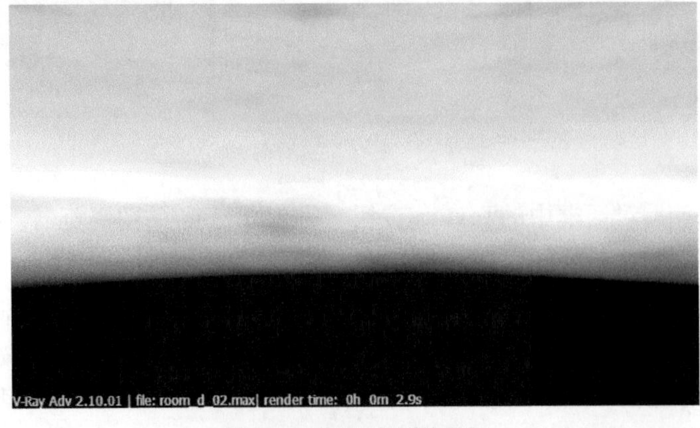

图 4-45　地平线附近的云层

最后，进行渲染测试，结果如图4-46所示。

图 4-46　使用程序纹理云层的渲染结果

4.3.6　HDRI 和渐变贴图的配合使用

手工渐变贴图制作的环境贴图虽然编辑起来非常方便、灵活，但是作为背景图而言不够真实。一个较为合理的做法是，使用4.2小节中的HDRI贴图作为背景贴图，使用渐变贴图作为VRay环境贴图，这样可以扬长避短，发挥两种贴图的作用，获得更好的渲染效果。

在Render Setup窗口的V-Ray选项卡中，V-Ray::Environment卷展栏可以用于制作环境贴图效果，如图4-47所示。

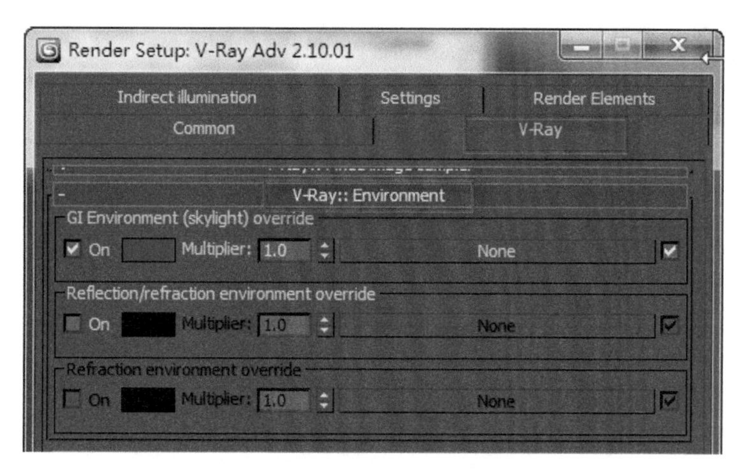

图 4-47　Environment 卷展栏

现将sky color贴图从材质编辑器拖动到上述卷展栏中的GI Environment长按钮上，再在Environment and Effects窗口的Environment选项卡中，将4.2小节中调用的HDRI贴图拖动到Background选项组中的Environment Map长按钮上，如图4-48所示。

这样，Environment选项卡中的贴图主要影响环境贴图的显示效果，V-Ray::Environment卷展栏中的渐变贴图主要影响场景的光影效果。

图 4-48　环境贴图和背景图的设置

渲染结果如图4-49所示。可以看到，两种贴图的配合效果更为理想。

图 4-49　两种贴图配合使用的渲染结果

本章重点讲解了黄昏时分的自然光表现技法，对于这个时间段的自然光表现，重点在于场景亮度的控制，过亮和过暗都不真实，必须控制在一个恰当的范围内。傍晚时分天空和云层的颜色是极为丰富的，本章只是列举了两种比较常见的情况，读者应该注意的是案例制作的方法。使用程序纹理做云层贴图是一种非常灵活的技法，运用得当不但能够大幅提高图像的真实性，还有很高的可编辑性，请读者务必多加留意。

第5章 夜晚效果的表现

内容提要：

- ◎ 日光颜色的基本构成
- ◎ 创建逼真的日光效果
- ◎ 使用日光模拟照明
- ◎ 采用板岩材质编辑器制作日光材质
- ◎ 参数关联制作日光动画
- ◎ 日光室内照明测试

日光的构成是极为复杂的，前面的章节虽然已经有所涉及，但是还不够深入。本章采用一种独特的方法研究日光颜色的构成，并采用 3ds Max 程序纹理深入模拟真实日光的色彩构成，帮助读者深刻理解日光。

5.1 日光颜色的基本构成

本节将对日光的颜色构成做深入的分析，同时使用VRay高级程序纹理及其嵌套，模拟逼真的日光色温，从而产生逼真的渲染效果。

5.1.1 加载日光场景

打开素材包中的sunlight_start.max模型文件，如图5-1所示。

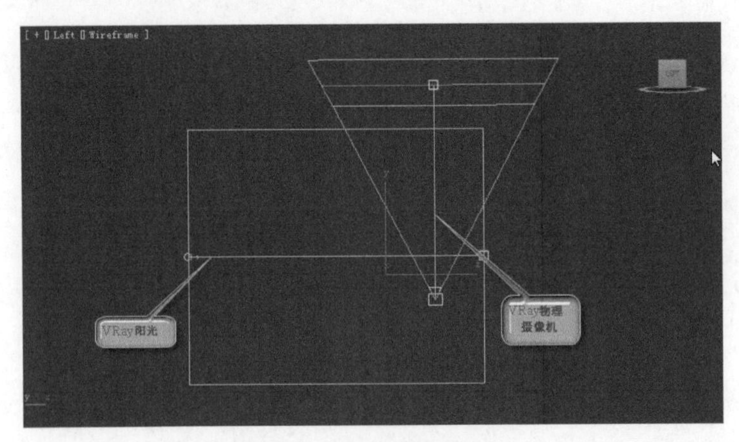

图5-1　日光分析场景

这是一个用于分析日光颜色的测试场景。在左视图中可以看到，场景中有一个水平放置的VRay日光光源和一个VRay物理摄像机，两者呈90°夹角放置，而且在同一个平面上。

在Render Setup窗口中，切换至V-Ray选项卡，在V-Ray::Camera卷展栏中，将Camera Type(摄像机类型)设置为Spherical(球形)。选中Override FOV(覆盖视野)复选框，将FOV(视野)设置为360，如图5-2所示。

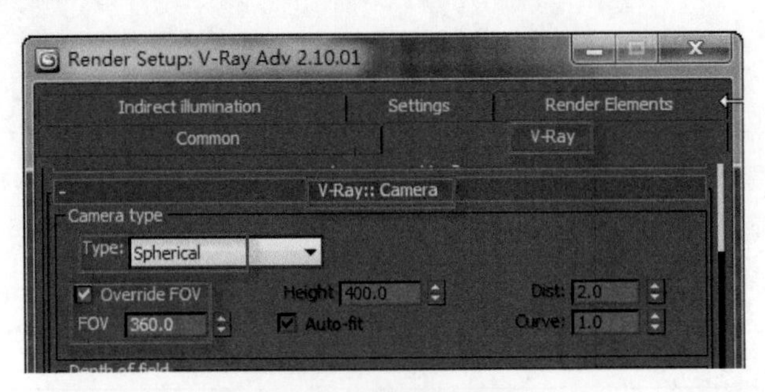

图5-2　摄像机的设置

这里的摄像机采用一种特殊的设置，其拍摄的画面是一种360°的球面成像效果。

5.1.2 摄像机参数对色温的影响

渲染摄像机视图，得到如图5-3所示的渲染结果。目前日光从水平方向照射，也就是清晨日出或傍晚落山时的色温，因此黄色和红色的成分较多。

图 5-3　摄像机视图的渲染结果

在左视图中，将VRay日光的光源部分向上稍作移动，如图5-4所示。

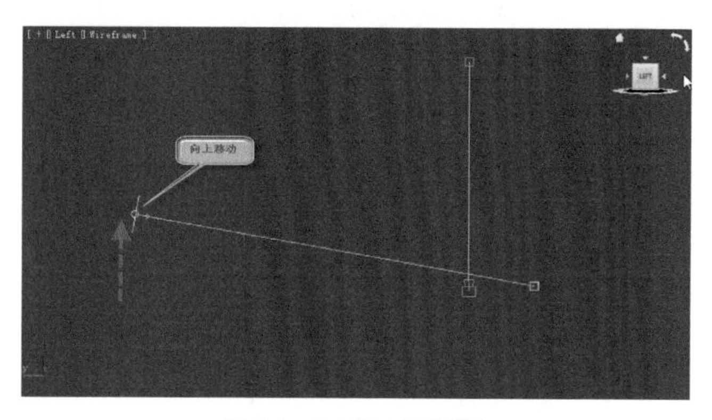

图 5-4　向上移动日光光源

渲染结果如图5-5所示。可以看到，渲染画面整体红色和黄色有所减少，上部明显变亮。

图 5-5　移动日光光源后的渲染结果

选中日光光源，在其修改面板中，将intensity multiplier设置为0.5左右。选中摄像机，在其修改面板中，将white balance(白平衡)设置为Neutral(减淡)方式。渲染结果如图5-6所示。

图 5-6　设置为 Neutral 方式的渲染结果

如果将日光的turbidity加大，则画面会变暗。将turbidity设置为5左右(默认值为3)，渲染结果如图5-7所示。

图 5-7　加大 turbidity 的渲染结果

如果加大size multiplier，将会在渲染结果中显示阳光的光源，数值越大，则光源越大。将该数值设置为3(默认值为1)，渲染结果如图5-8所示。在画面的正上方出现一个白色椭圆形，这就是阳光的光源，较之图5-7，尺寸大了不少。

图 5-8　加大 size multiplier 的渲染结果

5.2　创建逼真的日光效果

日光的构成非常复杂，包含了各种色光，第4章中采用坡度渐变贴图进行模拟，尽管效果不错，但仍然不够真实。本小节将使用VRayCompTex贴图及其嵌套技术逼真地模拟日光复杂的颜色构成。

5.2.1　VRayCompTex 贴图的使用

VRayCompTex贴图是一种高级的VRay贴图类型，可以对两种不同的材质进行各种运算，得到一种合成效果。

将Environment选项卡中的Environment Map长按钮拖动到材质编辑器的任一样板球中，这样就可以在材质编辑器中编辑日光背景图了，如图5-9所示。本小节重点讲解材质对日光渲染效果的影响。

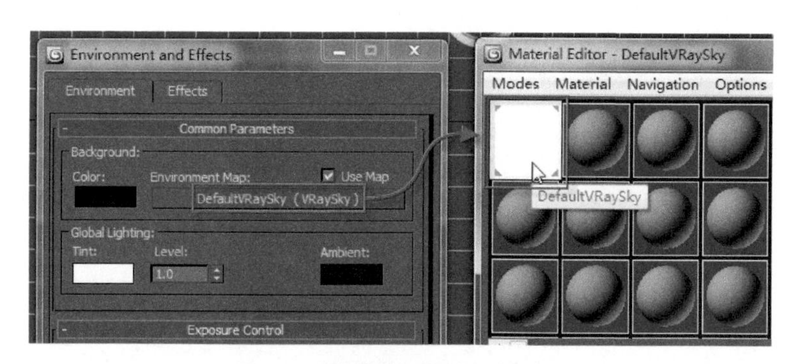

图 5-9　将背景图复制到材质编辑器

确保VRaySky材质处于选中状态，单击VRaySky按钮，在弹出的材质/贴图浏览器中选择VRayCompTex材质，如图5-10所示。

图5-10　选择VRayCompTex材质

在弹出的Replace Map对话框中，选中Keep old map as sub-map单选按钮，如图5-11所示。这样可以将VRaySky材质作为VRayCompTex材质的子材质。

在VRayCompTex材质面板中，VRaySky材质作为Source A材质，单击Source B按钮，为该按钮加载一个VRayColor贴图，并将Operator设置为Multiply(A*B)类型，如图5-12所示。

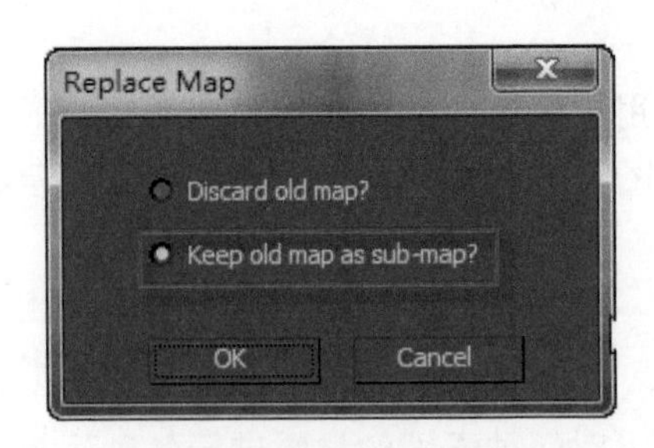

图5-11　Replace Map对话框

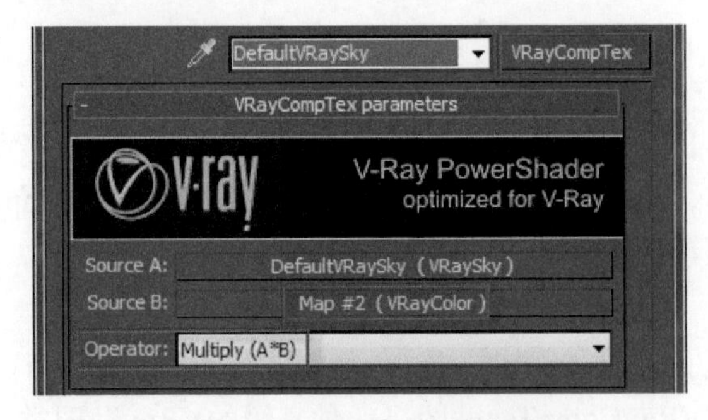

图5-12　VRayCompTex材质的设置

在VRayColor面板中，单击color颜色示例按钮，将其设置为一种浅紫色，如图5-13所示。

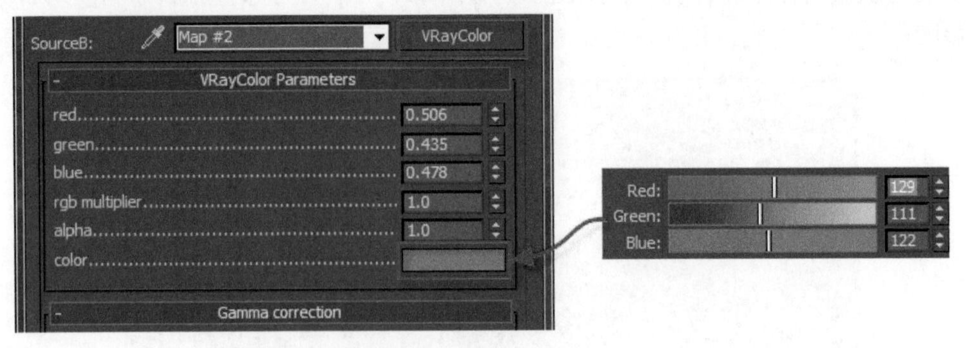

图5-13　设置color的颜色

渲染结果如图5-14所示。

图 5-14　VRayCompTex 材质渲染结果

5.2.2　VRayCompTex 贴图的嵌套

回到VRayCompTex材质面板，单击VRayCompTex按钮，再次添加一个VRayCompTex贴图，原来的VRayCompTex成为新添加的VRayCompTex贴图的Source A子材质。

在新加载的VRayCompTex贴图的Source B贴图通道中加载一个Gradient Ramp贴图，将Operator设置为Multiply(A*B)类型。目前新加载的VRayCompTex材质面板和材质/贴图导航器(Material/Map Navigator)的构架如图5-15所示。

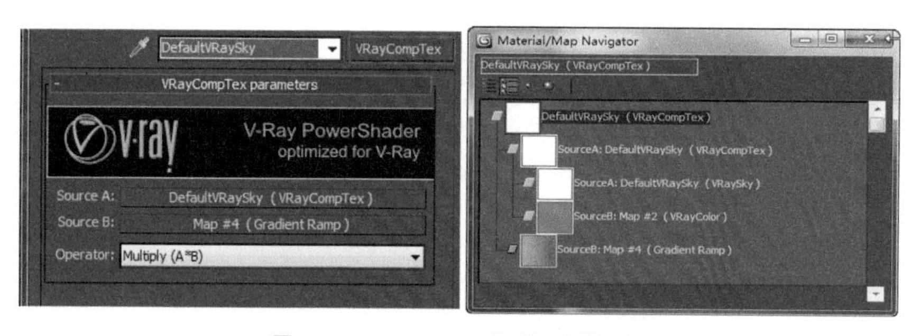

图 5-15　VRayCompTex 材质面板及构架

单击Source B右侧的Gradient Ramp按钮，打开其面板。将贴图类型设置为Environ、Mapping设置为Spherical Environment方式，如图5-16所示。

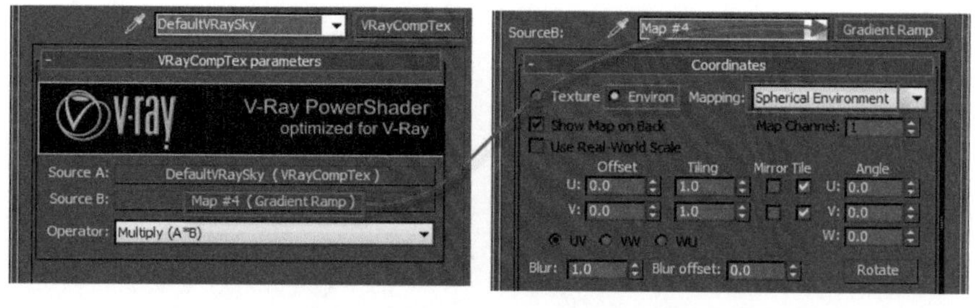

图 5-16　Gradient Ramp 贴图的设置

渲染结果如图5-17所示。

图5-17　使用了Gradient Ramp贴图的渲染结果

在Gradient Ramp Parameters卷展栏中，目前的渐变色还是默认的由黑到白的渐变。初步编辑渐变色：将两端的两个色标都设置为纯白色，中间的色标编辑为一种浅蓝色，如图5-18所示。

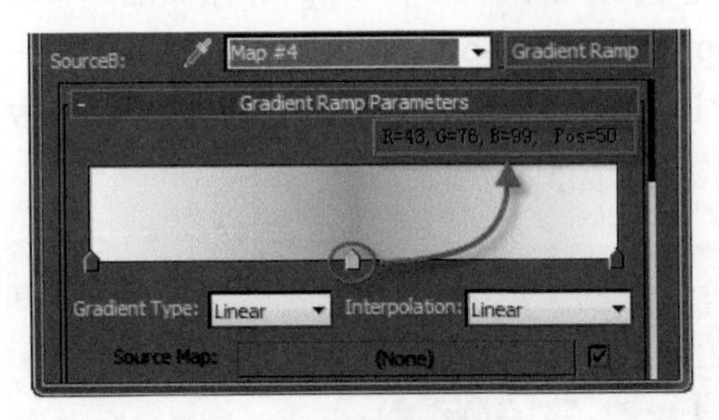

图5-18　编辑渐变色

渲染结果如图5-19所示。

图5-19　初步编辑渐变色之后的渲染结果

现在对渐变色做进一步编辑。首先，将最左侧(Pos=0)的色标改为一种浅橙色。然后，在Pos=5、11和26三个位置添加三个色标并分别设置颜色，具体设置可参考图5-20。

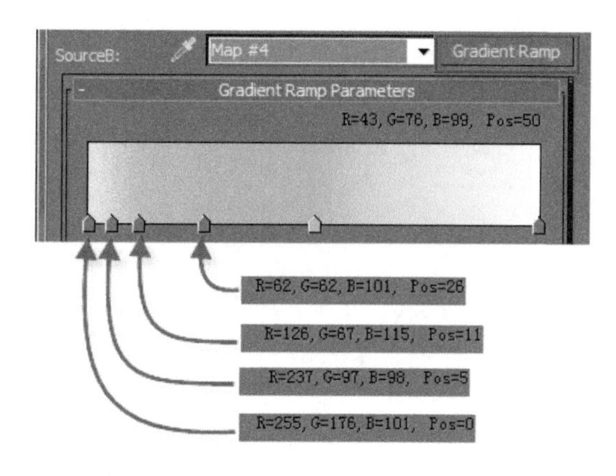

图 5-20　编辑四个色标

再将左侧的四个色标对称复制到右侧。例如，将Pos=5的色标对称复制到Pos=95的位置，将Pos=26的色标对称复制到Pos=74的位置。

复制方法是，在需要复制的色标上右击，在弹出的快捷菜单中执行Copy命令，再在需要的位置添加色标之后，在其上右击，在弹出的快捷菜单中执行Paste命令，如图5-21所示。

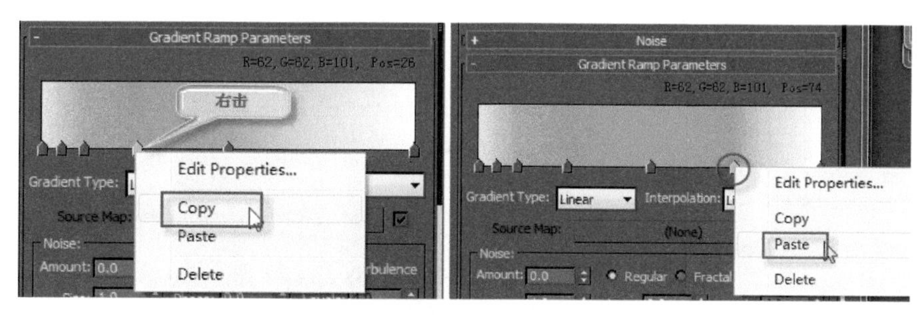

图 5-21　复制和粘贴色标

渲染结果如图5-22所示。

图 5-22　进一步编辑渐变色的渲染结果

回到VRayCompTex材质面板，将Operator设置为Add(A+B)类型，渲染结果如图5-23所示。

图 5-23　Operator 为 Add(A+B) 的渲染结果

将摄像机的shutter speed设置为100、ISO设置为400，渲染结果如图5-24所示。

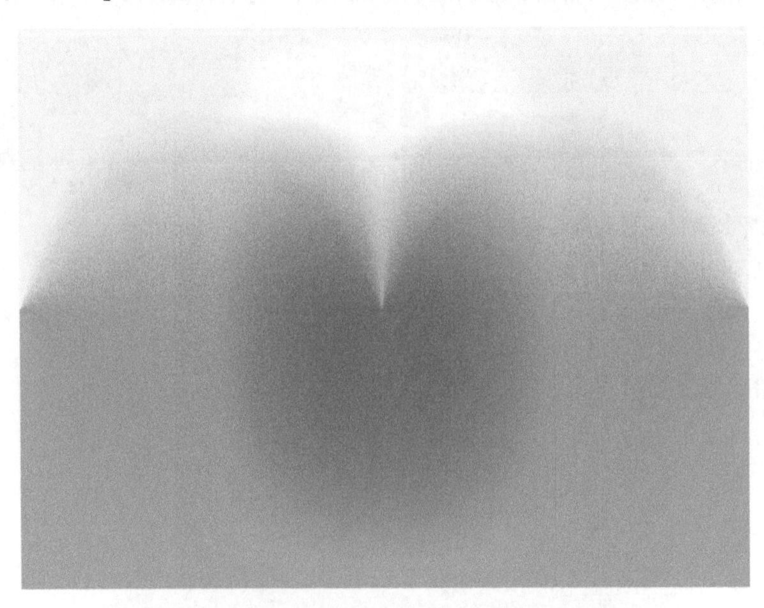

图 5-24　shutter speed=100、ISO=400 的渲染结果

其他shutter speed和ISO的组合效果读者可自行尝试，本书限于篇幅就不做过多渲染测试了。

5.2.3　VRayCompTex 贴图的第二次嵌套

3ds Max中程序纹理的多层嵌套可以精确地模拟特定的材质效果，而且方便编辑、调整，是一种高级的材质编辑技巧。

目前，日光的VRayCompTex贴图已经经过一次嵌套，拥有了更丰富的色彩变化。如果要做出更精确的色彩变化，还可以继续进行嵌套。

回到VRayCompTex贴图的最顶层，单击VRayCompTex按钮，再次加载VRayCompTex贴图，为Source B再次加载一个Gradient Ramp贴图。目前VRay日光材质的构架如图5-25所示，已经形成了VRayCompTex贴图的三层嵌套。

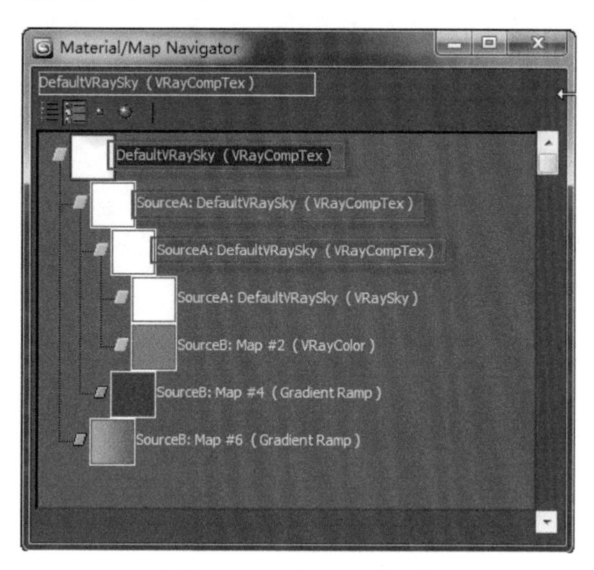

图 5-25　日光材质的构架

打开刚添加的Gradient Ramp贴图面板，将贴图类型设置为Environ、Mapping设置为Spherical Environment方式、Angle选项组中的W设置为90。

在Gradient Ramp Parameters卷展栏中，编辑一种渐变色。两端的两个色标都设置为纯黑色，中间再添加五个色标，具体设置可参考图5-26。

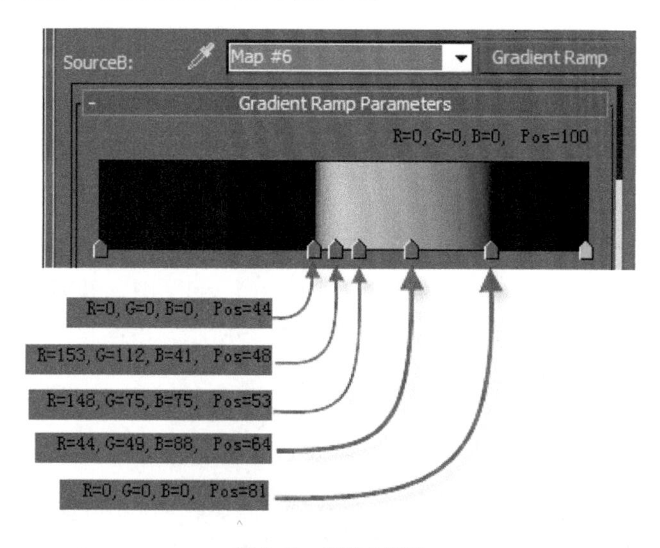

图 5-26　渐变色设置

渲染结果如图5-27所示。

图 5-27　第二次嵌套之后的渲染结果

5.2.4　VRayCompTex 贴图的第三次嵌套

和前两次一样，继续对VRayCompTex贴图做第三次嵌套，仍为新加载的VRayCompTex贴图的Source B通道加载Gradient Ramp贴图。

在Gradient Ramp Parameters卷展栏中，编辑一种渐变色。两端的色标为纯黑色，中间添加三个色标，具体设置可参考图5-28。

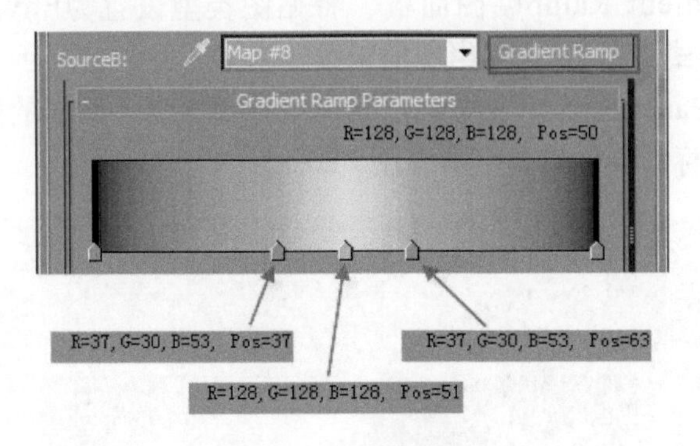

图 5-28　渐变色设置

单击Gradient Ramp按钮，为该通道添加一个Mix(混合)贴图，并将老材质保存为子材质。老材质将被保存在Mix贴图的Color #1通道中，如图5-29所示。

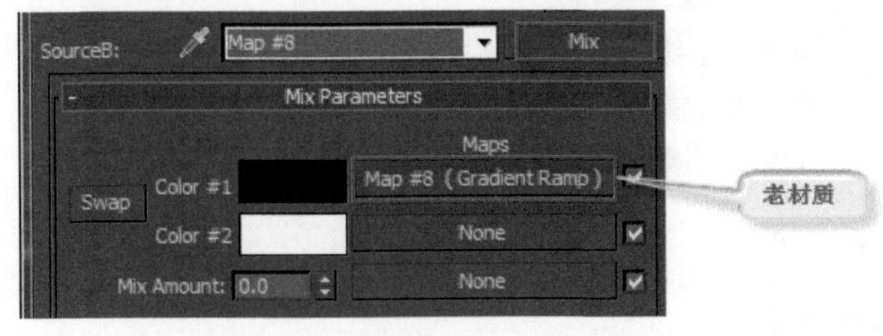

图 5-29　为 Gradient Ramp 添加 Mix 贴图

单击Mix贴图的Color #2通道的颜色示例按钮，将其设置为纯黑色。

单击Mix Amount右侧的长按钮，为该通道添加一个Gradient Ramp贴图。打开刚添加的Gradient Ramp贴图面板。将贴图类型设置为Environ、Mapping设置为Spherical Environment方式、Angle选项组中的W设置为90。在Gradient Ramp Parameters卷展栏中，令渐变色两端色标保持默认(左端为纯黑，右端为纯白)，将中间色标设置为纯黑色，如图5-30所示。

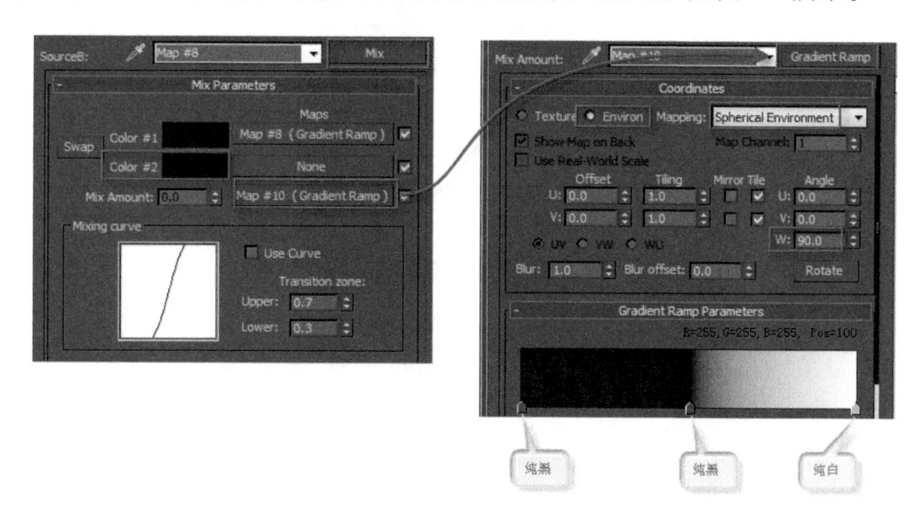

图 5-30　Mix 通道的设置

渲染结果如图5-31所示。

图 5-31　加载 Mix 贴图后的渲染结果

5.2.5　再次加载 Mix 贴图

目前的日光材质已经相当复杂，如果需要在通道之间跳转，最好采用材质/贴图导航器。目前的材质构架如图5-32所示。

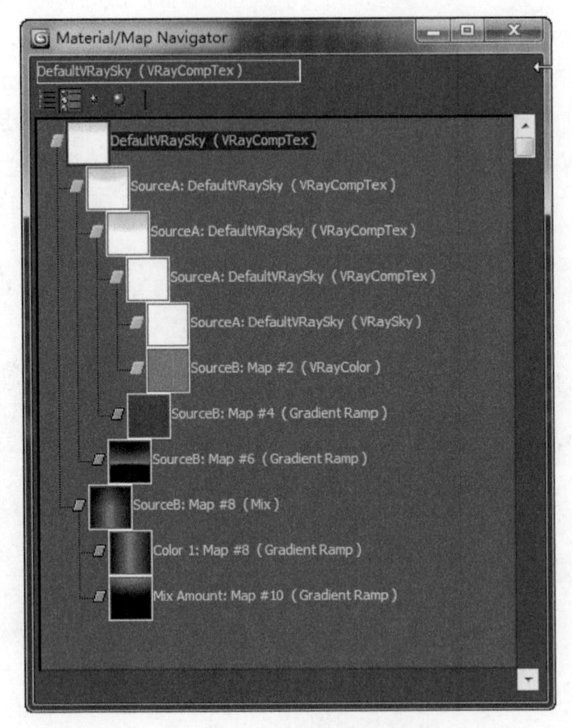

图 5-32　当前的材质构架

本小节要为第二层VRayCompTex贴图的Source B通道加载Mix贴图，可在材质/贴图导航器中单击Source B: Map #4(Gradient Ramp)通道，材质编辑器将跳转到该通道的面板，如图5-33所示。

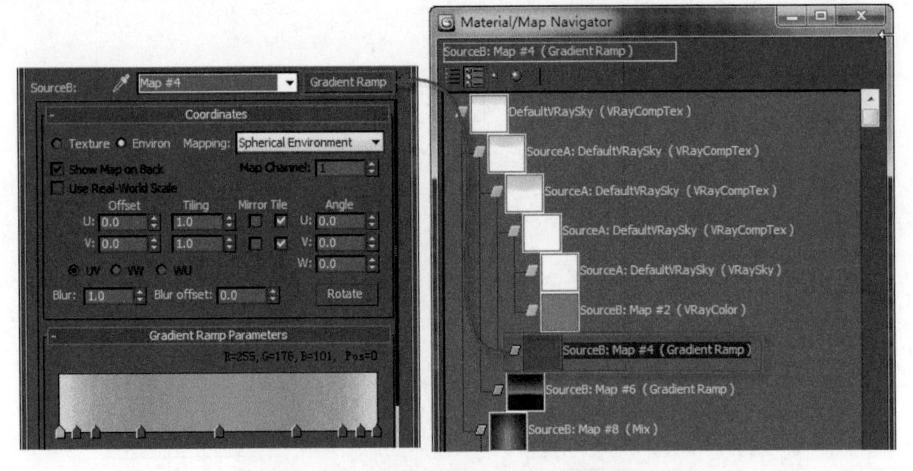

图 5-33　打开 Source B: Map #4 通道面板

单击面板中的Gradient Ramp按钮，为该通道加载Mix贴图。将Color #2的颜色示例按钮设置为纯黑色。为Mix Amount通道加载Gradient Ramp贴图，Gradient Ramp贴图面板的设置与图5-30完全一致。

最后再为最高层级的VRayCompTex贴图加载一个Output贴图。至此，完成了全部日光贴图的设置，目前材质/贴图导航器的构架如图5-34所示。

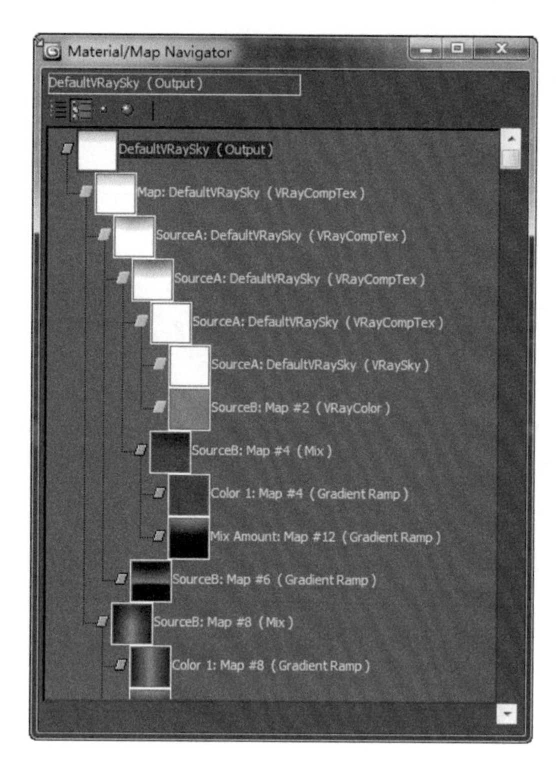

图 5-34　日光材质最终构架

日光的最终渲染结果如图5-35所示。

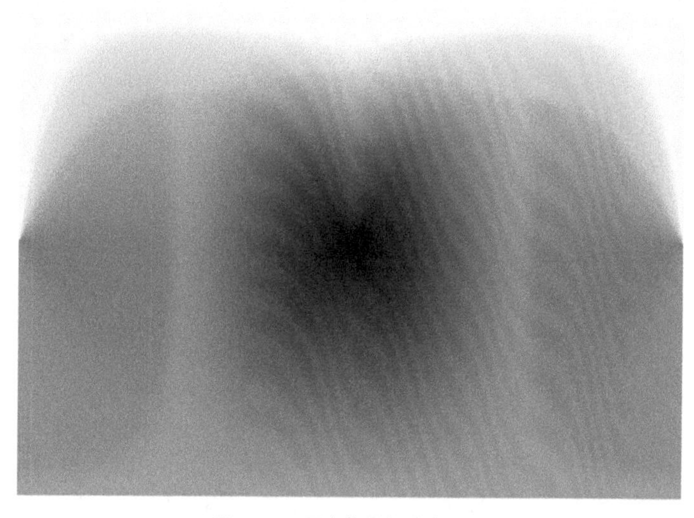

图 5-35　日光的最终渲染结果

5.3　使用日光模拟照明

上一小节使用程序纹理调出了一个非常逼真的日光材质，本小节将使用该日光材质进行模拟照明测试。

5.3.1 恢复摄像机默认设置

为方便进行VRay日光的渲染测试，需要将摄像机参数恢复为默认设置。

打开Render Setup窗口的V-Ray选项卡，在V-Ray::Camera卷展栏中，将摄像机类型设置为Default，取消选中Override FOV复选框，如图5-36所示。

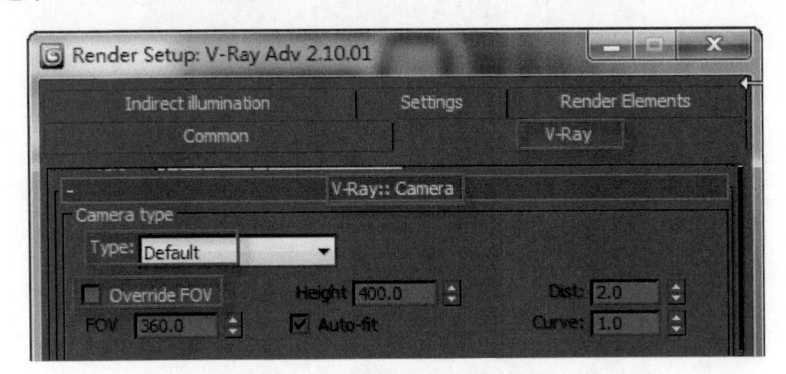

图5-36 恢复摄像机默认设置

5.3.2 创建测试场景

在透视图中创建一个茶壶和一个VRayPlane(VRay平面)，将茶壶的分段设置为8。创建一个VRayMtl标准材质，所有参数采用默认，将这个材质赋给VRay平面和茶壶，如图5-37所示。

图5-37 测试场景

将日光与地面的夹角调整为5°左右。选中VRay摄像机，在其参数面板中将shutter speed设置为50、ISO设置为200。将摄像机调整到一个恰当的角度，渲染摄像机视图，结果如图5-38所示。

图 5-38　渲染摄像机视图的结果

日光与地面的夹角变化会引起其亮度的剧烈变化。如果日光与地面平行，则亮度为0。日光略微离开地面，亮度就会迅速提高，变得十分明亮。图5-39所示为光线与地面夹角约为15°的渲染结果，亮度比图5-38提高很多。

图 5-39　夹角为 15° 的日光照明效果

读者可自行设置日光与地面的夹角并进行渲染测试，观察日光的变化。

5.4 采用板岩材质编辑器制作日光材质

3ds Max 2011版本引入了一个节点方式的材质编辑工具——Slate Material Editor(板岩材质编辑器)，用于补强多年来一直“孤军奋战”的“层”和“通道”架构的精简材质编辑器，同时也缩短了和Maya材质编辑的差距，使3ds Max在材质编辑模块上提高了一个档次，给了用户更多的选择。

5.4.1 在板岩材质编辑器中打开材质球

本小节采用板岩材质编辑器继续编辑日光材质。首先打开材质编辑器，在Modes(模式)菜单中执行Slate Material Editor命令，将其切换为板岩材质编辑器，如图5-40所示。

图 5-40 切换为板岩材质编辑器

在板岩材质编辑器中，选中日光材质球，使用鼠标将其拖动到View1面板中，在弹出的对话框中选中Instance(实例)单选按钮，如图5-41所示。

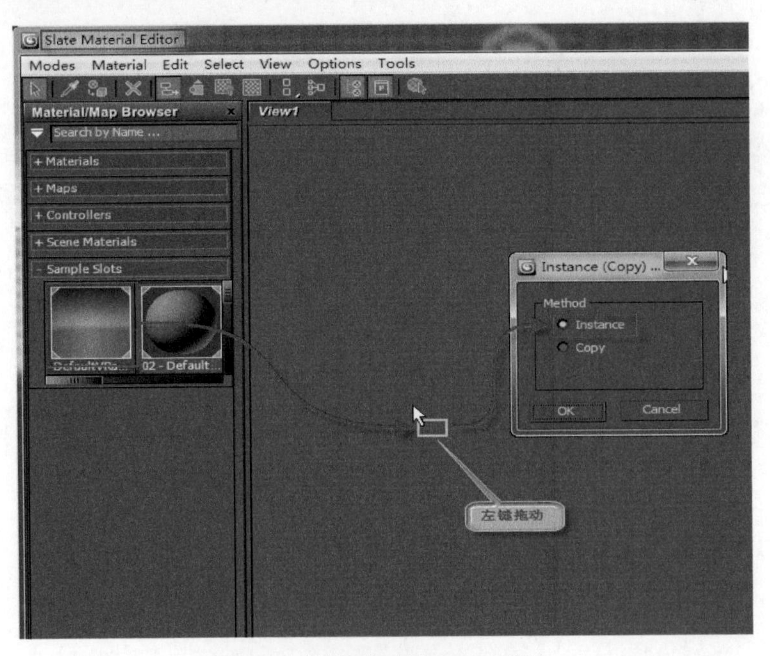

图 5-41 将材质拖动到 View1 面板中

按Z键，居中显示全部材质节点，结果如图5-42所示。

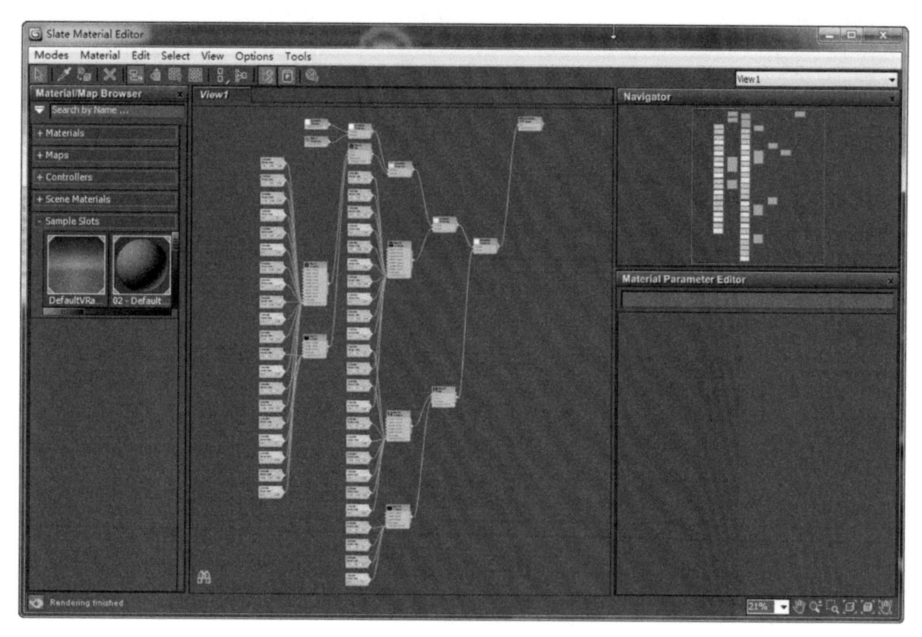

图 5-42　日光材质节点

目前所有节点均显示了子材质树，使View1视图看上去比较乱，可以在带有子材质树的节点上右击，在弹出的快捷菜单中执行Hide Child Trees(隐藏子材质树)命令，即可将子材质隐藏，如图5-43所示。

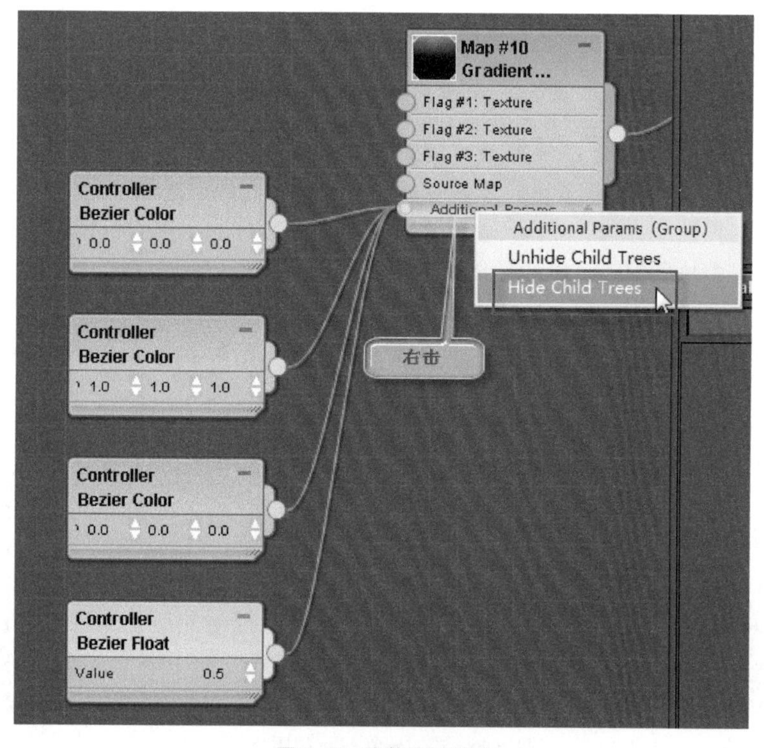

图 5-43　隐藏子材质树

以此类推，将所有带有子材质树的节点都做隐藏操作，并整理一下材质节点，可以得到如图5-44所示的材质节点视图。

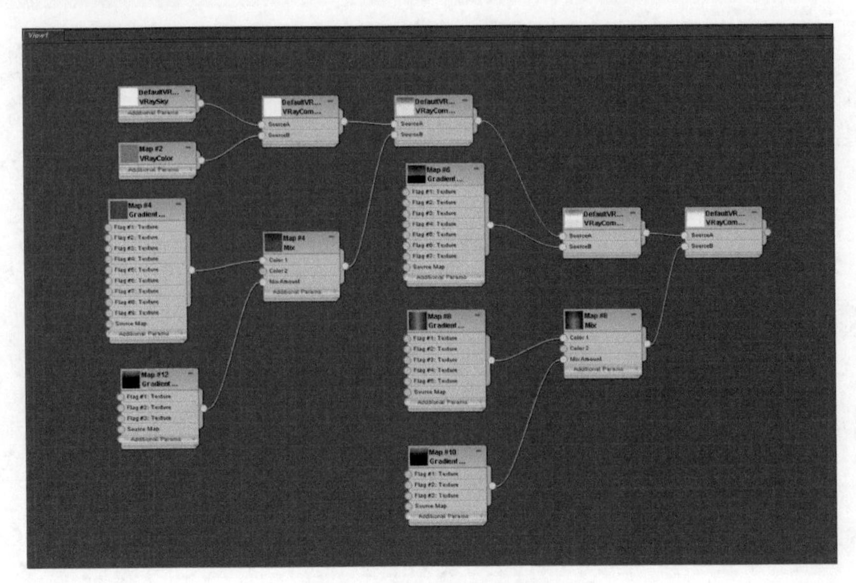

图 5-44　整理后的材质节点

操作提示

在板岩材质编辑器中的View视图中，可以对材质节点做任意移动，父材质将会带着子材质移动。同时还可以执行平移、缩放、居中显示等视图操作，其快捷键与普通视图中的完全一致。

5.4.2　在板岩材质编辑器中创建材质

在板岩材质编辑器中添加一个VRay材质节点。方法如下：在View1视图中的空白处右击，在弹出的快捷菜单中执行Materials→V-Ray Adv 2.10.01→VRayMtl命令，如图5-45所示。

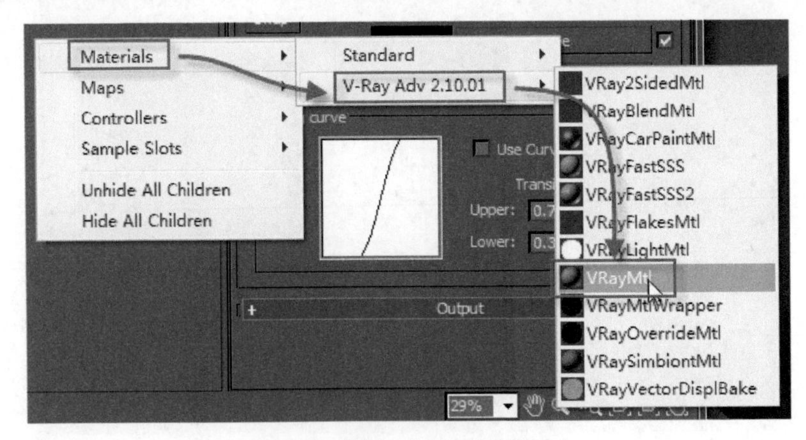

图 5-45　添加一个 VRay 材质节点

在View1视图右下角将出现一个VRay材质节点，如图5-46所示。

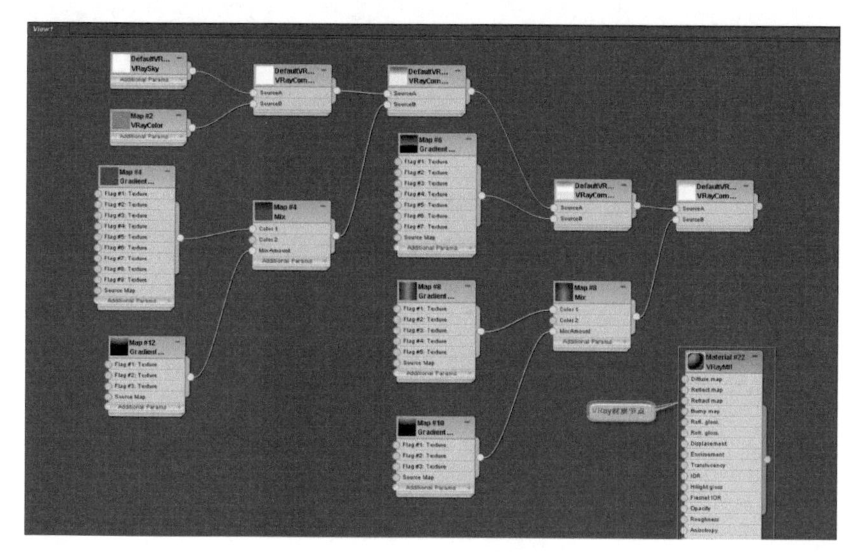

图 5-46　出现 VRay 材质节点

5.4.3　关联节点

上一小节创建了一个VRay材质，本小节将对VRay材质做关联操作。

单击Map #8节点右侧的输出孔，按住鼠标左键拖动，会有一条曲线跟随鼠标移动，将鼠标移动到上一步创建的VRay材质节点Diffuse map左侧的输入孔上释放鼠标左键，如图5-47所示。

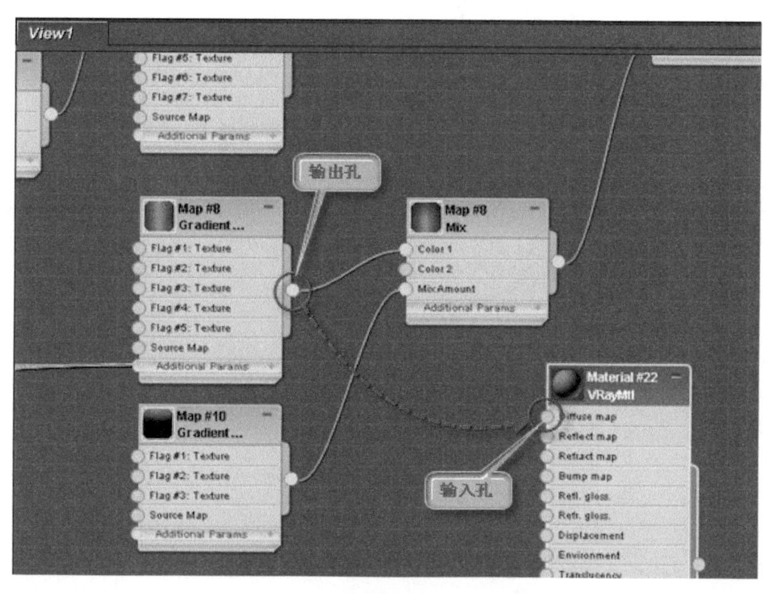

图 5-47　材质节点的关联操作

操作结果如图5-48所示，在两个节点之间会有一条粉红色的曲线进行连接。如果要打断两个节点之间的关联，可以选中连线并按Delete键删除。

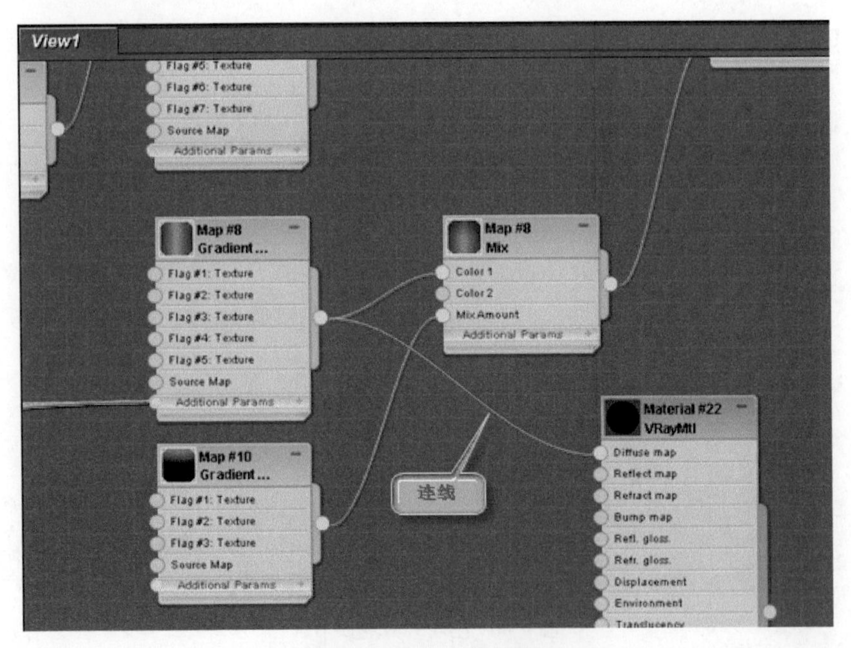

图 5-48　节点关联的结果

按照上述方法，在Map #4和VRay材质的Reflect map节点之间建立关联，如图5-49所示。

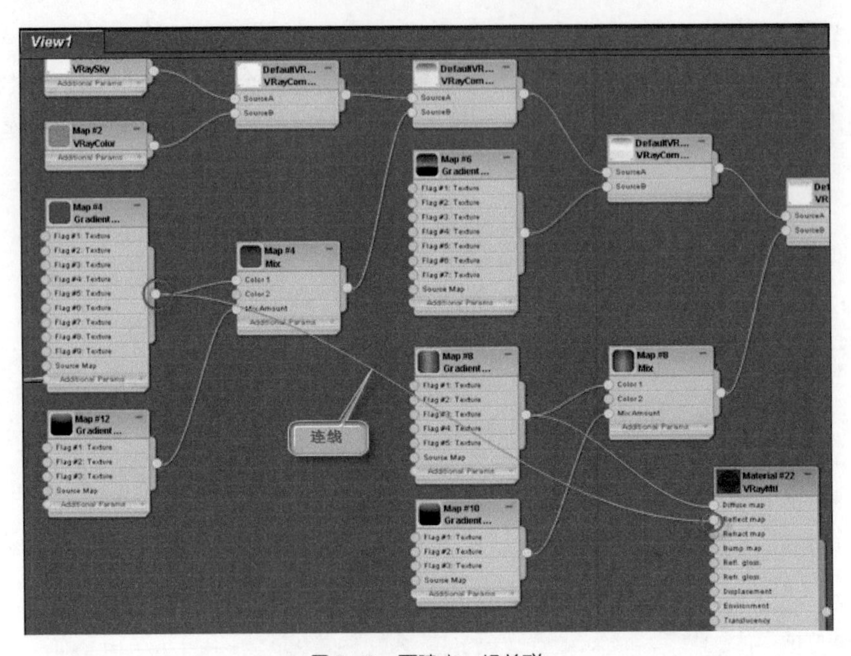

图 5-49　再建立一组关联

5.5　参数关联制作日光动画

本小节将介绍一种参数关联(Wire Parameters)制作日光动画的技法——采用一个立方体模型控制日光的旋转，同时参数关联日光的U向偏移。

5.5.1　创建立方体模型

在创建(Creat)面板的几何体面板中单击Box(长方体)按钮，在透视图中创建一个长方体模型。将长方体的长、宽和高均设置为20，三个方向的分段均设置为2，如图5-50所示。

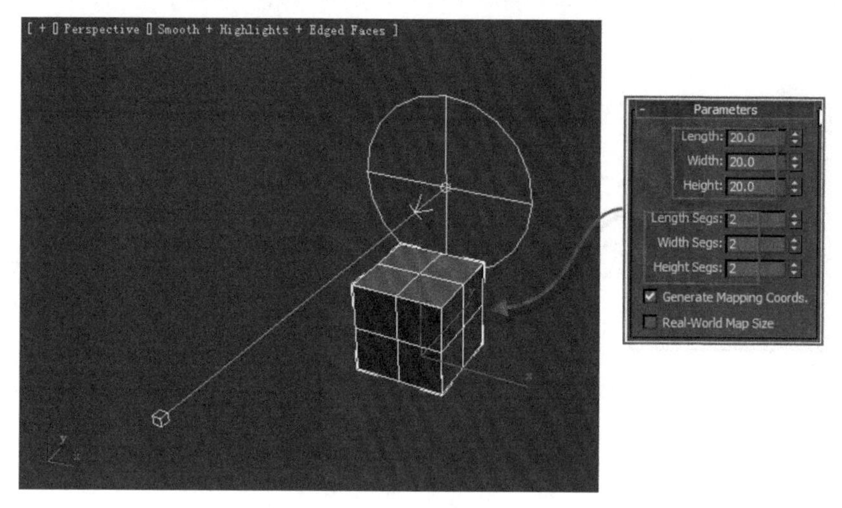

图 5-50　创建立方体

同时选中VRay日光的光源和目标点，使用移动工具，使两者的公共中心与立方体的中心对齐，如图5-51所示。

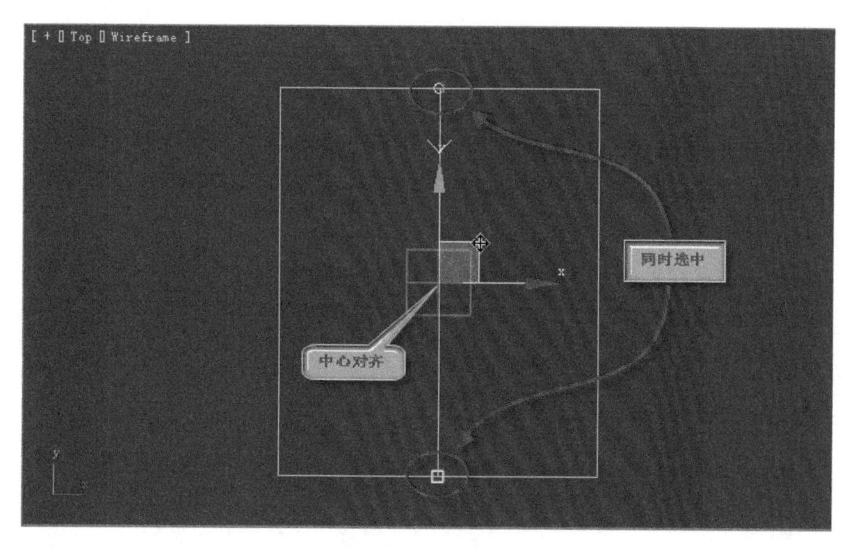

图 5-51　中心对齐

5.5.2　建立父子链接

将上一小节中的日光光源和目标点链接给立方体，其目的是以后转动立方体的时候即可带动日光系统跟随转动。

确保上一步中VRay日光的光源和目标点处于选中状态，在主工具栏中单击(Select And

Link)按钮，到视图中单击日光光源，然后将其拖动到立方体上，立方体会闪烁一下，这样，就把日光的光源和目标点链接给了立方体，如图5-52所示。

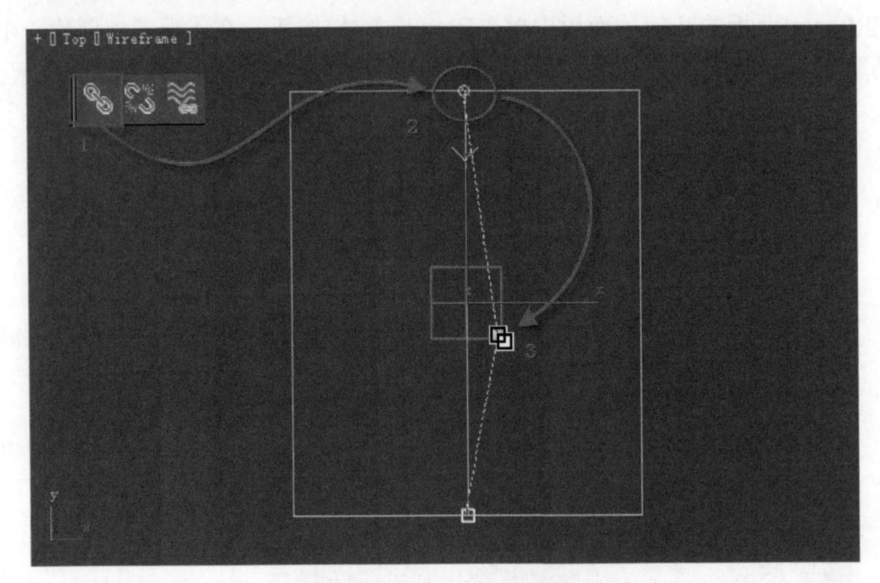

图 5-52　建立父子链接关系

做完链接之后，可以选中立方体，对其做一下移动和旋转操作，测试一下链接操作是否成功。如果链接成功，日光系统会跟随立方体移动和旋转。图5-53所示为绕Z轴旋转的效果。

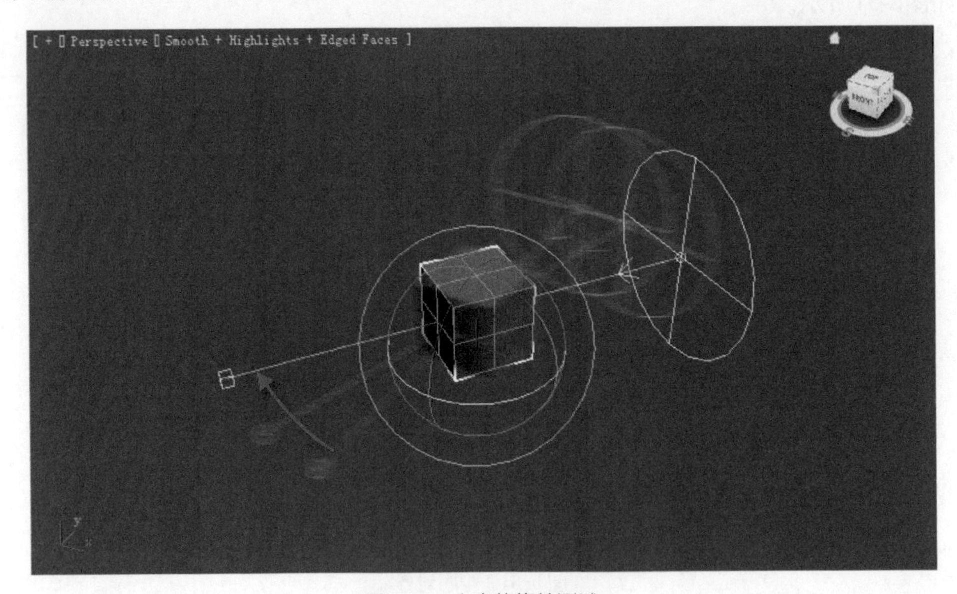

图 5-53　立方体旋转测试

5.5.3　参数关联操作

首先，将5.4.2小节创建的VRay材质赋给上述立方体，然后执行如下操作。

(1) 选中立方体，右击，在弹出的四元组菜单中执行Wire Parameters命令，如图5-54所示。

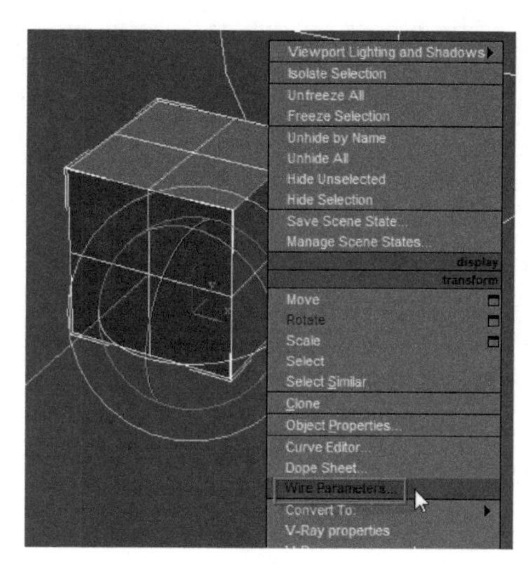

图 5-54　执行 Wire Parameters 命令

(2) 在弹出的参数关联菜单中，执行Material #22→Diffuse map→Coordinates→U Offset命令，如图5-55所示。

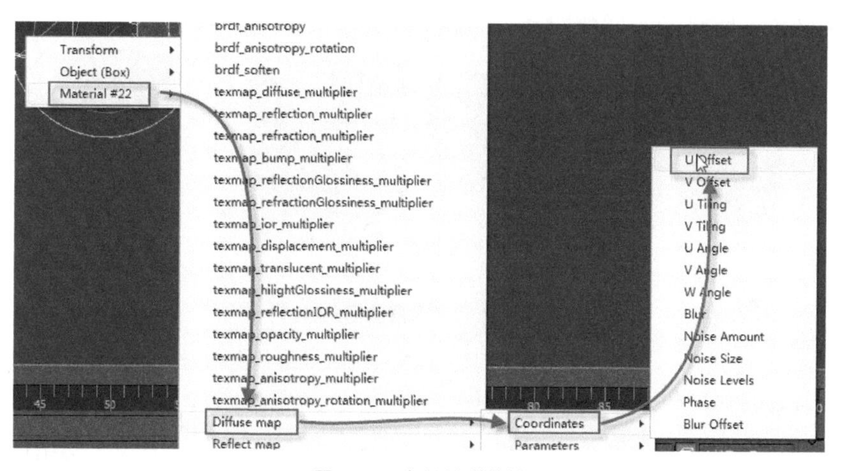

图 5-55　参数关联菜单

(3) 在立方体上单击，在弹出的参数关联菜单中，执行Transform→Rotation→Z Rotation命令，如图5-56所示。

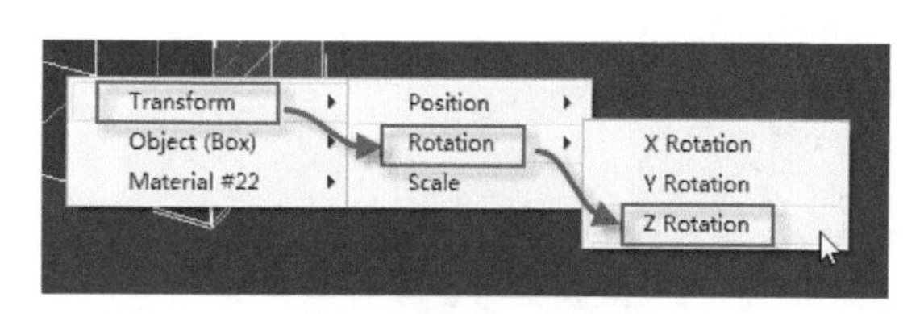

图 5-56　设置关联参数

(4) 在弹出的Parameter Wiring #1窗口中做如下设置：在右下角的表达式文本域中输入“Z_Rotation/6.236”(含义是将Z轴向的旋转速度降低为原来的1/6.236)，单击“双向控制”按钮，将Z Rotation设置为Master(主动对象)，最后单击Connect按钮，如图5-57所示。至此完成关联参数操作。

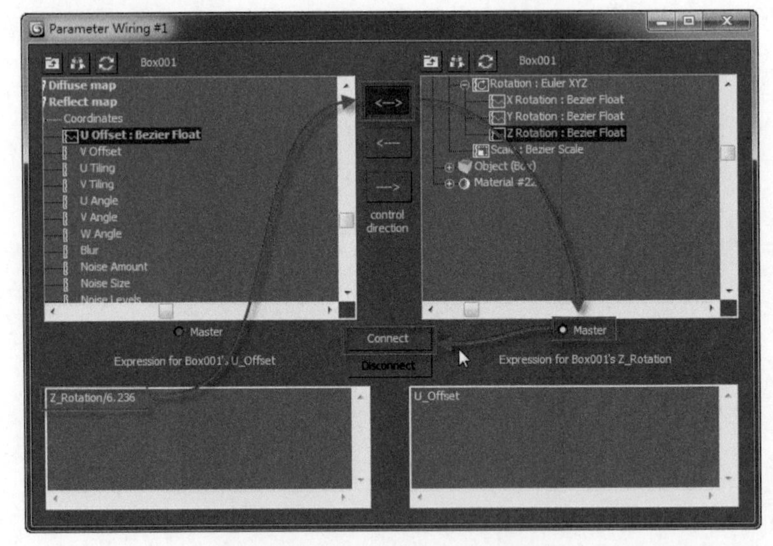

图 5-57　Parameter Wiring #1 窗口

在视图中转动一下立方体，可以在材质编辑器中观察到关联参数的动画效果。图5-58展示了立方体在不同角度时日光的变化对比。

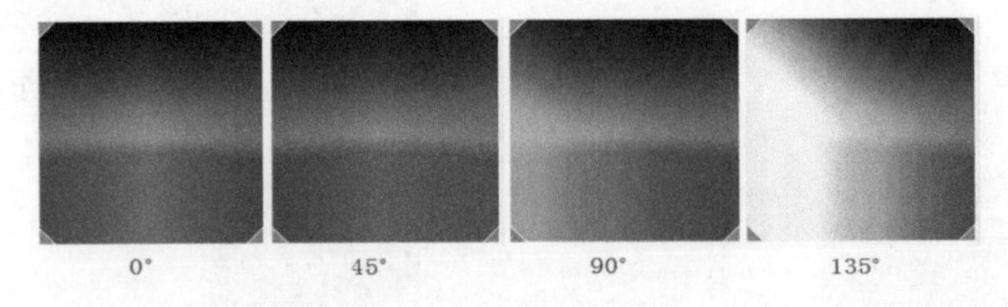

图 5-58　不同角度的日光对比

5.5.4　立方体的属性设置

目前对视图进行渲染时，可以看到立方体也被渲染，还会遮挡住阳光，如图5-59所示。

图 5-59　立方体也被渲染

这个立方体只是用于控制阳光颜色的一个控制器，因此不需要被渲染，可以在其属性面板中将渲染属性关闭。具体操作如下：在立方体上右击，在弹出的四元组菜单中执行Object Properties命令，在弹出的Object Properties对话框中取消选中Renderable(可渲染)复选框，如图5-60所示，这样即可关闭立方体的渲染属性。

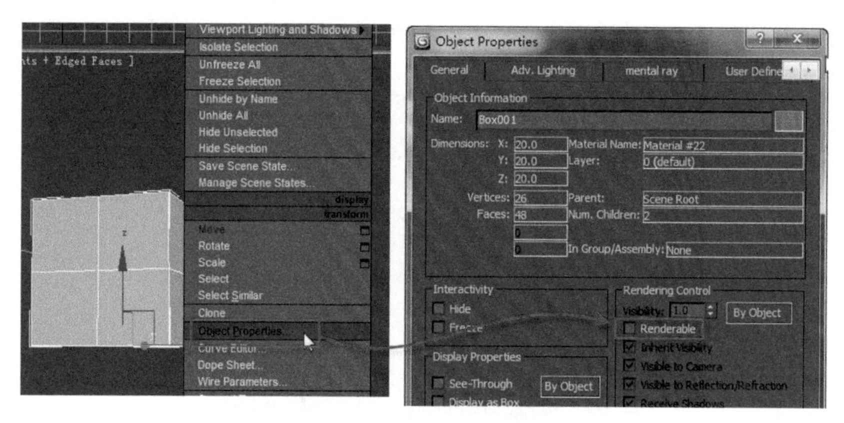

图 5-60　关闭可渲染属性

现在可转动立方体并渲染摄像机视图，会得到不同的日光效果，而无须到材质编辑器中调整参数。

最后，在板岩材质编辑器中，在VRaySky Output节点和VRayMtl节点的Bump map(凹凸贴图)之间建立一个关联，如图5-61所示。将当前场景存盘，设置文件名为“sunset_sun.max”。

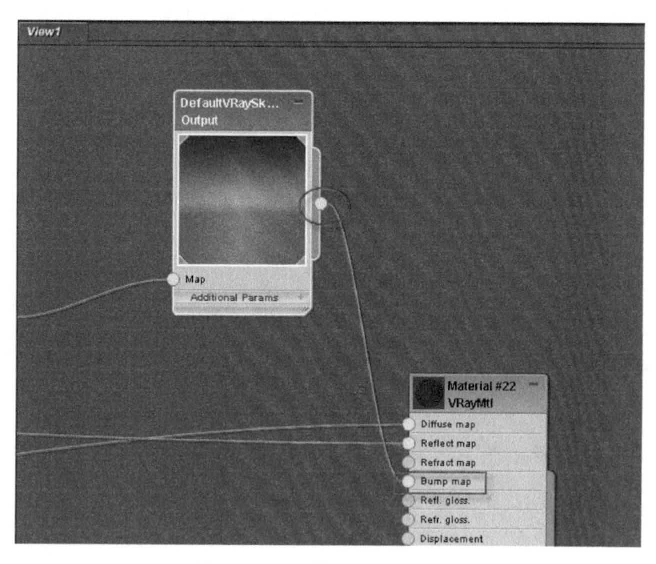

图 5-61　关联 Bump map 节点

5.6　日光室内照明测试

本小节将把上一小节制作的日光系统放置到真实的室内场景中进行测试。

5.6.1 合并场景

打开素材包中的room_e_start.max模型文件，这是一个房间的模型。

执行File(文件)→Import(输入)→Merge(合并)命令，将上一小节制作的sunset_sun.max模型文件合并到场景中。在Merge对话框中，选择Box001和VRaySun001两个对象，如图5-62所示。

图 5-62　选择需要合并的对象

单击Merge对话框中的OK按钮，日光系统将被合并到当前场景中。在顶视图中，使用移动工具将日光系统移动到房子的左侧，以便使阳光能投射到室内，如图5-63所示。

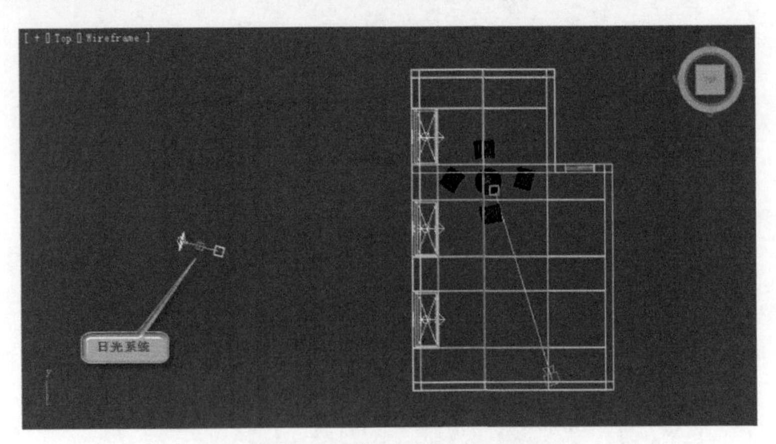

图 5-63　移动日光系统的位置

5.6.2 设置背景图

本小节将立方体的材质作为场景的背景图。

打开材质编辑器，选择一个样本球，使用吸管工具将立方体的材质吸取到材质编辑器中。在板岩材质编辑器的View1面板中，双击VRayMtl材质节点，右侧的面板中将显示该节点的参数，如图5-64所示。

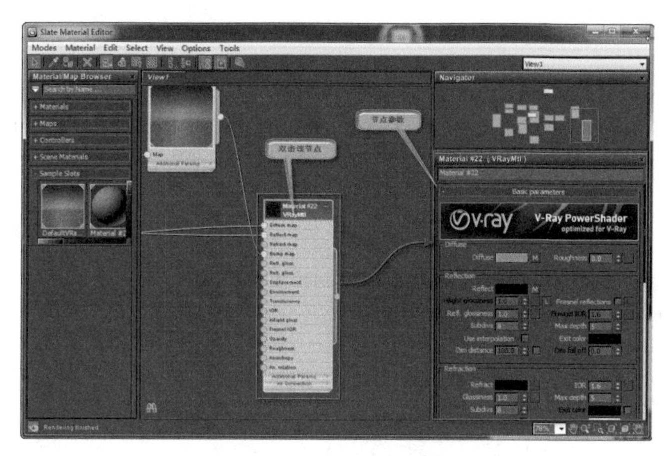

图 5-64　打开节点参数面板

在右侧的节点参数面板中展开Map卷展栏，将Bump通道中的贴图拖动到Environment and Effects窗口的Environment选项卡中的Environment Map长按钮上，将其设置为背景图，如图5-65所示。

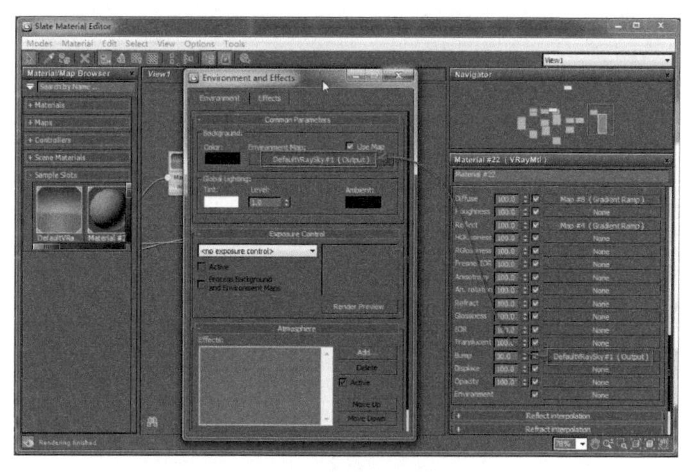

图 5-65　设置背景图

渲染结果如图5-66所示。场景的整体颜色偏黄，尚需做进一步设置。

图 5-66　渲染结果

5.6.3 添加色彩校正贴图

在精简材质编辑器中，单击天空光样本球，然后单击材质面板中的Output按钮，在打开的材质/贴图浏览器中选择Color Correction(色彩校正)贴图，如图5-67所示。

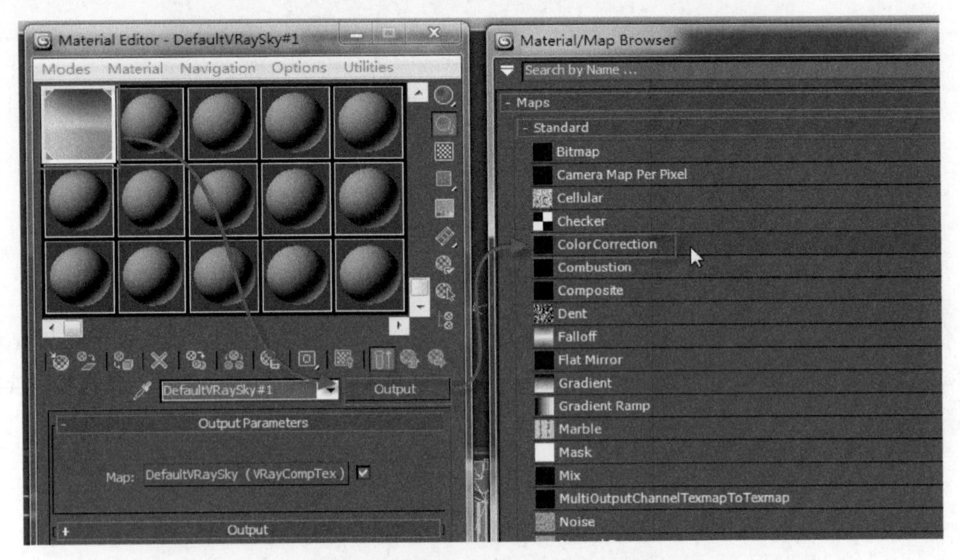

图5-67 加载Color Correction贴图

在Color Correction贴图面板中，将Saturation(饱和度)设置为-20左右，如图5-68所示。

图5-68 设置饱和度

在顶视图中，选中日光系统中的立方体，旋转180°，阳光的照射方向被改为背向窗口，房间里将没有直射阳光，如图5-69所示。

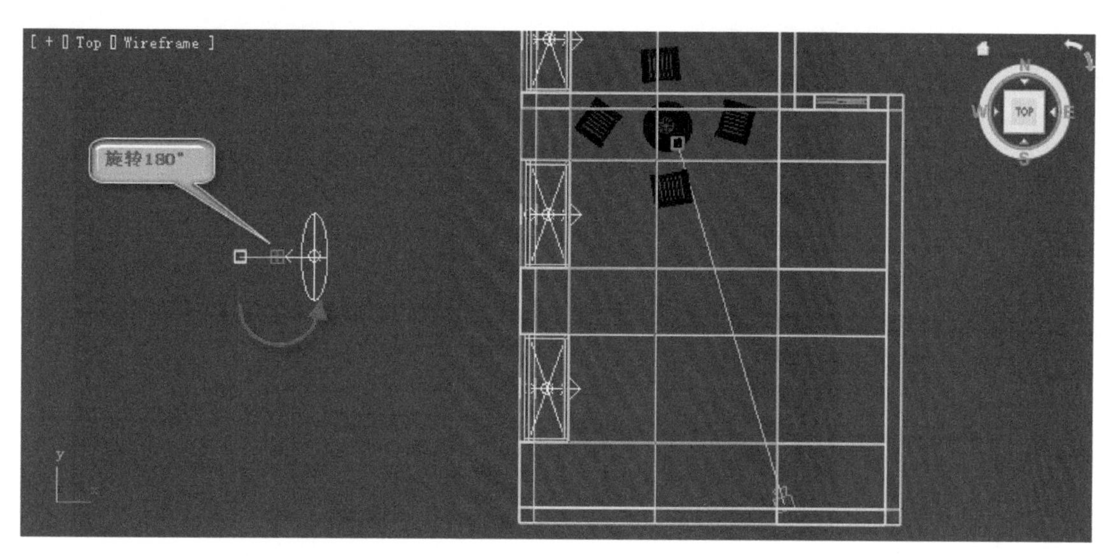

图 5-69　旋转日光系统

最终渲染结果如图5-70所示，效果非常逼真。

图 5-70　最终渲染结果

本章小结

本章采用嵌套材质模拟日光丰富的色彩，完全可以作为高级材质编辑来看待。3ds Max引入不久的节点级板岩材质编辑器，很多用户知之不多，本章也做了较为深入的讲解。本章的内容较为复杂、步骤较多，如果深入学习研究，不但可以深入了解日光的构成、制作逼真的夜晚照明效果，还能掌握高级材质编辑技巧，进而运用到其他任何场合，这将是一种很大的收获。

第6章 夜晚和月光的表现

内容提要：

◎ 夜晚照明概述

◎ 设置天空球颜色

◎ 月光的设置

提到夜晚，首先想到的是月亮，或朦胧或皎洁。本章的夜晚效果指的是以自然光为主的照明效果，包括背景环境和月光两部分，表现方法上基本采用最为灵活的程序纹理，尽量突出夜晚的主色调——蓝色，月光照明则尽量突出表现其朦胧之美。

6.1 夜晚照明概述

众所周知，夜间的自然光主要来源于月光。月光的颜色是一种中灰色，月光完全来自于对太阳光的反射。然而奇怪的是，我们人眼感知到的月光却带有蓝色，这与我们眼睛里的一种感知亮度的杆状细胞有关，是杆状细胞在低亮度情况下做出的一种自适应反应。由于我们把月光当成了蓝色，月色照射下的所有物体都带有蓝色，蓝色也因此成了夜晚的主色调，如图6-1所示。

图6-1 夜晚的主色调是蓝色

月光颜色变化很接近，它的颜色会在从橙米色到淡蓝色之间变化，直到月亮接近到最高点的天空。夜晚要比白天的光线亮度变化更简单，因为夜晚很少有光发射到周边环境的物体上。月亮的光会像太阳光一样投射阴影，尽管物体轮廓远远比不上日光下那样清晰，也没有展现在人造街道照明灯光下那样明显，但是月光依然能够成为场景中的主光源。只有在夜间场景中引入了街道照明灯光时，要建立一个日光照明场景，这时月光的表现才具有挑战性。图6-2所示为优秀的月光效果CG作品。

图6-2 优秀月光效果CG作品（1）

在电影艺术里，有两种主要方法来模拟月光。第一种也是最常用的方法是使用白色主光加蓝色补光，第二种也是更传统的方法是采用普通场景照明的同时在摄像机上安装蓝色滤光镜。尽管这种方法(事实上也包括第一种方法)远离了实际夜间照明，但只要落在拍摄对象上的高光不会变得太蓝且能保持发白的颜色，就可以制作出令人信服的夜景镜头。图6-3所示为月光效果摄影作品。

图 6-3　月光效果摄影作品

CG的一大优点是能让月光变成介于浅橘色和淡蓝色之间的真实颜色。它能调整个人材料的反射颜色分量，使高光部分变成梦幻的蓝色。蓝色补光灯用来给一些明亮的地方制造阴影的假象，因为真的黑暗会导致能见度太小。由于我们的眼睛只能适应低光环境，所以蓝色在起到补光作用的同时也会给我们带来黑暗的错觉。图6-4所示为优秀的月光效果CG作品。

图 6-4　优秀月光效果 CG 作品 (2)

蓝光降低了人类肤色的饱和度，因此在某些情况下它增强了幻觉。一旦我们的眼睛适应了黑暗，色彩杆状细胞对彩色信息的敏感度就远远比不上感知亮度的杆状细胞。我们在一个昏暗的环境中的视力是很弱的，我们可以认出黑暗中的物体的形状，却无法辨别它的颜色。

这就能解释相对于肤色，为什么蓝光看起来有说服力，同时也进一步为我们制作令人信服

的、不至于曝光不足的夜间场景提供了方法，那就是降低饱和度。简单地降低场景材料颜色的饱和度会使夜景的真实性有很大的不同，因为一切物体都可以用形状辨认出来，但是却无法用我们感受到的颜色辨认出来。图6-5所示为优秀的月光效果CG作品。

图 6-5　优秀月光效果 CG 作品 (3)

6.2　设置天空球颜色

6.2.1　加载月光场景模型

打开素材包中的room_moonligh.max模型文件，这是一个室内场景模型，如图6-6所示。

图 6-6　月光场景模型

打开材质编辑器，选择一个空白样本球，单击获取材质按钮，打开材质/贴图浏览器，加载一个Gradient Ramp贴图，如图6-7所示。

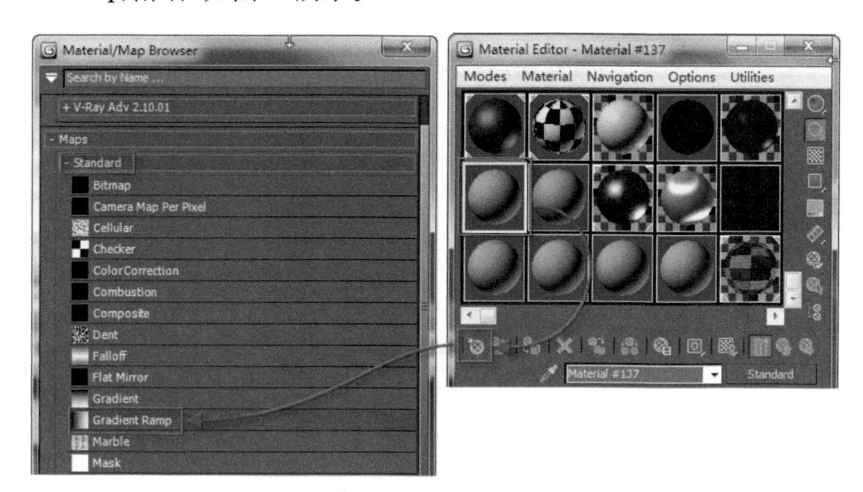

图 6-7　加载 Gradient Ramp 贴图

在Coordinates卷展栏中，将贴图类型设置为Environ，将Mapping设置为Spherical Environment方式，如图6-8所示。

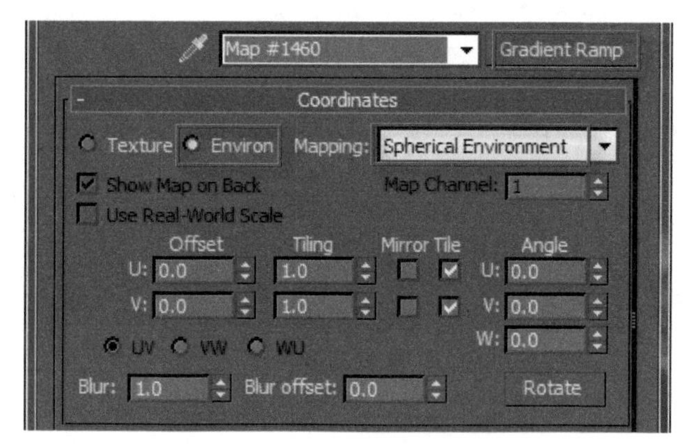

图 6-8　Coordinates 卷展栏的设置

在Gradient Ramp Parameters卷展栏中，编辑一种黑-深蓝-黑色渐变贴图，具体设置如图6-9所示。将这个贴图命名为“night_sky”。

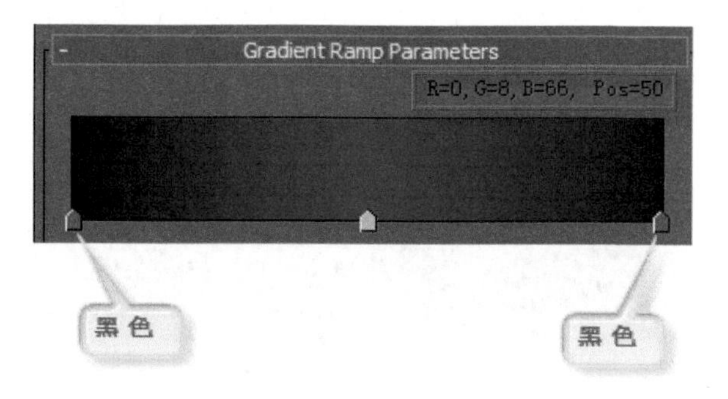

图 6-9　编辑一种渐变贴图

将night_sky渐变贴图拖动到Environment and Effects窗口中的Environment Map长按钮上，为场景加载环境贴图，如图6-10所示。

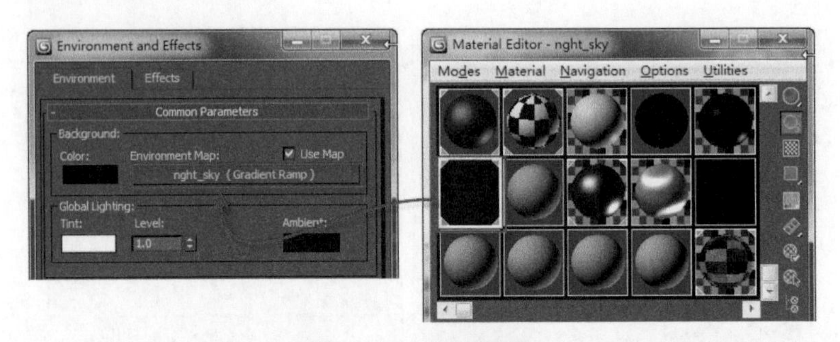

图 6-10　加载环境贴图

将场景中的四个模拟天空光的VRay面光源全部关闭，再将摄像机的shutter speed设置为5.0左右、film speed设置为400左右，进行一次渲染测试，结果如图6-11所示。

图 6-11　渲染结果

6.2.2　渐变贴图的进一步调整

上一小节做出了一个初步的夜晚效果，但不够理想，本小节将继续调整渐变贴图，以获得更好的效果。

在Gradient Ramp Parameters卷展栏中继续编辑night_sky渐变贴图。在49%的位置上添加一个色标，颜色设置为黑色，这样得到一个一半黑色、一半深蓝色的渐变贴图，如图6-12所示。

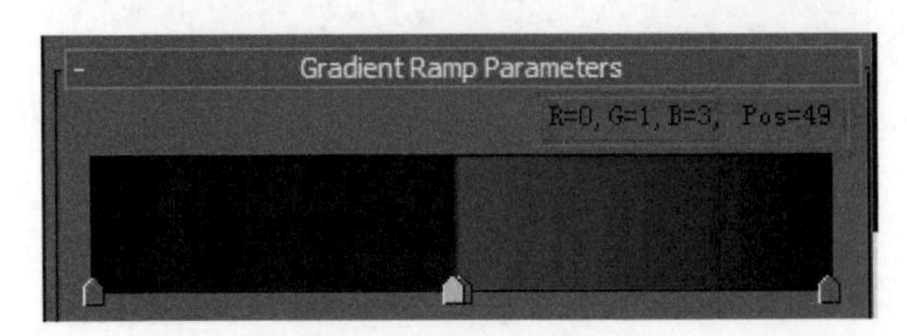

图 6-12　修改渐变贴图

再为night_sky渐变贴图加载一个Output贴图，将Output Amount设置为0.5左右，如图6-13所示。

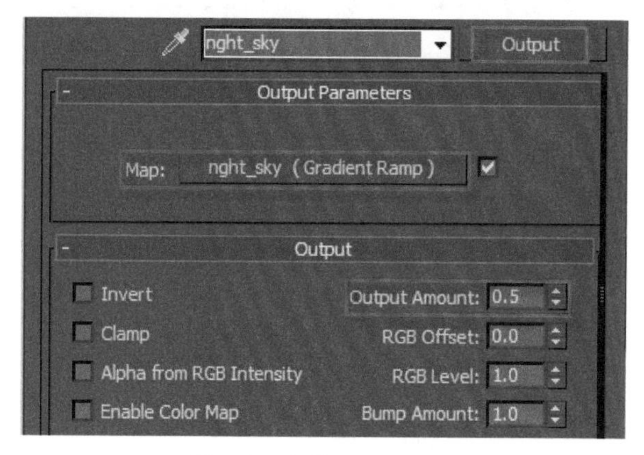

图 6-13　加载 Output 贴图

将摄像机的shutter speed设置为1.0左右、film speed设置为800左右，进行一次渲染测试，结果如图6-14所示。

图 6-14　渲染结果过于暗淡

6.2.3　光源的调整

上一小节重新设置了渐变贴图，但效果仍然不理想。本小节将对光源进行设置，改善渲染效果。

选择窗口位置的VRay天空光，在其修改面板中做如下设置：选中On复选框，将光源打开；取消选中Invisible复选框；取消选中Skylight portal复选框；取消选中Affect specular和Affect reflections复选框；将Multiplier设置为0.1左右；将光源的颜色设置为一种深蓝色，如图6-15所示。然后对所有天空光光源都做相同的设置。

渲染结果如图6-16所示。

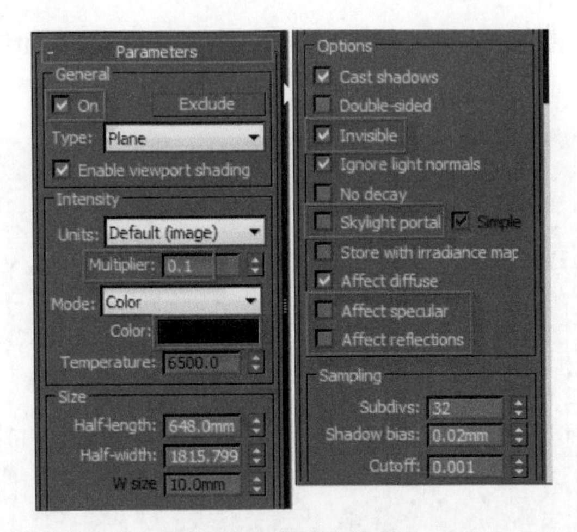

图 6-15　光源的参数设置

图 6-16　调整光源后的渲染结果

目前环境贴图的方位还有问题，地平线没有显示出来。打开材质编辑器，在night_sky贴图的Coordinates卷展栏中，将Angle选项组中的W设置为90，如图6-17所示。这样就把这个渐变贴图逆时针旋转了90°，在渲染图中就可以看到地平线了。

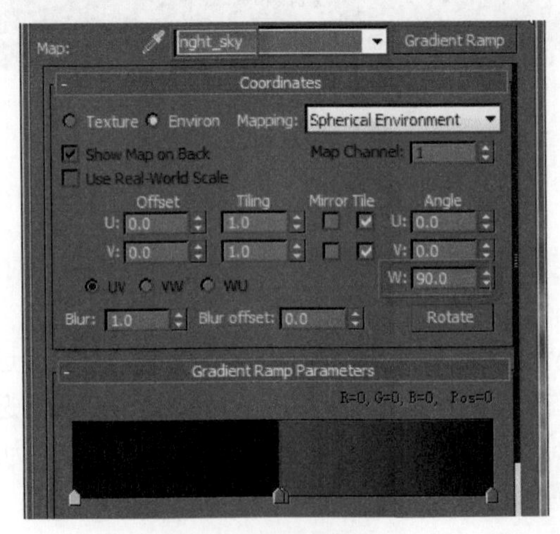

图 6-17　修改选择角度

在Output面板的Output卷展栏中，将Output Amount设置为0.1左右，如图6-18所示。

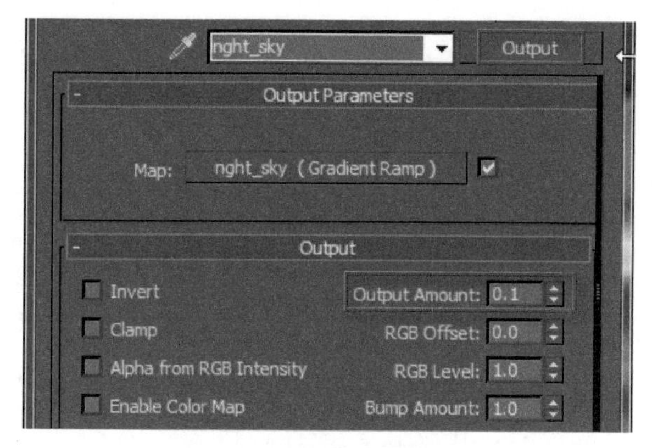

图 6-18　调整输出数量

渲染结果如图6-19所示，窗子下方出现了地平线。

图 6-19　出现了地平线

分析目前的渲染结果，房间整体偏亮，代表夜晚效果的蓝色成分不够，需要对光源的参数做进一步设置。打开VRay面光源的修改面板，将光源的颜色调整为一种深蓝色，如图6-20所示。

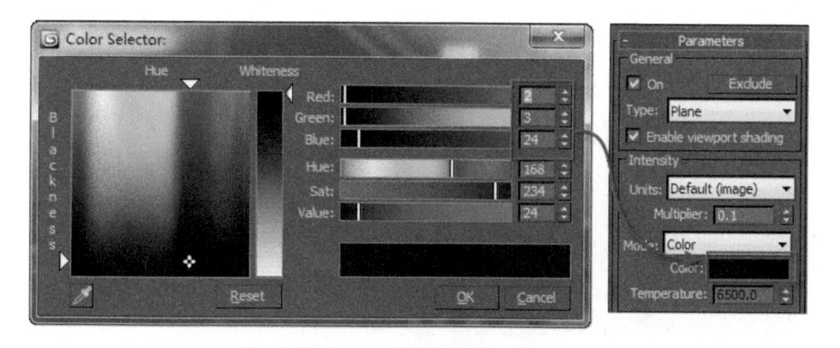

图 6-20　光源的颜色设置

将摄像机的shutter speed设置为1.0左右、film speed设置为800左右。再次渲染，得到一种

夜晚天光效果，如图6-21所示。

图 6-21 夜晚效果

要得到满意的渲染结果，需要经过多次渲染测试，反复调整摄像机、光源的各种参数。

6.3 月光的设置

上一小节设置了夜晚的天光照明效果。本小节将来制作月光效果。

6.3.1 创建月光光源

月光可以采用标准光源中的Target Direct(目标平行光)光源来模拟。

在Standard光源面板单击Target Direct按钮，在顶视图中创建一个目标平行光源，与房间模型的夹角约为45°，如图6-22所示。

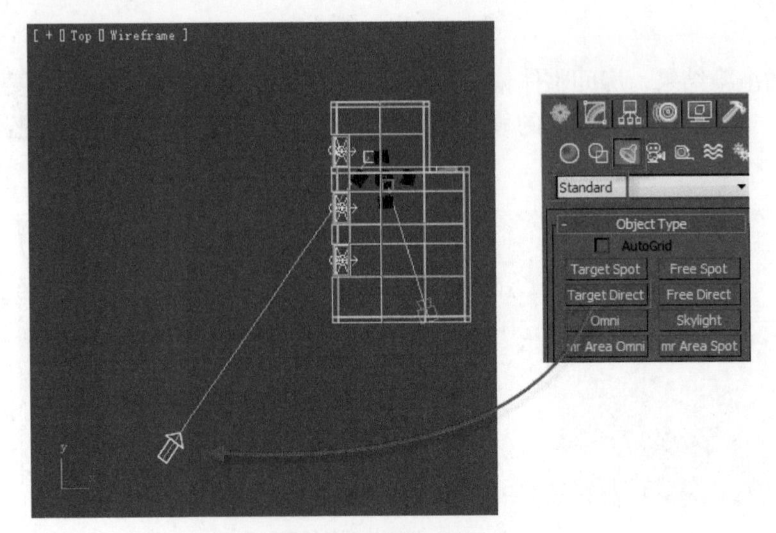

图 6-22 创建目标平行光

在前视图中，将上述目标平行光的光源部分向上移动，使光束与地面保持45°左右的夹角，如图6-23所示。

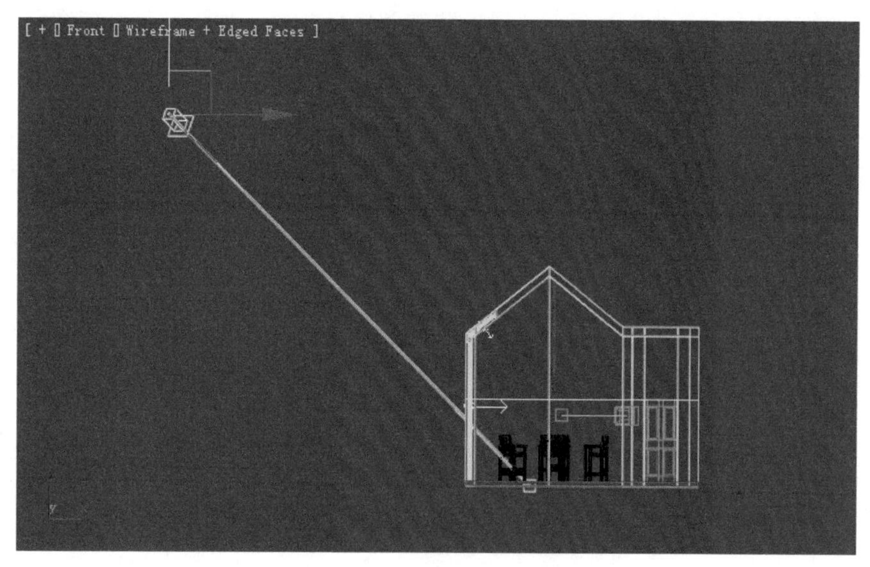

图 6-23　前视图中光源的位置

6.3.2　光源参数的设置

首先设置一下目标平行光的聚光区半径。目前的聚光区半径为默认值，光束很细，无法覆盖房间，也就无法产生需要的月光光斑。

选择目标平行光的光源部分，在修改面板下的Directional Parameters(平行光参数)卷展栏中，将Hotspot/Beam(聚光区)的参数设置为8700mm左右，确保光束能把房间模型完全包裹住，如图6-24所示。

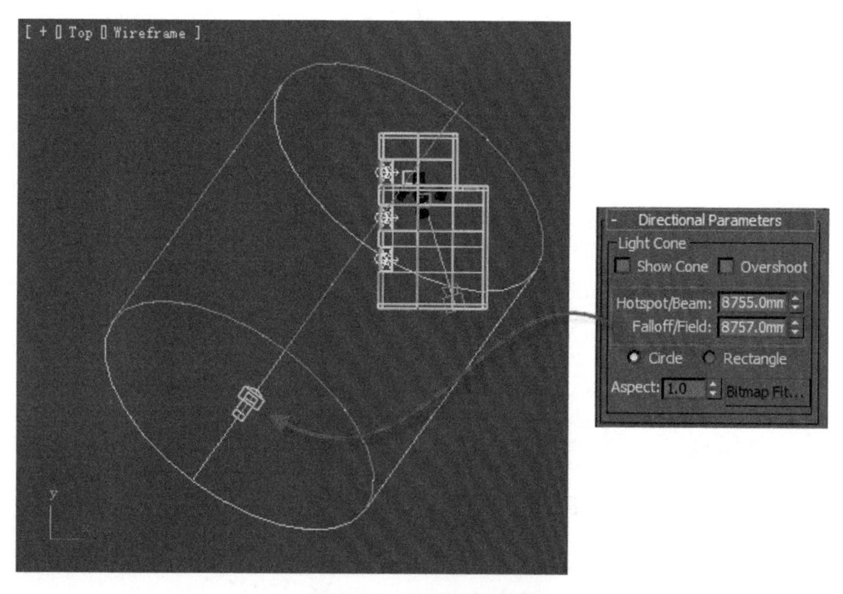

图 6-24　设置聚光区半径

在General Parameters(基本参数)卷展栏中，选中Shadow(阴影)选项组中的On复选框，打开光源的阴影，并将阴影类型设置为VRayShadow；在Intensity/Color/Attenuation(强度/颜色/衰减)卷展栏中，将Multiplier设置为0.05左右，将光源的颜色设置为一种深蓝色，如图6-25所示。

渲染结果如图6-26所示。月光的光斑已经出现，但是场景的整体亮度过高。

图6-25 光源的参数设置

图6-26 月光的渲染结果

现在对光源参数做进一步设置，以期达到更好的效果。将Multiplier设置为0.02左右，在Decay(衰减)选项组中，将Type(衰减类型)设置为Inverse Square(平方反比)，将Start(开始)设置为6600mm左右，选中Show复选框，具体设置如图6-27所示。

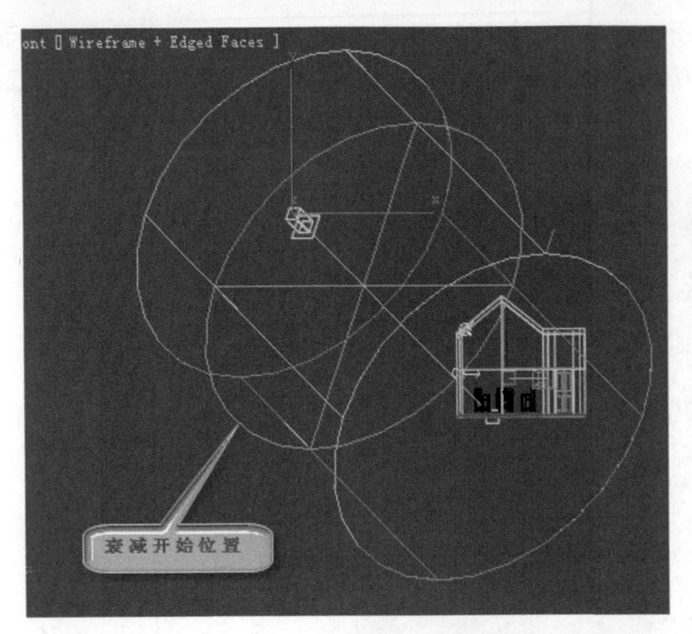

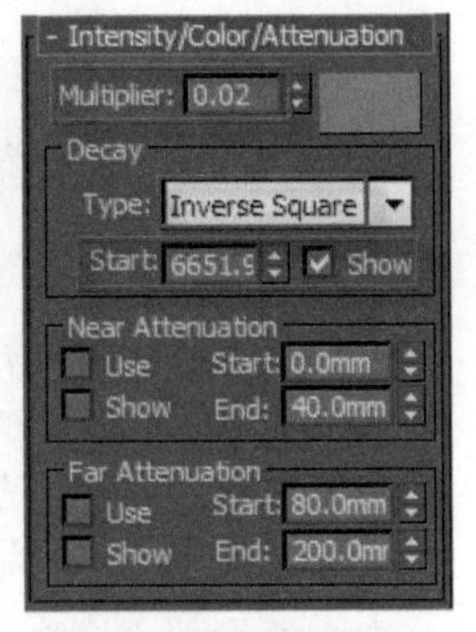

图6-27 光源参数的进一步设置

为光源加上衰减属性之后，可以更好地模拟月光的衰减效果，也可以降低场景的亮度。Start(开始)的数值越小，场景的亮度就会越低。

渲染结果如图6-28所示。

图 6-28　再次渲染测试的结果

将Multiplier设置为0.01左右，其余参数不变。渲染结果如图6-29所示，场景的照明效果基本满意。

图 6-29　降低亮度后的渲染结果

6.3.3　光斑边缘的调整

目前，场景的整体照明效果基本满意，月光的光斑得到了表现。但是月光的光斑边缘还显得比较生硬，没有很好地表现出月光朦胧的效果。

在VRayShadows params卷展栏中，选中Area shadow(面阴影)复选框，发光体类型选择Sphere(球形)，并将U/V/W size(U/V/W尺寸)均设置为300mm，如图6-30所示。

Area Shadow会使光源产生面发光体的阴影效果，这种阴影非常柔和、层次感更好，离投射阴影的物体越远，阴影越柔和，非常适合表现月光阴影朦胧的效果。U/V/W size这三个尺寸越大代表发光体的体积越大，阴影也就越柔和。

在VRay帧缓存渲染窗口中，单击(区域渲染)按钮，在渲染窗口中的一个光斑周围拉出一个局部渲染选框，如图6-31所示。这样将只渲染红框框住的区域，可以加快渲染速度。

图 6-30 阴影设置

图 6-31 指定渲染区域

进行测试渲染，选框中的渲染结果如图6-32所示。选框中的光斑边缘已经柔和了很多，但还显得有点粗糙，需要进一步优化。

图 6-32 光斑边缘柔和了很多

将VRayShadows params卷展栏中的Subdivs(细分)设置为64，如图6-33所示。加大细分设置会得到更高的阴影品质，当然需要付出渲染时间的代价。

图 6-33　细分设置

再次渲染，结果如图6-34所示。阴影的品质提高了很多，渲染耗时也增加了将近50%。

图 6-34　阴影品质提高了不少

关闭局部渲染，做一次全图渲染，结果如图6-35所示。

图 6-35　最终的渲染结果

注意观察图6-36中标记点1和标记点2位置处的月光光斑边缘，可以发现标记点1位置处的光斑边缘明显比标记点2位置处要清晰。原因是1位置处的阴影离投射阴影的窗口较近，2位置处的阴影离投射阴影的窗口较远，因此2位置处的阴影边缘要柔和很多。这种阴影边缘随距离变化的效果是面阴影(Area shadow)的一个重要的特点。

图6-36　光斑边缘虚化效果和距离的对比

至此，月光的设置全部结束。

月光设置的重点是色调、亮度和光斑边缘的表现。色调一般都采用深蓝色，以烘托夜晚的气氛。亮度要足够低，但又不能使场景过于黑暗。月光光斑的表现是重点，特别是光斑边缘的虚化效果对于月光朦胧感的体现十分重要，面阴影可以很好地表现这种效果。上述这些效果要协调好，需要经过大量的渲染测试。总体而言，月光的表现要比阳光难度大一些，一定要经过大量的实践才能做到得心应手。

第7章 各种人工光源的表现

内容提要：

- ◎ 吊灯的设置
- ◎ 灯槽的设置
- ◎ LED 灯的设置
- ◎ 筒灯的设置
- ◎ 玻璃焦散效果的设置

人工光源是室内照明的重要组成部分，是室内效果图制作的重要技法之一。相对于自然光，人工光源的外形、材质和类型繁多，是比较难掌握的一个部分。本章将分门别类地介绍各类典型的室内人工光源，详细讲解各种光源的材质、布置方法、参数设置、渲染方法、渲染时间等，方便读者在实际工作中有针对性地应用。

7.1 不透明外壳吊灯

7.1.1 打开吊灯场景

打开素材包中的room_b.max模型，在层管理器中显示room_3场景，切换到该场景的摄像机视图，吊灯的大小和位置如图7-1所示。

图 7-1 吊灯模型

7.1.2 吊灯的材质

吊灯的外壳为一种拉丝不锈钢材质，带有轻微的反射效果，具体参数设置如图7-2所示。

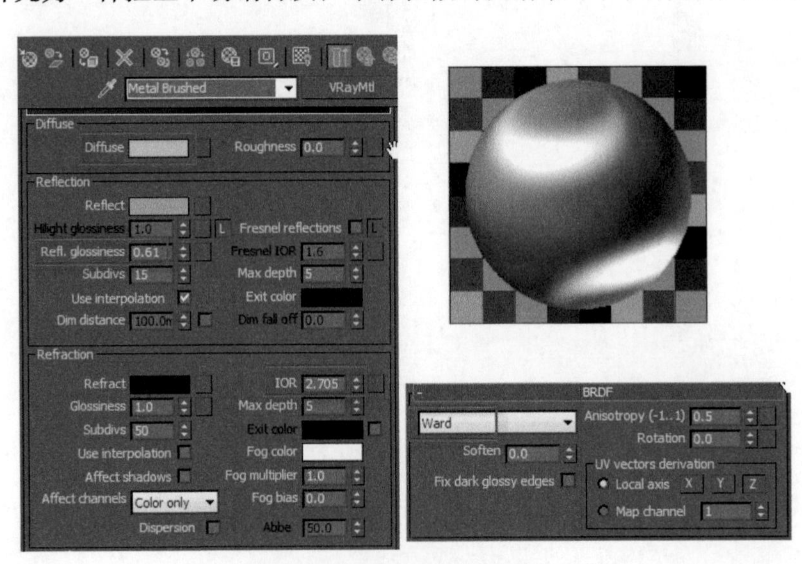

图 7-2 吊灯外壳的材质设定

7.1.3　吊灯的光源设置

光源采用VRayLight，类型为Sphere(球形)，发光单位使用流明，倍增系数为1500左右，颜色模式采用色温模式，色温设置为3500左右，如图7-3所示。

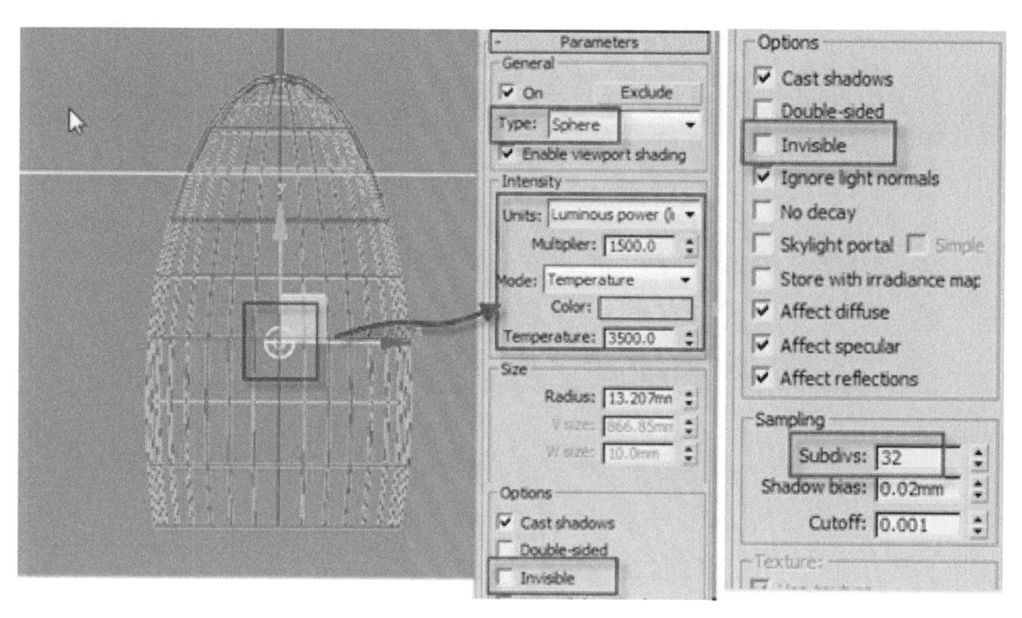

图 7-3　光源的参数设置

7.1.4　渲染测试

将渲染预设设置为草图级渲染，渲染结果如图7-4所示。

图 7-4　草图级渲染结果

产品级渲染结果如图7-5所示。

图 7-5 产品级渲染结果

7.2 矩形灯槽

灯槽是一种很常见的光源布置方式，其特点是光源被隐藏，不做直接照射，利用灯槽改变灯光的方向，利用反射进行间接照明，照明的效果比较柔和、均匀。

本小节将采用两种方法制作灯槽的照明效果：VRay光源模拟和发光线模拟。

7.2.1 采用 VRay 光源模拟灯槽

显示room_b.max模型文件中的room_1场景，灯槽的位置如图7-6所示，灯槽的形状如图7-7所示。

图 7-6 灯槽的位置

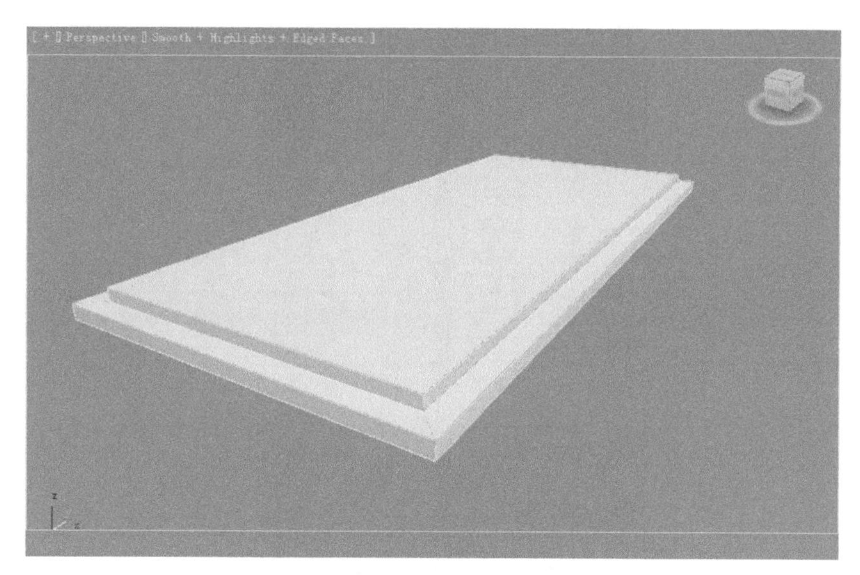

图 7-7　灯槽的形状

首先布置光源。使用VRay光源，类型为Plane(面光源)，形状设置为一种长条状，以适应灯槽的结构，如图7-8所示。如果某个方向长度过长，可以将几个光源拼接起来。

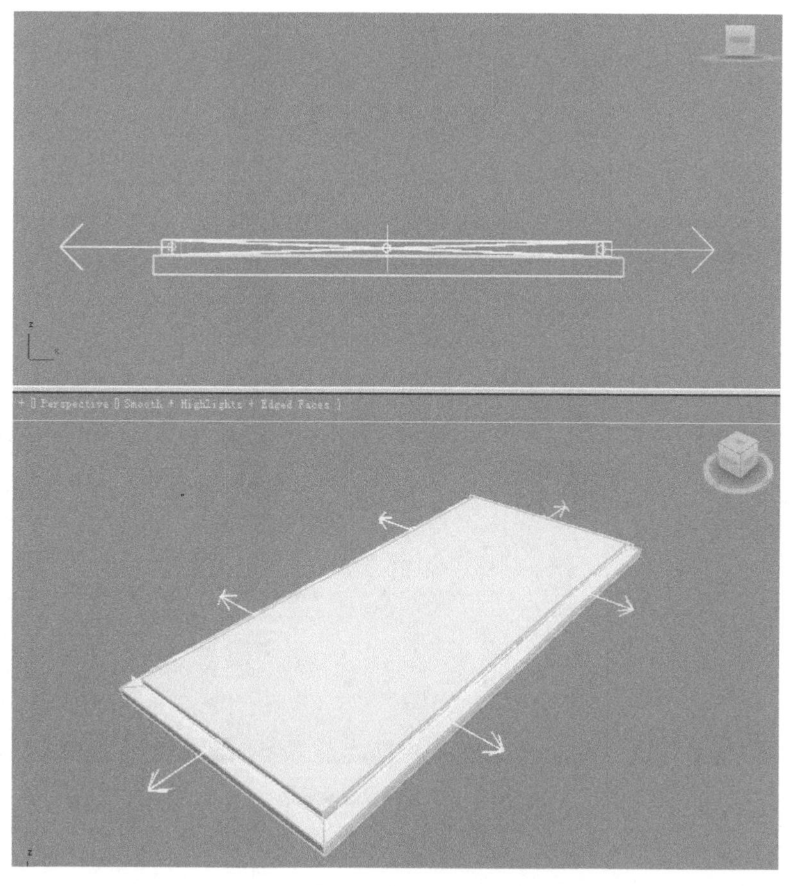

图 7-8　光源的布置

接下来设置光源的参数。将Multiplier设置为2000左右、Temperature设置为8000左右，如图7-9所示。

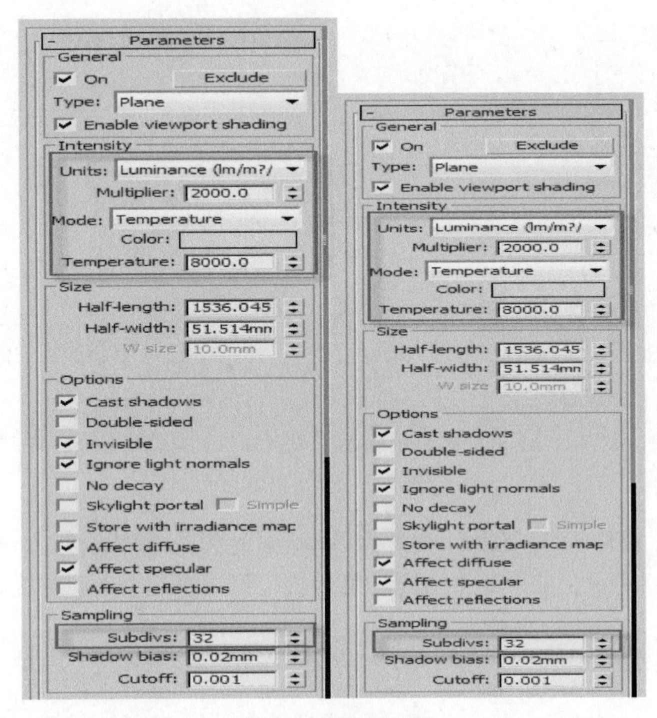

图 7-9　光源的参数

草图级渲染结果如图7-10所示。

图 7-10　草图级渲染结果

产品级渲染结果如图7-11所示。

图 7-11　产品级渲染结果

7.2.2　采用发光线模拟灯槽

还可以采用发光线的方法制作灯槽，给线条设置厚度，使其成为可渲染的实体，如图7-12所示。

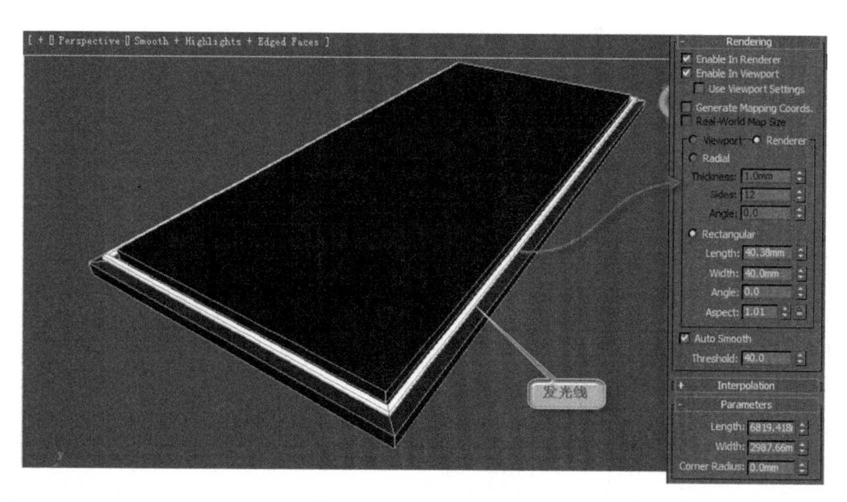

图 7-12　发光线的位置

发光线的材质为VRayLightMtl，将Color的亮度值设置为6左右，如图7-13所示。

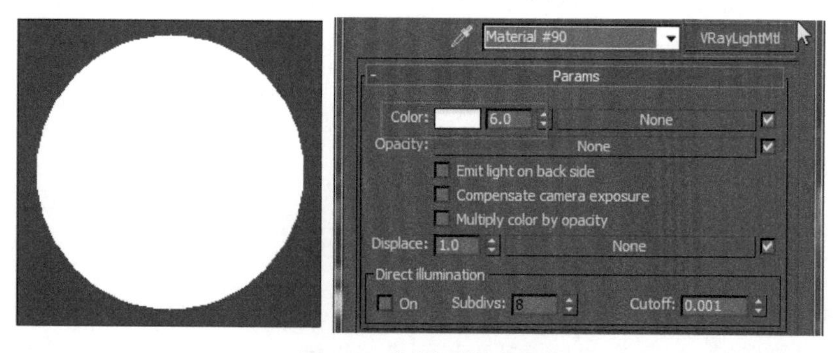

图 7-13　发光材质的参数

草图级渲染结果如图7-14所示。

图 7-14 草图级渲染结果

将全局光设置为产品级渲染参数，渲染效果更好，但耗时增加一倍以上，如图7-15所示。

图 7-15 产品级渲染结果

采用发光线的好处是，可以做成各种形状的灯带，比使用VRay光源灵活得多，且渲染速度也稍快一些。

7.3 异形灯槽

本小节将讲解两种椭圆形灯槽的照明方法。显示room_b.max模型文件中的room_9场景，本例所处理的灯槽所图7-16如示，是一种常见的异形灯槽。

对于这种异形灯槽，既可以采用VRay光源模拟，也可以采用发光线模拟。

图 7-16　范例场景

7.3.1　光源阵列法

由于灯槽的形状不是规则的矩形，不能使用面积较大的VRay光源直接模拟，因此需要使用面积较小的光源沿路径阵列的办法。

在顶视图中，对着椭圆灯槽模型的灯槽部分绘制一个椭圆形，如图7-17所示。

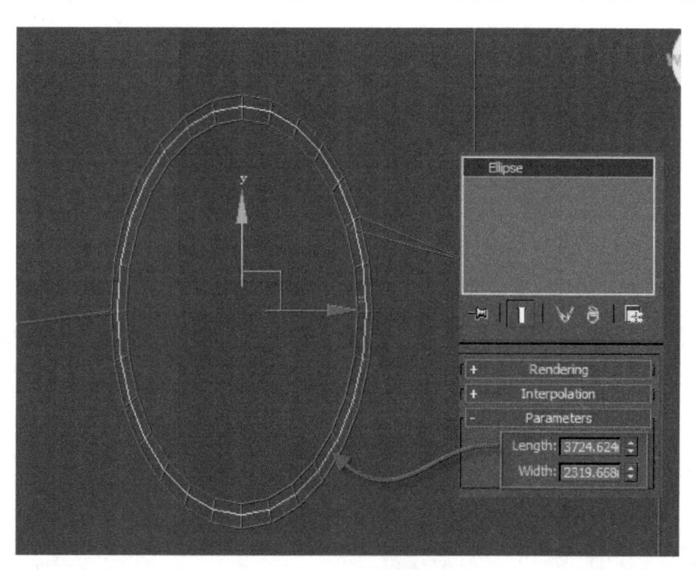

图 7-17　绘制椭圆形

创建灯带上的光源，采用VRay面光源，倍增系数为40左右，色温为6000左右，尺寸大小为20毫米×20毫米，如图7-18所示。

使用Spacing Tool工具制作面光源的阵列，参数设置如图7-19所示。

草图级渲染结果如图7-20所示。

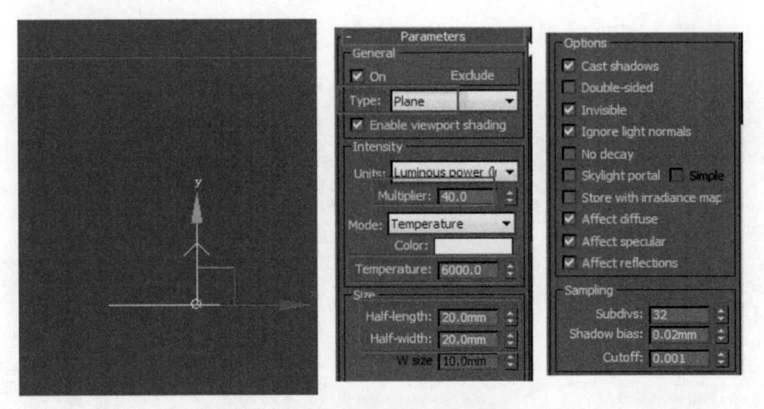

图 7-18　面光源的参数

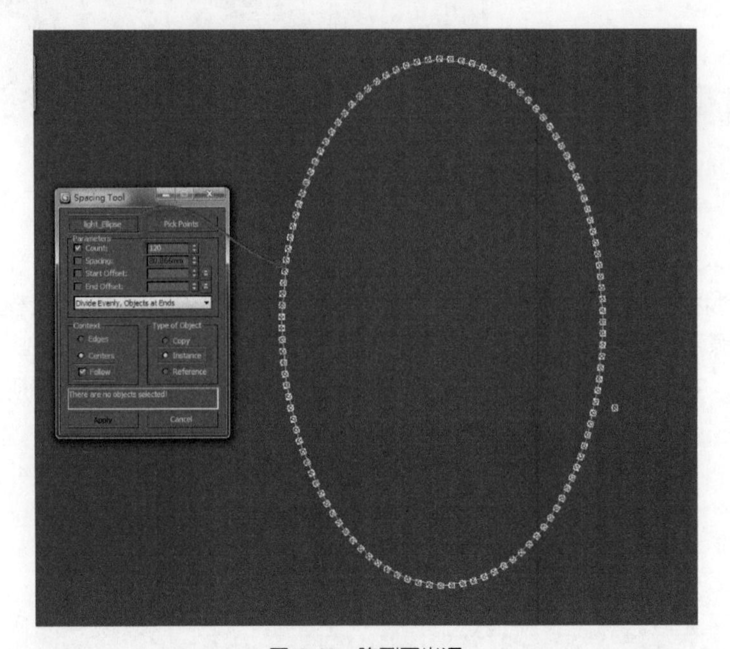

图 7-19　阵列面光源

图 7-20　草图级渲染结果

产品级渲染结果如图7-21所示。

图 7-21　产品级渲染结果

7.3.2　发光线法

将发光物体改为椭圆形发光线，草图级渲染结果如图7-22所示。

图 7-22　草图级渲染结果

产品级渲染结果如图7-23所示。

图 7-23　产品级渲染结果

图7-23与图7-21相比，二者渲染耗时相差无几，但图7-21的品质稍好。因此，推荐使用灯光阵列的方法制作异形灯槽。

7.4　吊灯（磨砂玻璃外壳）

显示room_b.max模型文件中的room_4场景，灯罩采用磨砂玻璃材质，如图7-24所示。

图 7-24　范例场景

灯罩是一种磨砂玻璃的材质，如图7-25所示。

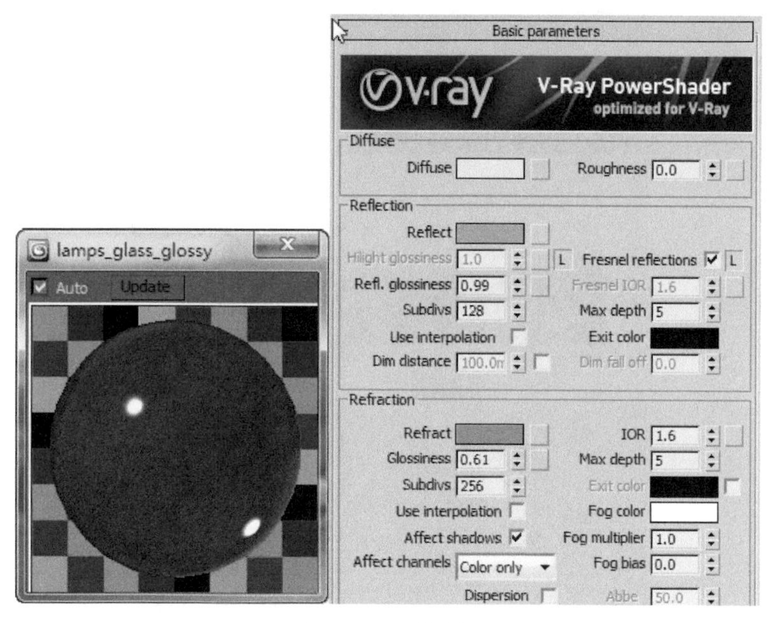

图 7-25　材质设定

草图级渲染结果如图7-26所示。

图 7-26　草图级渲染结果

将灯罩材质换成一种高亮度的玻璃材质，如图7-27所示。

草图级渲染结果如图7-28所示，出现了大量的亮点。

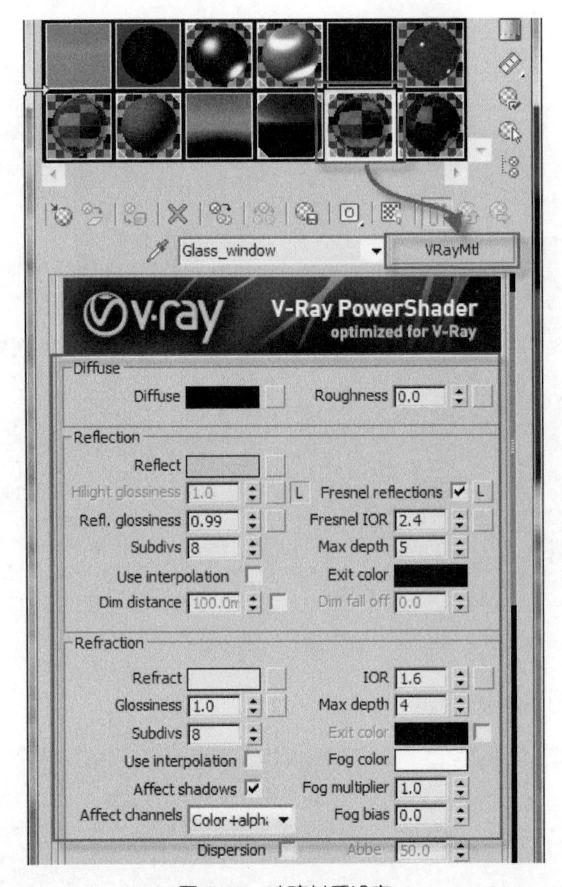

图 7-27　玻璃材质设定

图 7-28　草图级渲染结果

产品级渲染结果如图7-29所示，亮点全部消失，灯罩的材质表现也十分理想，但渲染耗时比草图级渲染稍长。

图 7-29　产品级渲染结果

7.5　球状吊灯

球状吊灯的表现方法有两种：一种是将灯罩设为自发光材质；另一种是在灯罩内部添加光源。内部光源又可分为点光源和球形光源两种。

7.5.1　内部点光源

显示room_b.max模型文件中的room_5场景。在球形吊灯内部创建一个VRay光源，类型设置为Sphere。点光源的位置和参数如图7-30所示。

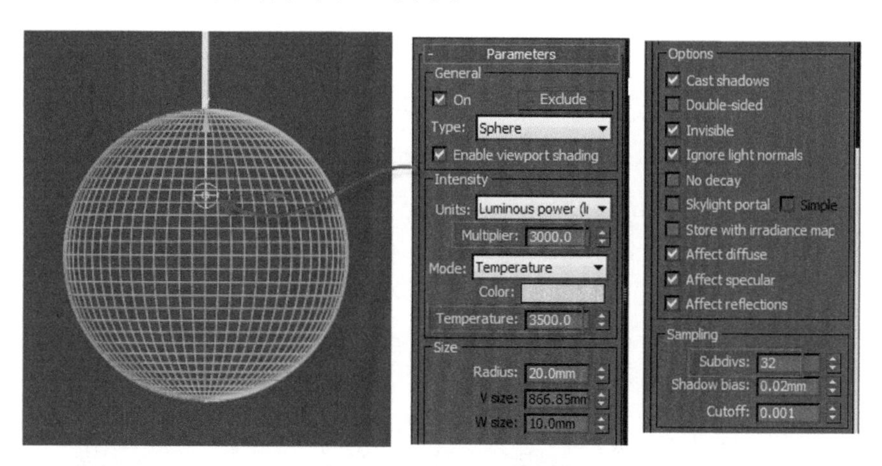

图 7-30　点光源的位置和参数

单击Exclude按钮，打开Exclude/Include对话框，将灯罩模型排除在灯光照射之外，如图7-31所示。

草图级渲染结果如图7-32所示，阴影效果比较生硬。

产品级渲染结果如图7-33所示。渲染耗时长达30分钟以上。

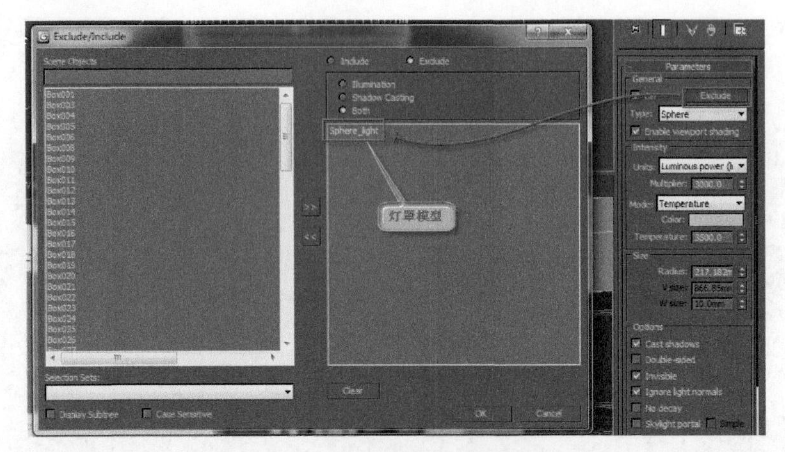

图 7-31　排除对灯罩的照明和投影

图 7-32　草图级渲染结果

图 7-33　产品级渲染结果

7.5.2　灯罩自发光

灯罩采用VRayLightMtl材质，Color设置为10左右，用于模拟自发光效果，如图7-34所示。

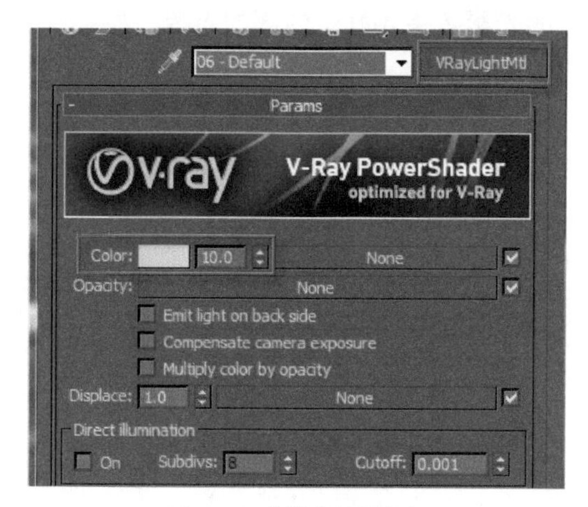

图 7-34　自发光材质设定

草图级渲染结果如图7-35所示，画质较为粗糙。

图 7-35　草图级渲染结果

产品级渲染结果如图7-36所示。

图 7-36　产品级渲染结果

初步结论：灯罩自发光的光影效果要好于内部加光源，渲染速度也更快。

7.5.3 加大球形光源的半径

将VRay球形光源的半径加大，但稍小于灯罩模型，如图7-37所示。

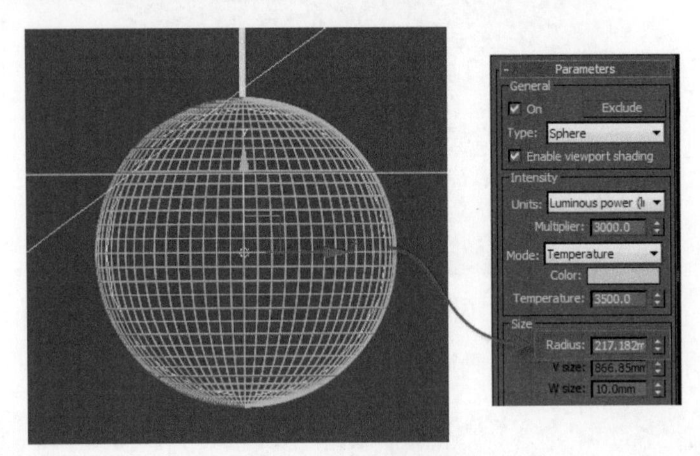

图 7-37 设置光源的半径

产品级渲染结果如图7-38所示，光影效果与灯罩自发光几乎一致，但速度快了不少。

图 7-38 产品级渲染结果

从上述几种表现方案的对比可得出如下结论，使用灯罩内部的球形光源的“性价比”最高，在效果和速度上是一种最佳平衡，优先推荐使用这种方法。

7.6 纸质吊灯

显示room_b.max模型文件中的room_6场景，棉纸灯由纸质灯罩和内部的金属支架组成，结构如图7-39所示。这种灯的模拟方法还是在其内部使用VRay球形光源。其光影特点是，光的主要投射方向是下方的开口，其余部分被棉纸遮挡，光线较为柔和。

图 7-39　棉纸灯结构

棉纸的材质采用VRay2SidedMtl(VRay双面)，在Diffuse通道加载棉纸贴图，如图7-40所示。

图 7-40　棉纸材质设定

内部加上一个光源后的渲染结果如图7-41所示。

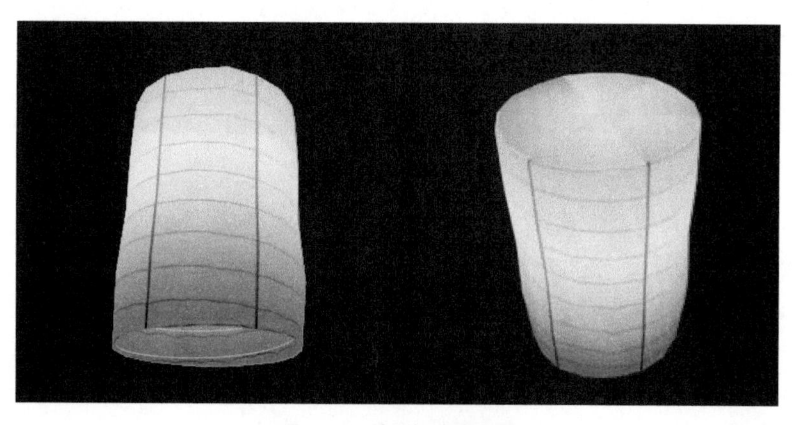

图 7-41　棉纸灯渲染结果

光源采用VRayLight，类型为Sphere，Multiplier设置为3000左右，半径为30mm左右，如图7-42所示。

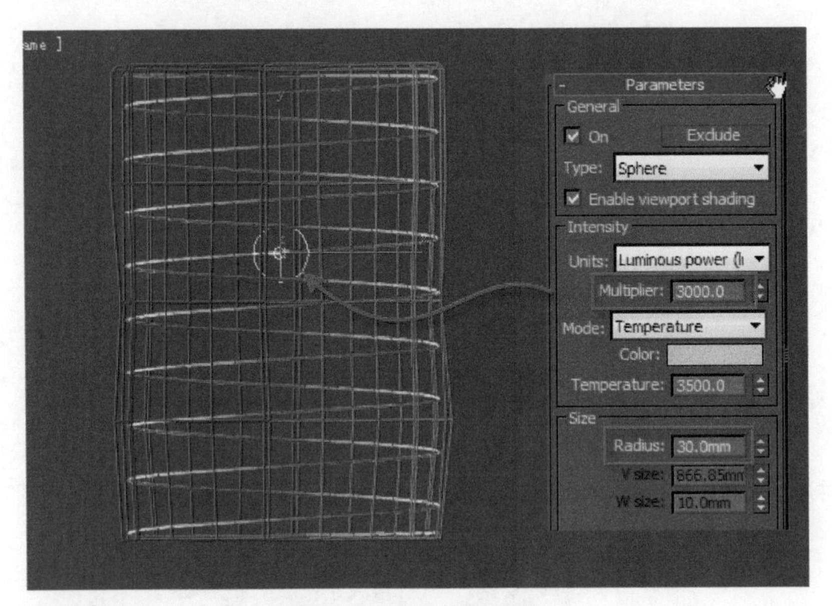

图 7-42　光源的位置和参数

渲染结果如图7-43所示，画面稍微有点暗。

图 7-43　渲染结果

将球形灯的半径加大到75mm左右，Multiplier仍为3000左右，如图7-44所示。

渲染结果如图7-45所示，亮度有所改善。

将Multiplier设置为4000左右，渲染结果如图7-46所示。渲染耗时有所增加，光影效果基本可以接受。

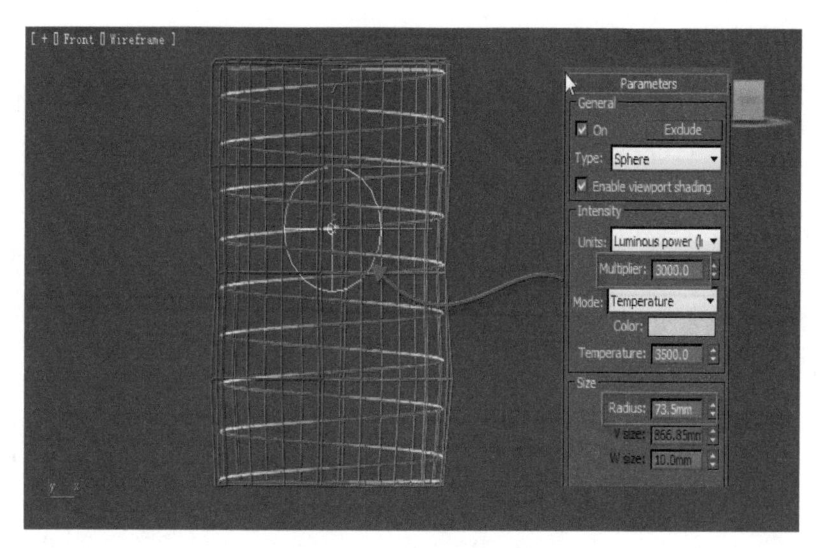

图 7-44　修改光源的设置

图 7-45　加大半径之后的渲染结果

图 7-46　增加亮度之后的渲染结果

产品级渲染结果如图7-47所示。

图 7-47　产品级渲染结果

在表现这类纸质吊灯的时候，要注意整体不要渲染得过亮，应突出其柔和的特点。

7.7 艺术吊灯

各种具有镂空设计的艺术吊灯广泛用于室内照明。这类灯具形式多样，发射出来的光线十分柔和，光影极具趣味性，很容易成为引人注目的中心装饰品。

显示room_b.max模型文件中的room_7场景，本例所采用的镂空吊灯如图7-48所示。这类灯具的表现方法与上一小节讲解的吊灯类似，都是采用在灯罩内部放置光源的做法。

图 7-48　艺术吊灯模型

在灯罩内部创建一个VRay球形光源，光源的位置和参数如图7-49所示。

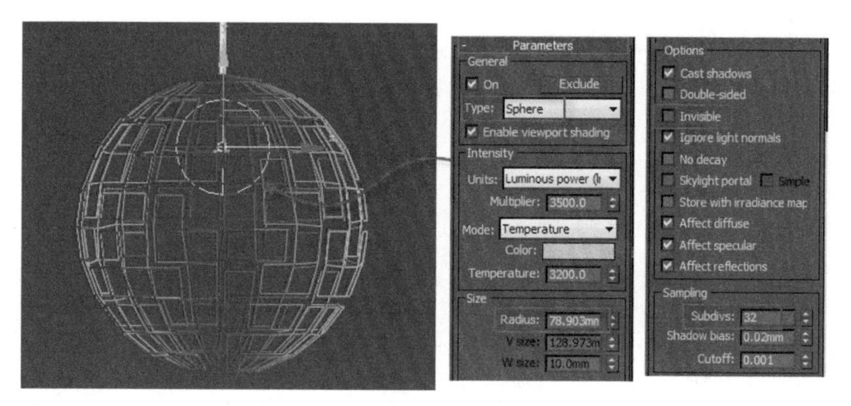

图 7-49　光源的位置和参数

渲染结果如图7-50所示。

图 7-50　测试结果

将光源的半径加大到145mm左右，渲染结果如图7-51所示。

图 7-51　加大半径之后的渲染结果

产品级渲染结果如图7-52所示。

图 7-52　产品级渲染结果

7.8　LED 吊灯

LED灯是近年来迅速普及的一种新型光源，是一种新型绿色环保光源。LED光源具有寿命长、能耗低、体积小、发热量小等十分显著的优点。从长远看，LED光源必将成为日后最主要的照明灯具，从而引起一场灯光设计的革命。

7.8.1　自发光材质模拟 LED 照明

显示room_b.max模型文件中的room_8场景，本例所采用的LED吊灯如图7-53所示。

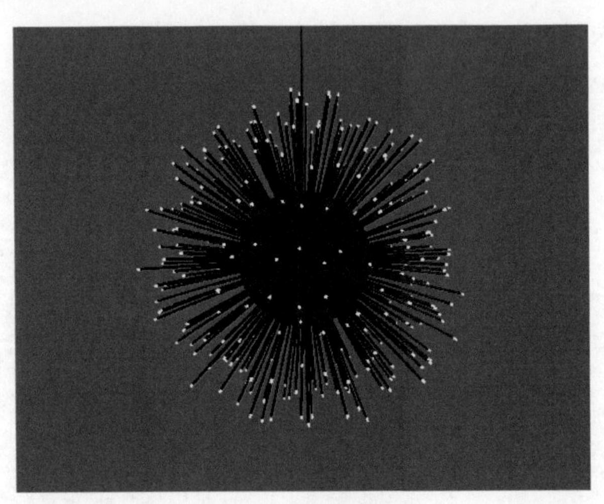

图 7-53　LED 吊灯模型

LED灯的材质设定如图7-54所示。

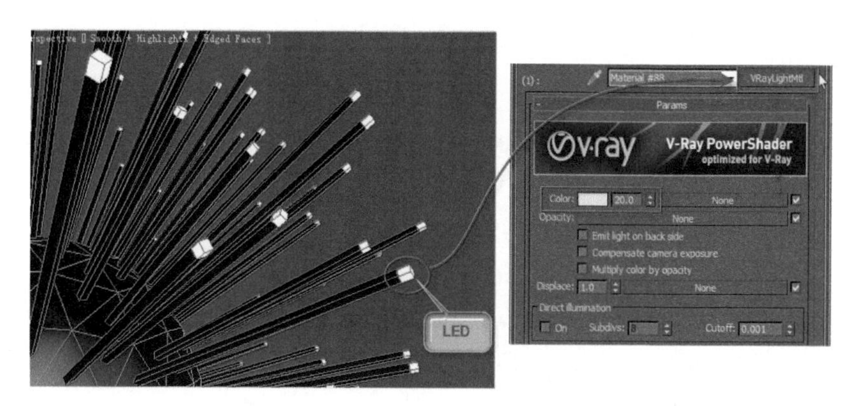

图 7-54　LED 灯的材质设定

渲染结果如图7-55所示，有大量噪点存在。

图 7-55　渲染结果

产品级渲染结果如图7-56所示，仍然有大量噪点。

图 7-56　产品级渲染结果

7.8.2 球形光源模拟 LED 照明

鉴于上一小节介绍的方法效果不理想，现采用另一种方法，使用球形的VRay光源模拟LED照明。

创建一个VRay光源，参数设置如图7-57所示。

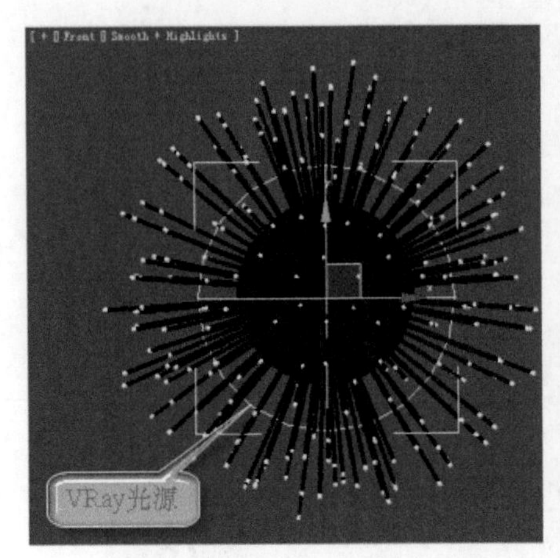

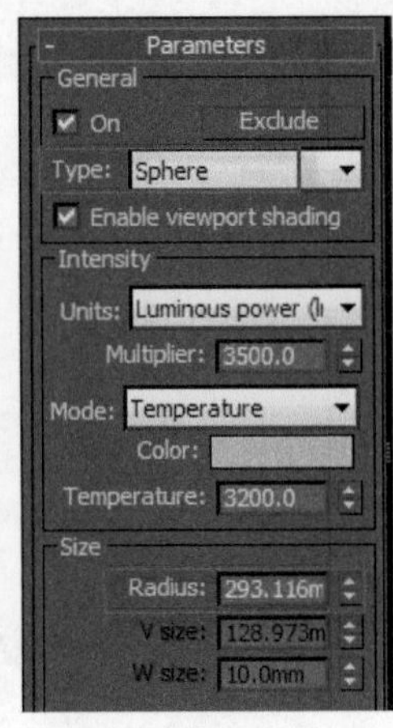

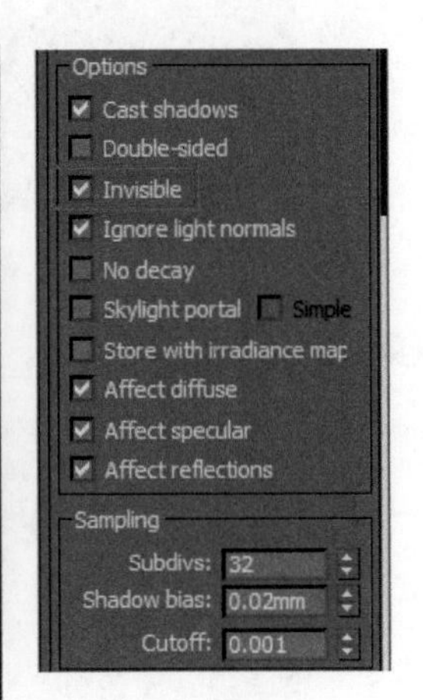

图 7-57 光源的参数设置

选中VRay球形光源，打开其Exclude/Include对话框，在该对话框中设置排除VRay光源对LED灯的照明和阴影投射，如图7-58所示。

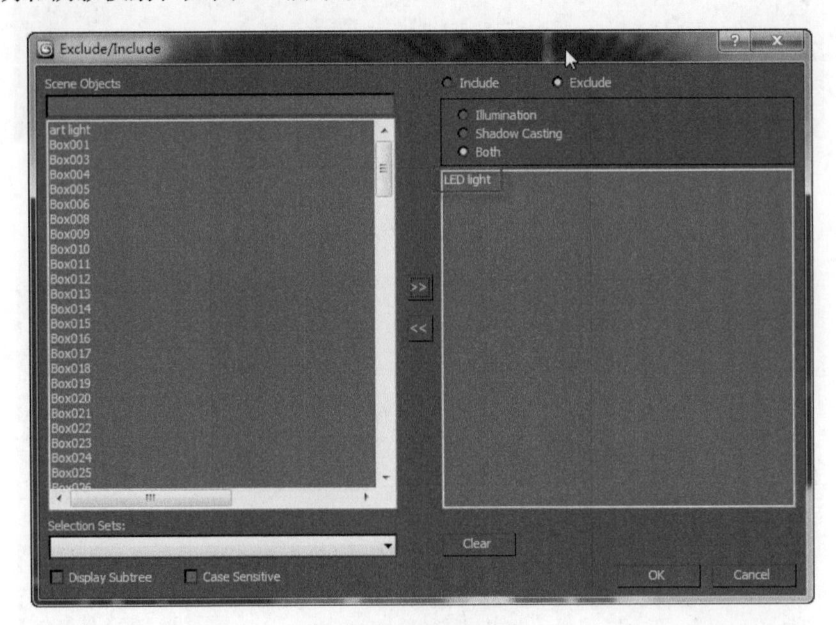

图 7-58 排除灯的照明

打开LED灯模型的Object Properties(对象属性)对话框，取消选中Receive Shadows(接受阴影)和Cast Shadows(投射阴影)复选框，这样LED灯模型就不会受到VRay球形光源的任何影响了，如图7-59所示。

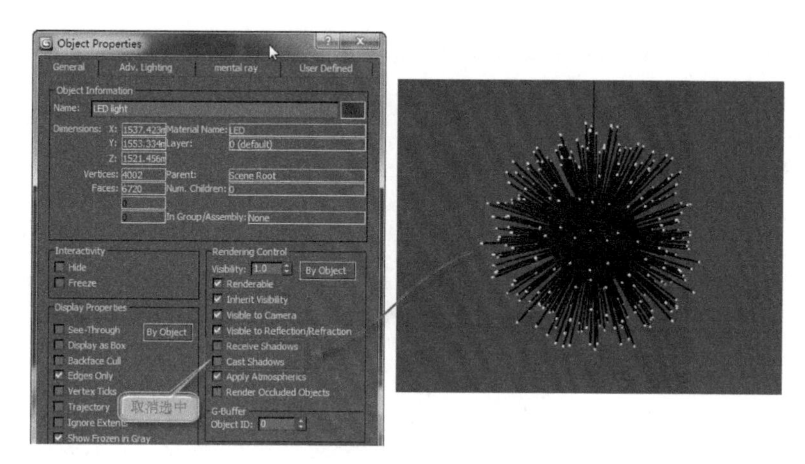

图 7-59　灯的属性设置

渲染结果如图7-60所示。虽然光源本身看不见了，但是窗子玻璃上却出现了光源的倒影，这显然是一个错误的结果。

图 7-60　错误的倒影

选中光源，在其参数面板中取消选中Affect reflections(影响反射)复选框，如图7-61所示。

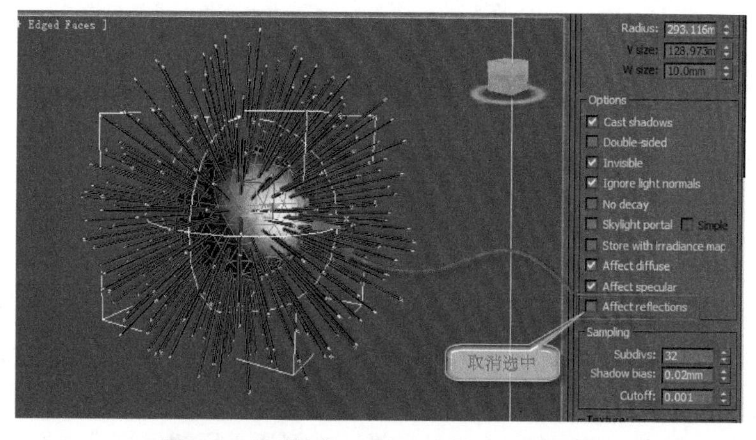

图 7-61　取消选中 Affect reflections 复选框

再次进行渲染测试，草图级渲染结果如图7-62所示，窗玻璃上的倒影消失了。

图 7-62　草图级渲染结果

产品级渲染结果如图7-63所示。

图 7-63　产品级渲染结果

7.9 射　　灯

射灯是典型的无主、无定规模的现代流派照明，能营造室内照明气氛。若将一排小射灯组合起来，光线能变幻出奇妙的图案。由于小射灯可自由变换角度，因此组合照明的效果也千变万化。射灯光线柔和、雍容华贵，也可局部采光，烘托气氛。

显示room_b.max模型文件中的room_11场景，本例所采用的射灯模型如图7-64所示。

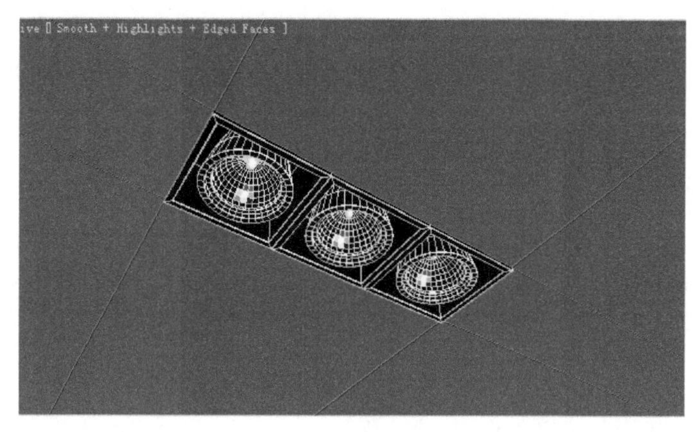

图 7-64　射灯模型

本例在范例场景中共布置了15盏射灯，其中桌子上方有一组三盏并联的射灯，如图7-65所示。

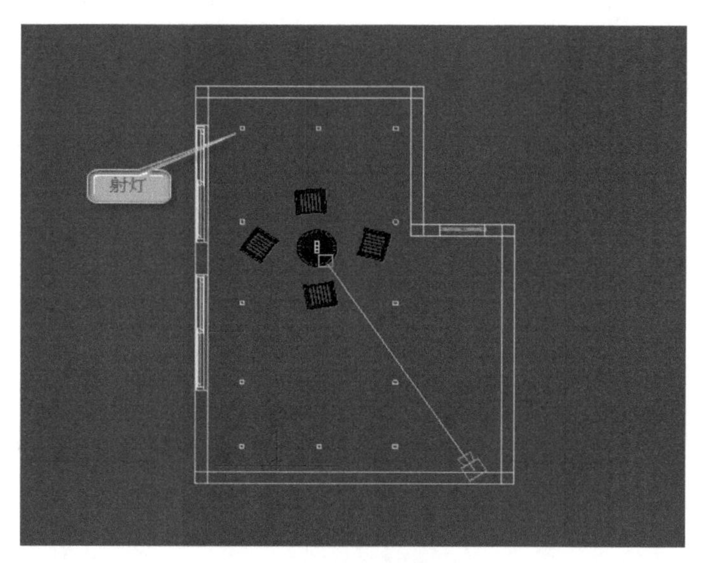

图 7-65　射灯的布置

创建一个VRay光源，将其放置在射灯模型的正下方、左右居中的位置，如图7-66所示。

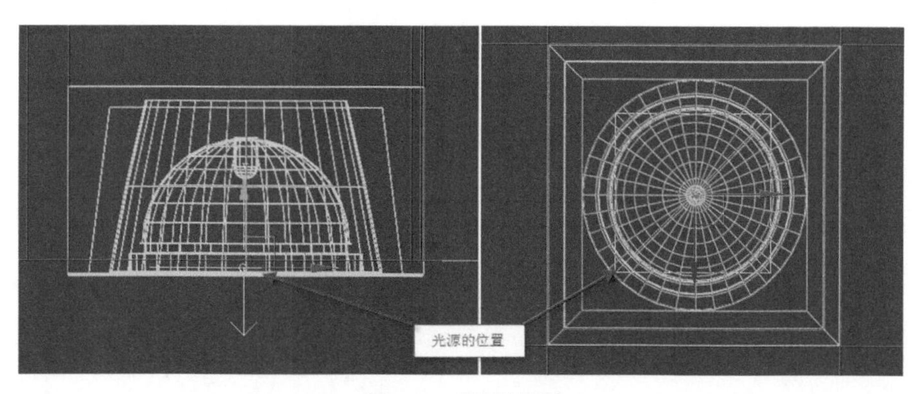

图 7-66　光源的位置

设置光源的类型为Plane、倍增系数为300左右、色温为4000左右，如图7-67所示。

复制光源到每一个射灯模型的下方，复制方式为Instance，如图7-68所示。

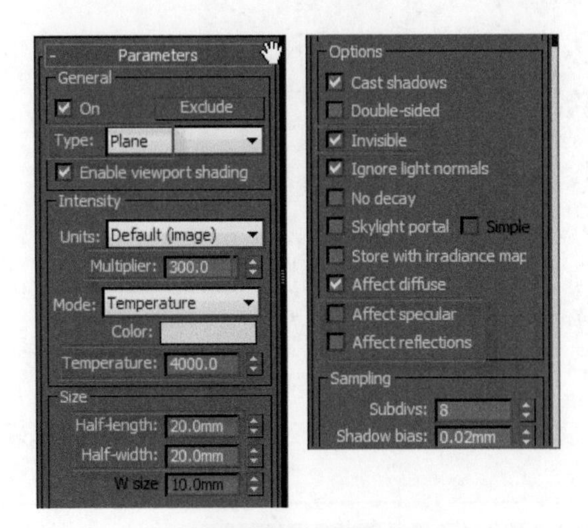

图 7-67　光源的参数

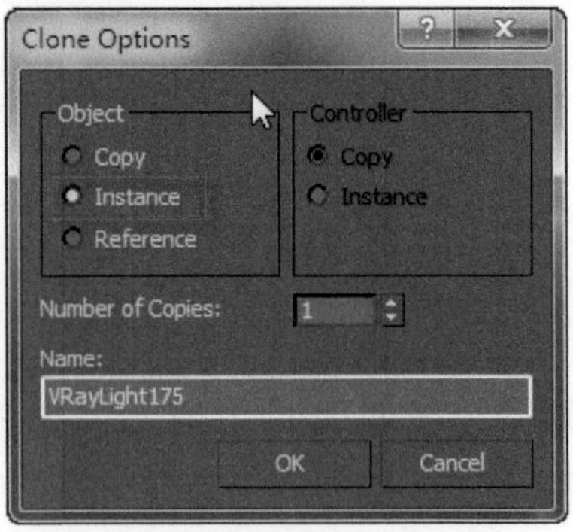

Clone Options
Object: Copy / Instance / Reference
Controller: Copy / Instance
Number of Copies: 1
Name: VRayLight175
OK　Cancel

图 7-68　采用 Instance 复制方式

草图级渲染结果如图7-69所示。

图 7-69　草图级渲染结果

将光源的细分设置为32，草图级渲染结果如图7-70所示。

对比图7-70与图7-69，发现效果相差无几。

产品级渲染结果如图7-71所示。

在光源参数面板中，将Rectangle light options选项组的Directional设置为0.75左右，如图7-72所示。

图 7-70　加大光源细分值之后的草图级渲染结果

图 7-71　产品级渲染结果

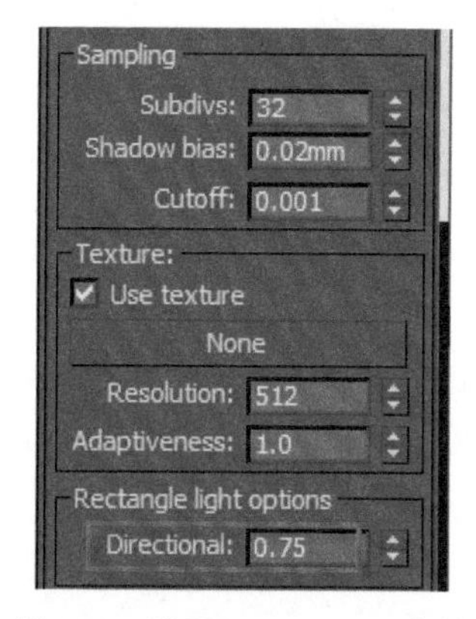

图 7-72　设置 Directional 参数

再次执行草图级渲染，结果如图7-73所示。

图 7-73　设置 Directional 数值之后的草图级渲染结果

对比图7-69和图7-73，两者差别较大，图7-73中光源的照射范围明显变小了，整体的亮度更高，同时渲染速度加快了50%。将Directional设置为0.5左右，草图级渲染结果如图7-74所示。

图 7-74　减小 Directional 数值之后的渲染结果

Directional参数影响光源的照射范围，数值越大，照射范围越小，画面亮度越高，同时渲染速度也越快。

目前的效果有点偏亮，可以通过调整物理摄像机的参数来控制亮度。选中摄像机，在其参数面板中，将shutter speed设置为100左右，如图7-75所示。

草图级渲染结果如图7-76所示。

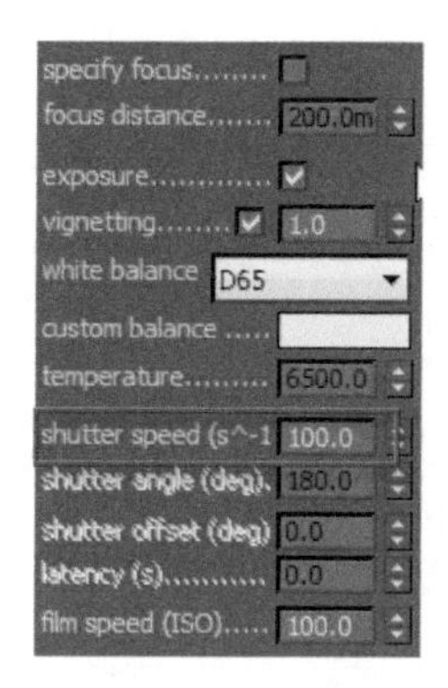

图 7-75　设置摄像机的快门速度

图 7-76　改变快门速度后的草图级渲染结果

目前画面还有点偏黄，可以通过调整光源的色温来予以校正。将光源的色温调整为6000左右，再次进行草图级渲染，结果如图7-77所示。

图 7-77　调整色温之后的草图级渲染结果

产品级渲染结果如图7-78所示。

图 7-78 产品级渲染结果

7.10 IES 光源

7.10.1 什么是光域网文件

采用软件默认的光源尽管可以模拟一些真实灯光的照明效果，但十分有限。因为现实生活中的光源是千变万化的，默认的光源远远不够用。在三维灯光设计中，为了更准确地模拟真实光源的光线分布效果，往往会使用一种特殊的文件——光域网文件。

光域网分布(Web Distribution) 方式通过指定光域网文件来描述灯光亮度的分布状况。光域网是室内灯光设计的专业名词，表示光线在一定的空间范围内所形成的特殊效果。

其实，光域网大家都见过，只是不知道而已。光域网是灯光的一种物理属性，确定光在空气中发散的方式。不同的灯，在空气中的发散方式是不一样的，比如手电筒会发一个光束，而壁灯、台灯等发出的光又是另外一种形状。这种形状不同的分布方式，就是由于灯自身特性的不同而导致的，它们所呈现出来的那些不同形状的图案就是由光域网决定的。

之所以会有不同的图案，是因为每个灯在出厂时，厂家对每个灯都指定了不同的光域网。在三维软件里，如果给灯光指定一个特殊的文件，就可以产生与真实光源相同的光的发散效果，这一特殊文件的标准格式是*.IES，在很多地方都能下载。

例如，http://www.photometricviewer.com就是一家专业的光域网文件下载网站，提供大量光域网文件供用户下载，如图7-79所示。

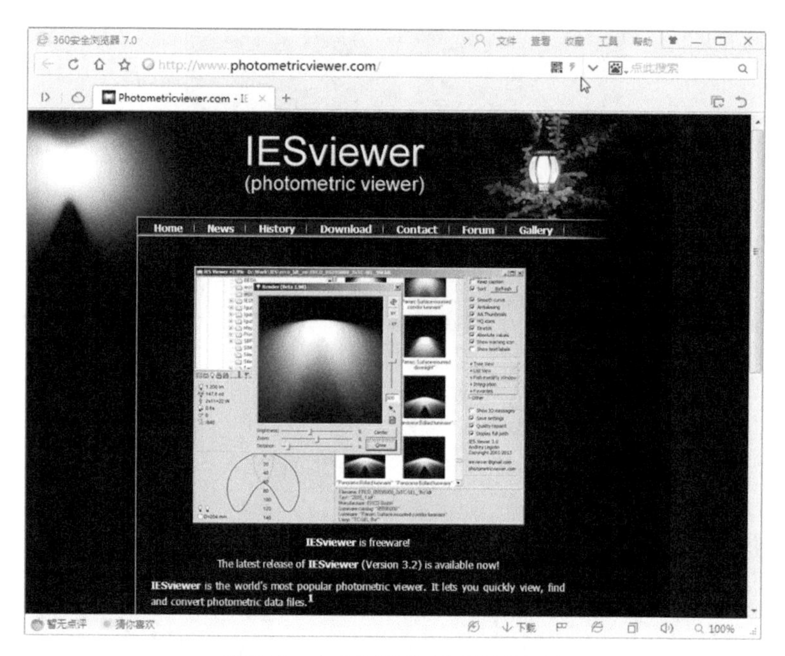

图 7-79　专业的光域网文件下载网站

7.10.2　光域网光源照明案例

在层管理器中打开room_12场景，这个场景与7.9小节中使用的场景是完全一致的，也是采用射灯进行照明。本例将采用IES光源模拟射灯的照明效果。

首先创建IES光源，在VRay光源面板中单击VRayIES按钮，在场景中对着射灯模型创建一个VRayIES光源，如图7-80所示。

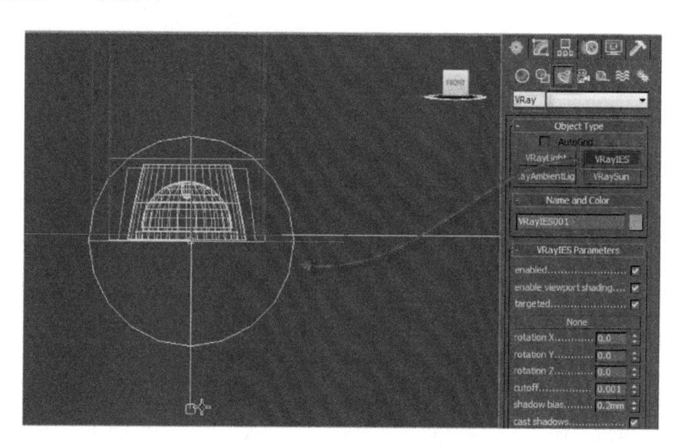

图 7-80　创建 IES 光源

在顶视图和前视图中，将光源的位置与射灯模型对齐，将光源的目标点放在光源的正下方，如图7-81所示。

将这个光源复制到所有射灯模型下方，采用Instance方式复制，以便后面修改参数。

选中任意一个VRayIES的光源部分，打开其修改面板，单击None长按钮，为光源加载光域网文件；在弹出的“打开”对话框中，选中素材包中的11.IES文件，如图7-82所示。

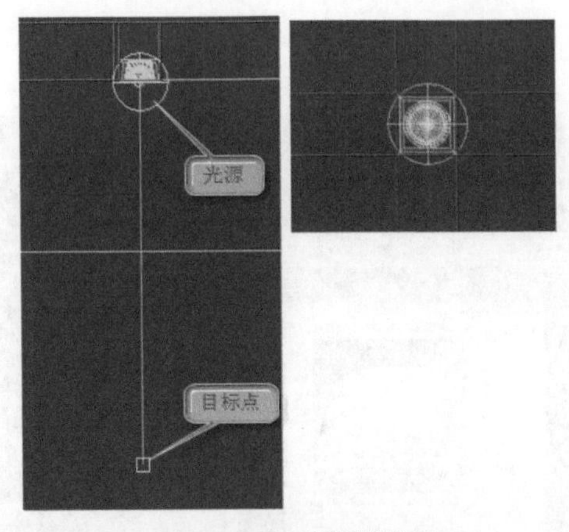

图 7-81　IES 光源的位置

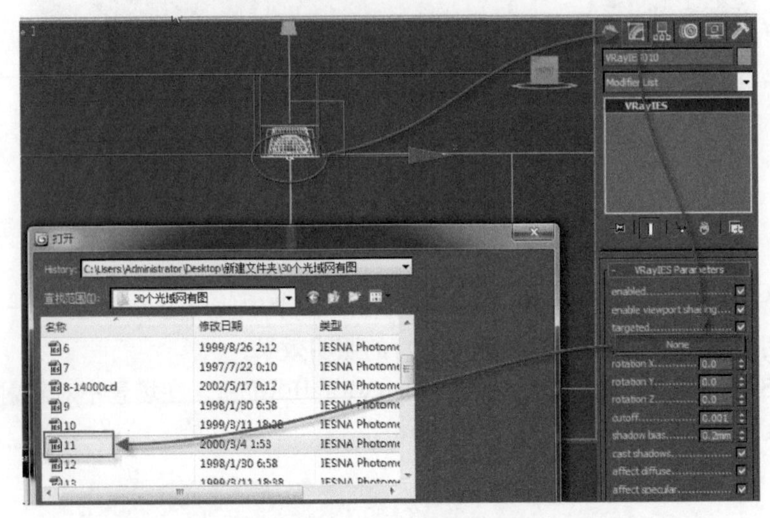

图 7-82　设置光域网文件

将光源参数面板中的power设置为3000左右，草图级渲染结果如图7-83所示。可以看到墙面上出现了光域网所投射的光斑，非常逼真地还原了光线的真实分布情况。

图 7-83　草图级渲染结果

7.11　筒　　灯

显示room_b.max模型文件中的room_13场景，筒灯模型如图7-84所示。对于筒灯的照明效果模拟可以采用两种方法，第一种方法是与7.10.2小节相同的光域网文件模拟，第二种方法是采用默认的聚光灯模拟。

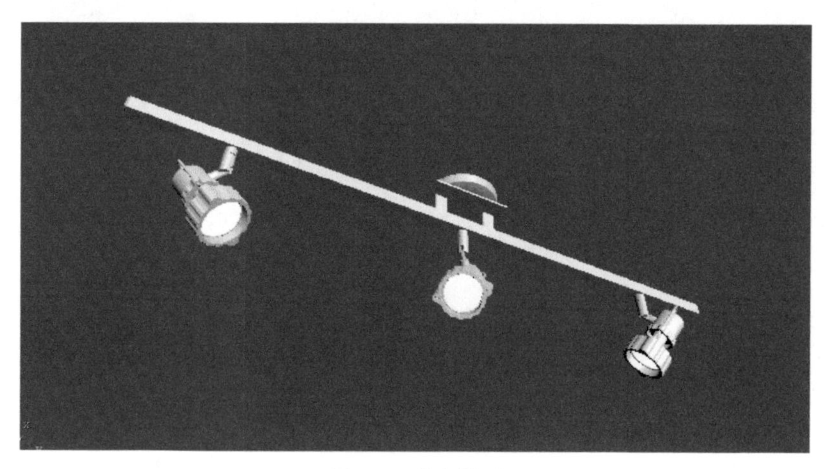

图 7-84　筒灯模型

7.11.1　光域网光源

在一盏筒灯模型的下方创建一个VRayIES光源，并关联复制到另外两盏筒灯模型下方，如图7-85所示。

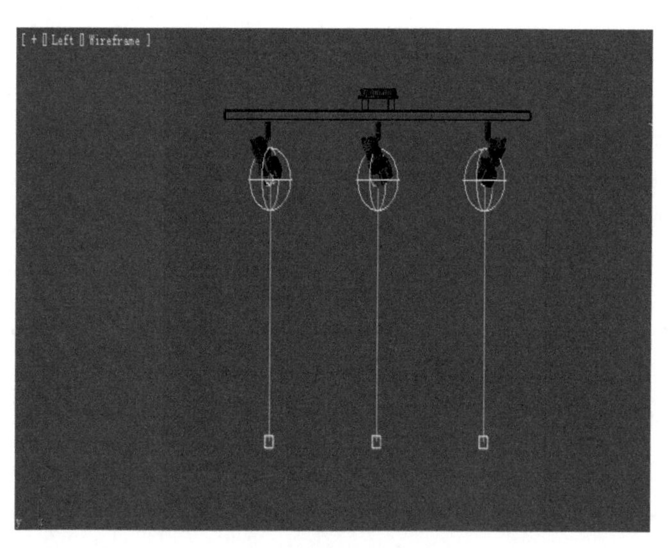

图 7-85　创建三个光源

根据每盏筒灯模型的照射角度，分别调整光源的目标点，使之与筒灯模型的照射角度一致，如图7-86所示。

为光源加载IES光域网文件，color mode(颜色模式)设置为Temperature(色温)模式，color temperature(色温)设置为5000左右，power设置为4500左右，如图7-87所示。

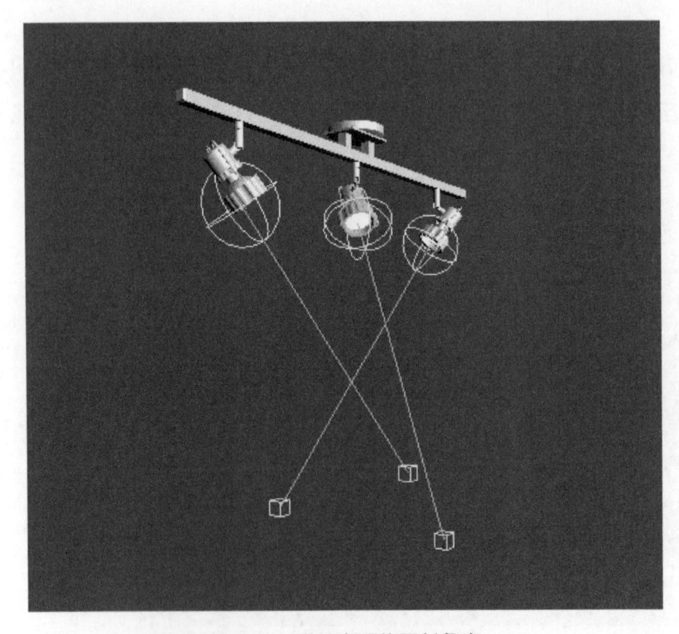

图 7-86　调节光源的照射角度

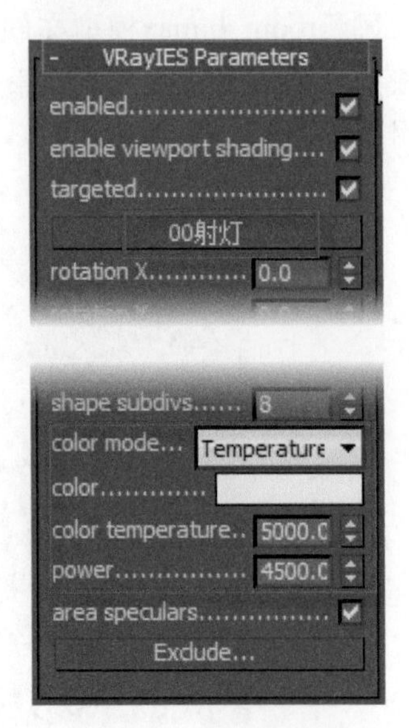

图 7-87　光源的参数设置

草图级渲染结果如图7-88所示。

图 7-88　草图级渲染结果

将参数面板中的shape subdivs(形状细分)设置为128，执行产品级渲染，结果如图7-89所示。

图 7-89　产品级渲染结果

7.11.2　聚光灯

除了可以采用光域网文件模拟筒灯照明之外，还可以采用标准光源中的Spot(聚光灯)光源来模拟筒灯的照明效果。

使用Standard光源中的Target Spot(目标聚光灯)光源，在筒灯模型下方创建一个目标聚光灯，并关联复制出另外两个光源，如图7-90所示。

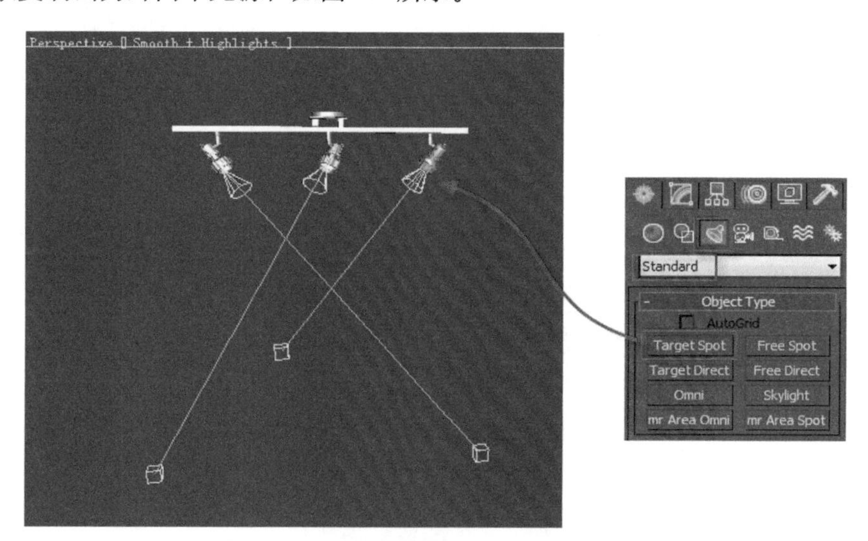

图 7-90　创建目标聚光灯

聚光灯的参数设置如下：阴影采用VRayShadow，倍增系数设置为0.2左右，聚光区和衰减区分别设置为5° 和70° 左右，如图7-91所示。

草图级渲染结果如图7-92所示。

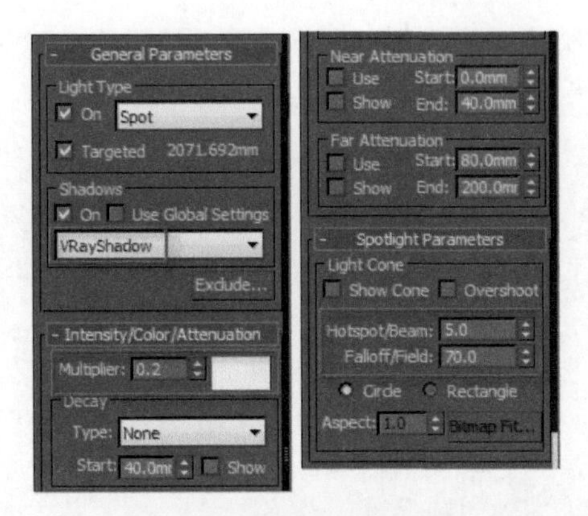

图 7-91 聚光灯的参数设定

图 7-92 草图级渲染结果

为了模拟灯光随距离而产生的亮度衰减，可以给聚光灯设置距离衰减效果。在Decay(衰减)选项组中，将衰减类型设置为Inverse Square(平方反比)、Start(衰减开始)设置为1500mm左右；为了防止打开衰减之后亮度降低过多，将倍增系数加大为1.0左右，如图7-93所示。

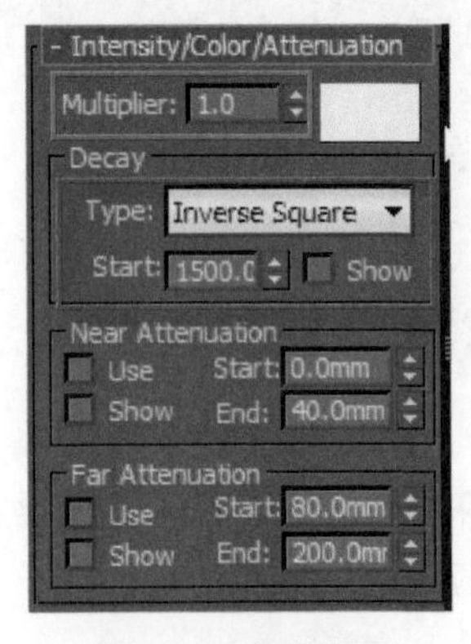

图 7-93 衰减设置

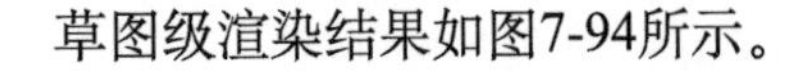
草图级渲染结果如图7-94所示。

图 7-94　带有衰减的草图级渲染结果

再来模拟面阴影效果。在VRayShadows params卷展栏中，选中Area shadow(面阴影)复选框，将Subdivs设置为128，其余参数保持不变，如图7-95所示。

图 7-95　光源参数的设置

草图级渲染结果如图7-96所示。

图 7-96　面阴影草图级渲染结果

如果将UVW三个维度的尺寸加大到100mm，将Subdivs减小到64，草图级渲染结果如图7-97所示，阴影虚化效果得到了明显的改善。

图 7-97　Subdivs=64 的渲染结果

如果将Subdivs设置为32，则渲染结果如图7-98所示。

图 7-98　Subdivs=32 的渲染结果

通过上面三幅图像的对比，可以得到如下结论。

(1) Subdivs的取值对渲染耗时影响很大。例如，取值为64较之128，耗时相差三倍以上。

(2) UVW尺寸的取值越大，阴影的虚化效果越好。

产品级渲染结果如图7-99所示。

图 7-99　产品级渲染结果

7.12　玻璃灯罩的焦散效果

在三维材质表现中，玻璃材质的表现是一个难题，因为玻璃材质既有折射，又有反射，还可以产生焦散效果。在三维照明中，玻璃也是一种重要的表现对象，尤其是带有焦散效果的玻璃材质，如果表现好了，可以大大增加效果图的真实感。

7.12.1　什么是焦散

所谓焦散，通常有两种情况。第一种是折射焦散，光线穿过透明物质，产生折射效果，折射之后的光线投射在背景物体上形成光斑；第二种是反射焦散，光线照射在光滑的物体上形成反射，反射的光线投射到背景物体上形成光斑。

玻璃是一种很特殊的物质，表面光滑同时还透明，因此同时具备折射焦散和反射焦散两种物理属性。图7-100所示为李之先生创作的一幅玻璃焦散效果图，很好地表现了玻璃的反射焦散和折射焦散。

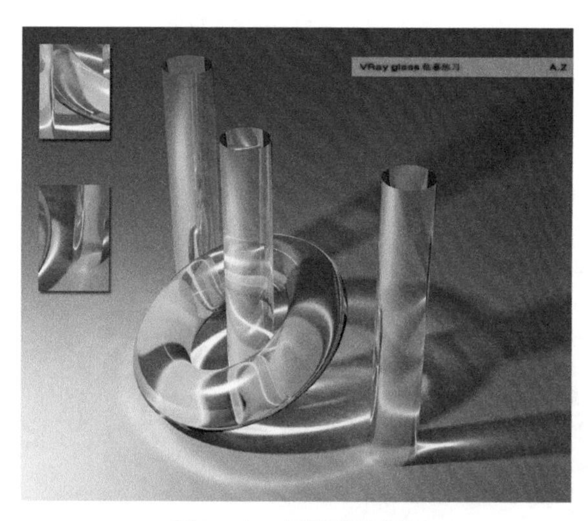

图 7-100　玻璃的焦散效果

7.12.2 玻璃灯罩的焦散

显示room_b.max模型文件中的room_14场景，本例所采用的玻璃灯罩模型如图7-101所示。

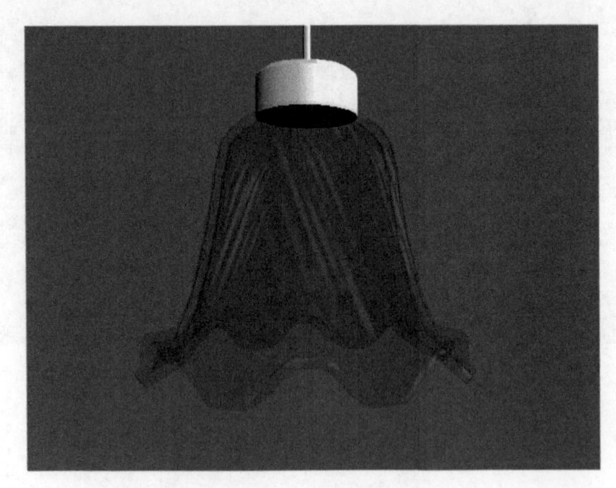

图 7-101 玻璃灯罩模型

灯罩的材质设定如图7-102所示。

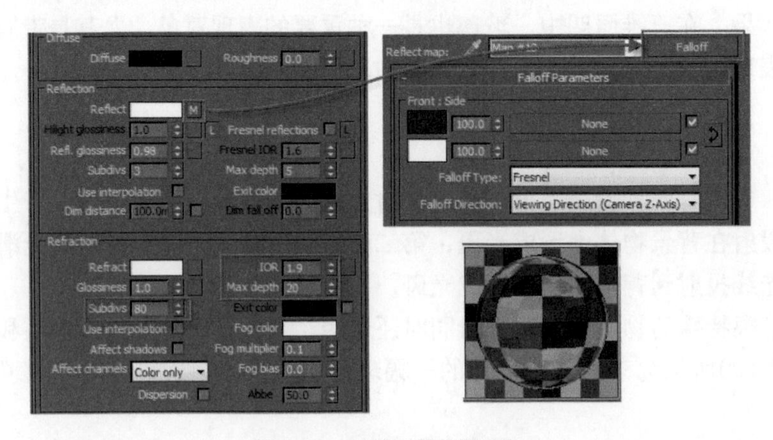

图 7-102 玻璃灯罩材质设定

创建一个VRay光源，类型为球形，放置在灯罩模型中，用来模拟灯泡，其参数设定如图7-103所示。

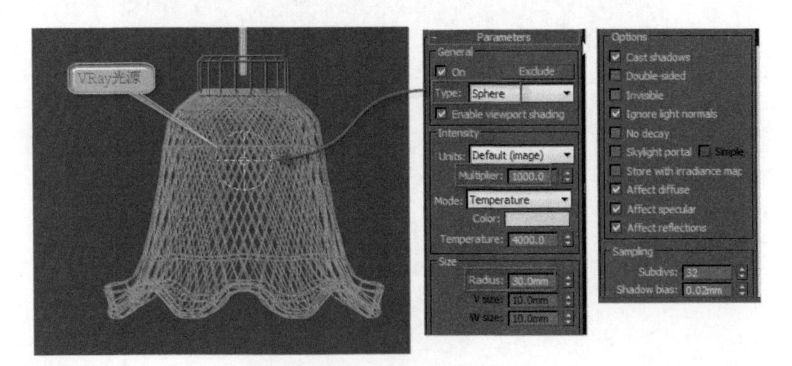

图 7-103 光源的位置和参数

草图级渲染结果如图7-104所示。

图 7-104　草图级渲染结果

观察图7-104，并没有出现焦散效果，只有照明效果。通常可以使用标准光源中的泛光灯来专门模拟焦散。

首先将场景中所有光源的焦散属性关闭。方法是选中光源，并右击，在弹出的四元组菜单中执行VRay Properties命令，打开VRay light properties对话框，在对话框中取消选中Generate caustics(产生焦散)复选框，如图7-105所示。

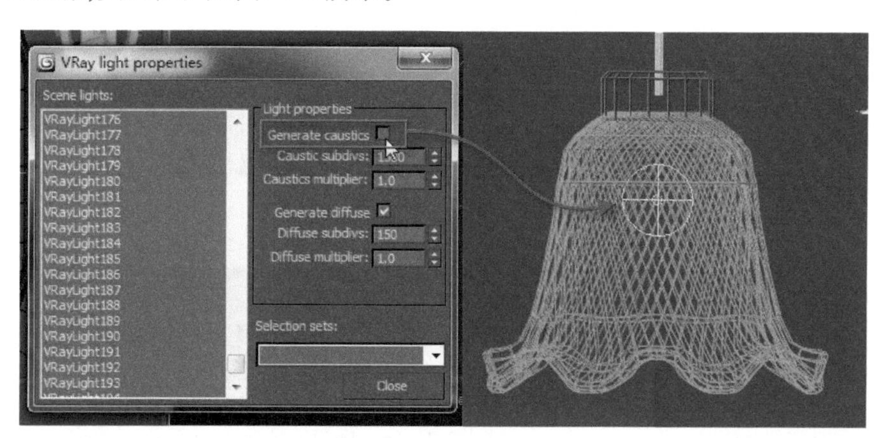

图 7-105　关闭焦散开关

以此类推，对两个位于窗口的天空光光源也做相同的设置，关闭其焦散开关。

创建一个标准光源中的泛光灯，放置到灯罩内部VRay光源的正下方。其参数设置如图7-106所示。阴影采用VRayShadow，Multiplier设置为2000左右，灯光的颜色设置为一种浅黄色。

打开Render Setup窗口，在Indirect illumination选项卡下的V-Ray::Caustics卷展栏中，选中On选项，打开焦散开关，如图7-107所示。

草图级渲染结果如图7-108所示。墙面和天花板上出现了焦散光斑，但还很微弱，房间的整体照明也不足。

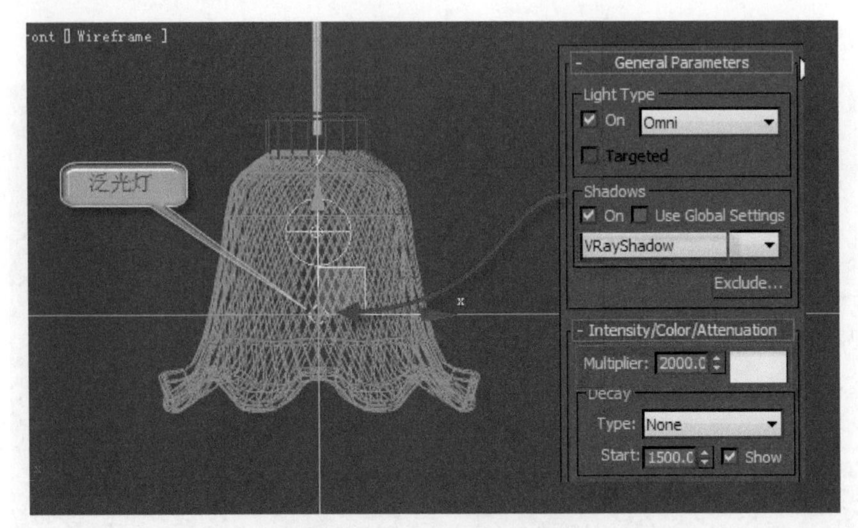

图 7-106　泛光灯的参数和位置

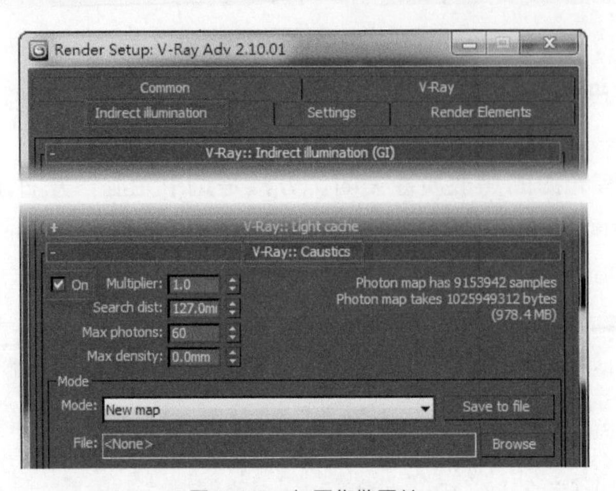

图 7-107　打开焦散开关

图 7-108　出现微弱的焦散效果

在V-Ray::Caustics卷展栏中，将Multiplier设置为100，如图7-109所示。

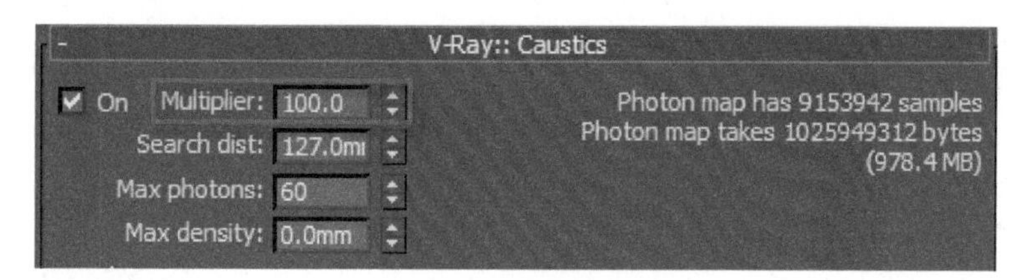

图 7-109　加大焦散的倍增

再次渲染，结果如图7-110所示。场景变得更亮了(灯光的亮度参数并未变化)，墙面上出现了明显的焦散光斑。

图 7-110　焦散更加明显

如果将Multiplier设置为200，渲染结果如图7-111所示。焦散光斑更加明亮，同时场景的亮度也变得更高。

图 7-111　焦散和亮度都增强

如果将泛光灯的倍增系数减小到原来的一半，其余参数不变，渲染结果如图7-112所示。

图 7-112　灯光亮度降低一半的情况

小结：焦散的强度设置不仅可以控制焦散光斑的亮度，同时还可以影响场景的亮度。同时，焦散光斑的虚化程度也是可以控制的。下面对V-Ray::Caustics卷展栏中的主要参数进行介绍。

- On(开)：顾名思义，是否打开焦散的开关，选中后，激活V-Ray::Caustics卷展栏，并且产生焦散效果。
- Multiplier(倍增)：焦散的亮度倍增，数值越大，焦散效果越亮。
- Search dist(搜索距离)：光子追踪撞击到物体表面后，会产生以撞击光子为中心的圆形的自动搜索区域，这个区域的半径值就是“搜索距离”。较小的数值会产生斑点，较大的数值会产生模糊焦散效果。
- Max photons(最大光子数)：定义单位区域内的光子数量，再根据这个区域内的光子数量进行均匀照明，较小的数值不容易得到焦散效果，较大的数值会产生模糊焦散效果。图7-113所示为一组Max photons参数渲染对比，红框中的画面为对比部分。

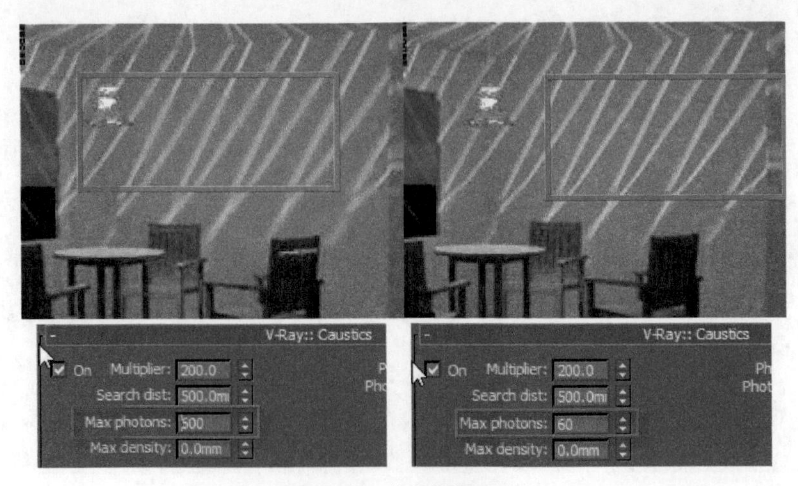

图 7-113　焦散模糊对比

- Max density(最大密度)：控制光子的最大密度，0表示使用VRay内部确定的密度，较小的数值会让焦散效果比较锐利。

7.12.3　焦散效果的进一步改进

目前场景的焦散效果基本达到要求了，但是玻璃灯罩的表现效果却并不理想，还需要做进一步改进处理。本小节使用一种Output材质配合Gradient Ramp贴图作为灯光投射贴图来改善灯罩的效果，具体操作步骤如下。

(1) 在灯罩上方创建一个VRay光源，类型为Plane，参数如图7-114所示。

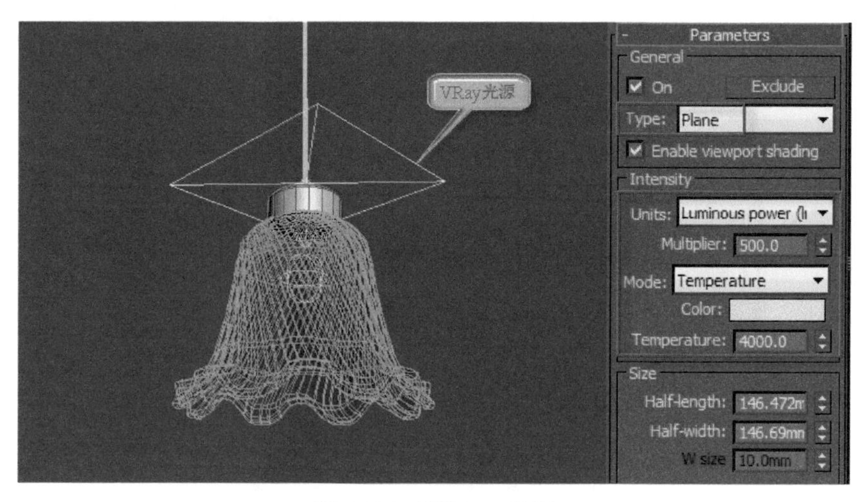

图 7-114　创建 VRay 光源

(2) 打开材质编辑器，创建一种Gradient Ramp贴图。设置Gradient Type为Box类型，并创建三个颜色标签，颜色标签的位置和颜色参数如图7-115所示。

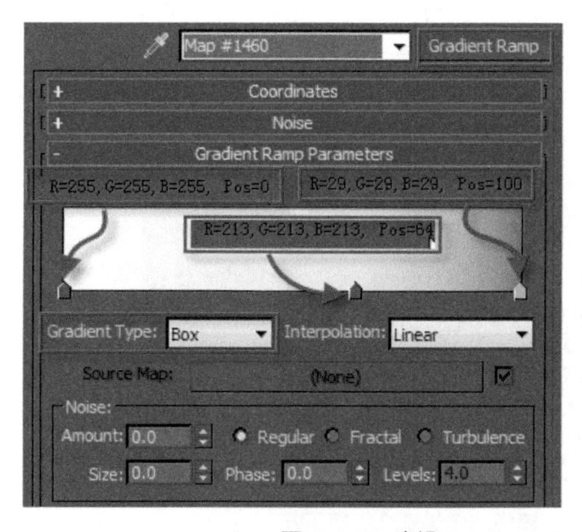

图 7-115　编辑 Gradient Ramp 贴图

(3) 使用同一个样本窗口，创建一个Output材质类型，将上一步创建的Gradient Ramp贴图保留为子贴图。在Output贴图面板中，选中Alpha from RGB Intensity复选框，如图7-116所示。

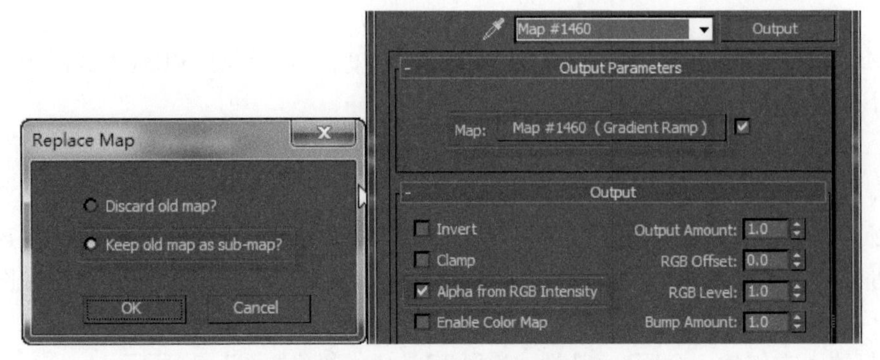

图 7-116　Output 贴图设置

(4) 使用鼠标将Output贴图拖动到光源参数面板中的投射贴图按钮上，如图7-117所示。

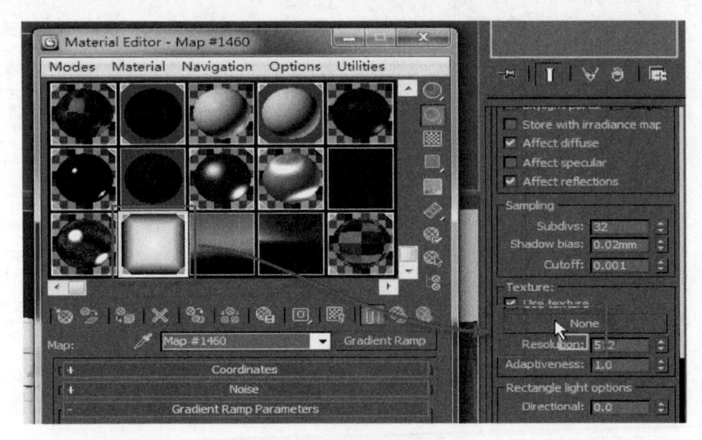

图 7-117　设置投射贴图

(5) 将VRay光源镜像实例复制一个，放置到灯罩模型的下方，如图7-118所示。

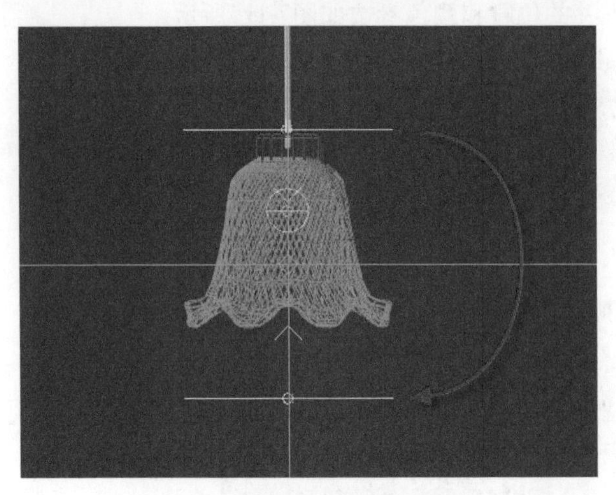

图 7-118　镜像一个光源到灯罩下方

(6) 打开光源的Exclude/Include对话框，将灯罩模型设置为Include(包括)模式，这样光源将只照亮灯罩模型，如图7-119所示。

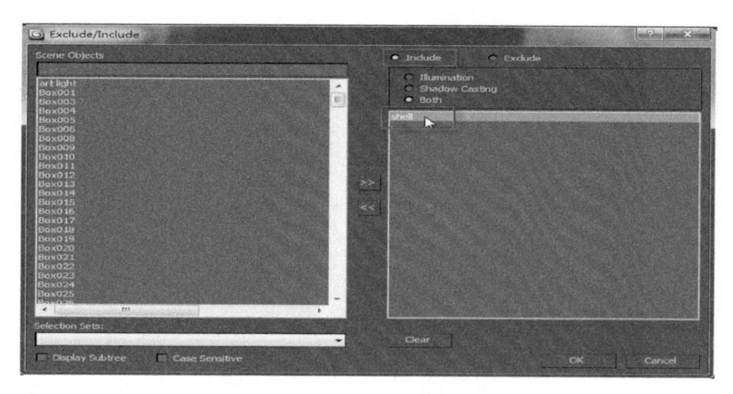

图 7-119　光源的 Include 操作

(7) 进行草图级渲染，结果如图7-120所示。注意观察灯罩的表现效果，比7.12.2小节中的效果要好了不少。

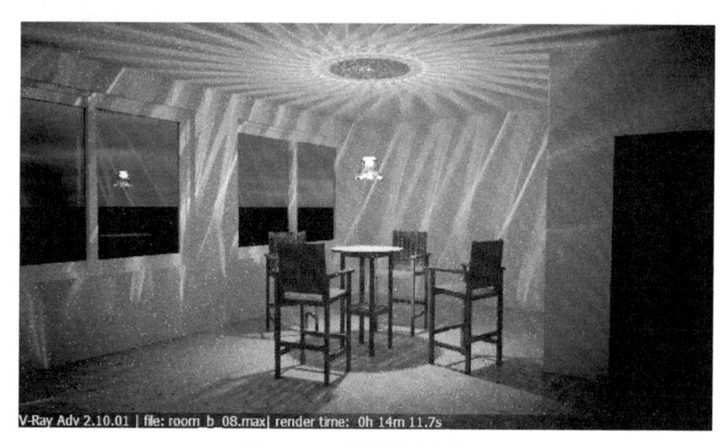

图 7-120　草图级渲染结果

读者还可以尝试编辑图7-115中的Gradient Ramp贴图，灯罩将会得到不同的渲染效果，这里限于篇幅不做过多展开。渲染的时候可以采用局部渲染，只框选灯罩部分的画面，这样可以大幅提高渲染效率，如图7-121所示。

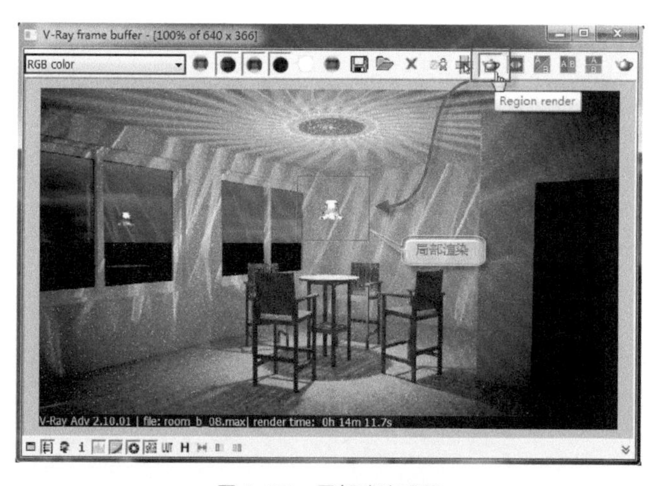

图 7-121　局部渲染设置

最后，对场景进行一次产品级渲染，结果如图7-122所示。

图7-122　产品级渲染结果

本章小结

室内人工光源是室内渲染的重中之重，是做好室内渲染的关键技术环节，本章分门别类地讲解了常用室内光源的设置技法。实际工作中遇到的情况千变万化，但是万变不离其宗，只要掌握好每种光源的设置技巧，遇到再复杂的情况也能应付自如。

第8章 光影效果的重要设置——全局照明

内容提要：

- 日光场景的GI设置
- 夜晚场景的GI设置

渲染器的渲染结果是否真实，很大程度上取决于引擎能否计算光线的反射照明，因为反射照明是真实照明中极为重要的组成部分。历史上曾经出现过多种可以计算反射的引擎，例如光能传递、光线追踪等，但最终优胜劣汰，最成功的是GI。GI又称全局照明，是Global illumination的缩写形式，是VRay渲染引擎中计算反射光照明的功能模块。本章就对这个重要的模块做一个全面的探究。

8.1 日光场景的 GI 设置

8.1.1 加载场景

打开素材包中的room_GI_start.max模型文件，这是一个房间场景模型，已经设置好日光照明系统，如图8-1所示。

图 8-1 打开场景模型

8.1.2 设置覆盖材质

按F10键，打开Render Setup窗口。切换至V-Ray选项卡，在V-Ray::Global switches(全局开关)卷展栏中选中Overridemtl(覆盖材质)复选框。单击其右侧的None按钮，在打开的材质/贴图浏览器中选择VRayMtl材质，如图8-2所示。

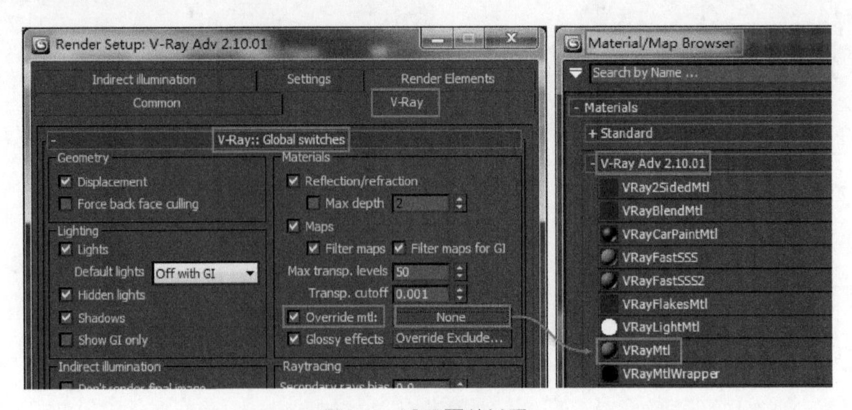

图 8-2 设置覆盖材质

这样在None按钮上会出现材质的名称，如图8-3所示。这个操作的结果是场景中所有的材质都会被刚才设置的这个VRay材质所覆盖。

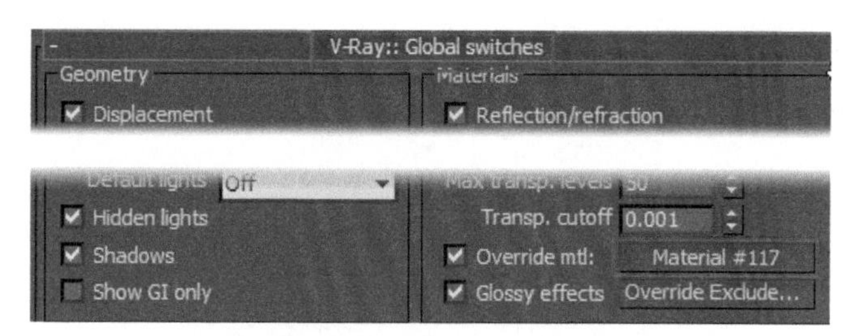

图 8-3　按钮上出现的材质名称

切换至Indirect illumination选项卡，在V-Ray::Indirect illumination(GI)卷展栏中，取消选中On复选框，关闭GI功能，如图8-4所示。

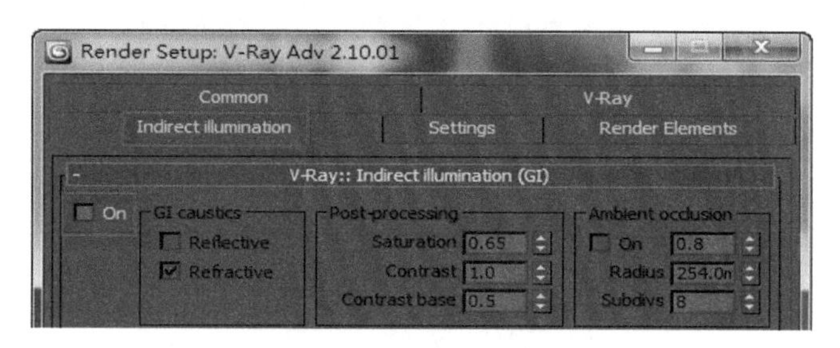

图 8-4　关闭 GI 功能

渲染结果如图8-5所示。可以看到关闭GI后，渲染效果类似于3ds Max默认渲染引擎的结果，只能渲染直射光照亮的部分，光线照射不到的地方完全是一片漆黑。这是一种严重失真的渲染效果。显然，关闭GI会使VRay的特点损失殆尽，这是完全不可取的。

图 8-5　关闭 GI 之后的渲染结果

8.1.3　关闭二次反弹

本小节继续研究GI，GI的渲染结果与GI引擎的选择和参数设置有很大的关系。在V-Ray::Indirect illumination(GI)卷展栏中，选中On复选框，打开GI功能。将Primary bounces(首次反弹)的GI引擎设置为Irradiance map，将Secondary bounces(二次反弹)的GI引擎设置为None。

由于首次反弹设为Irradiance map，下方会出现一个V-Ray::Irradiance map卷展栏，在该卷

展栏中可以对这个引擎做进一步设置。在V-Ray::Irradiance map卷展栏中，将Current preset(当前预设)设置为Very low(非常低)。在Basic parameters选项组中，将Interp. samples设置为1，如图8-6所示。

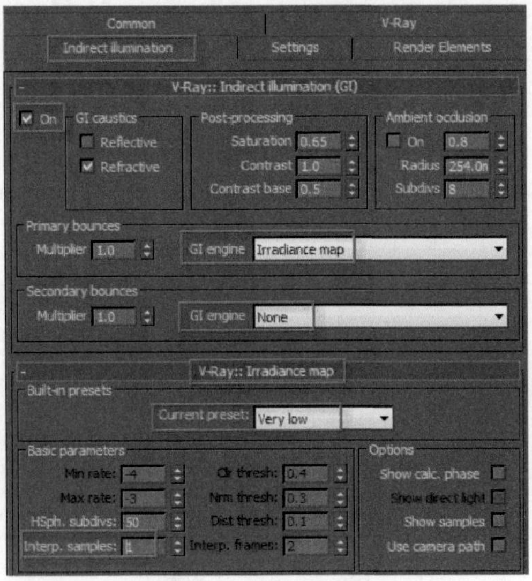

图 8-6　GI 的初步设置

渲染结果如图8-7所示。GI反射效果已经出来了，但是由于关闭了二次反弹，所以画质很粗糙，出现了大量的斑块。

图 8-7　关闭二次反弹之后的渲染结果

8.1.4　渲染全局照明元素

下面来加载全局照明渲染元素。切换至Render Elements选项卡，在Render Elements卷展栏中单击Add按钮，打开Render Elements对话框，选择其中的VRayGlobalIllumination渲染元素，单击OK按钮，该渲染元素将出现在渲染元素列表中，如图8-8所示。

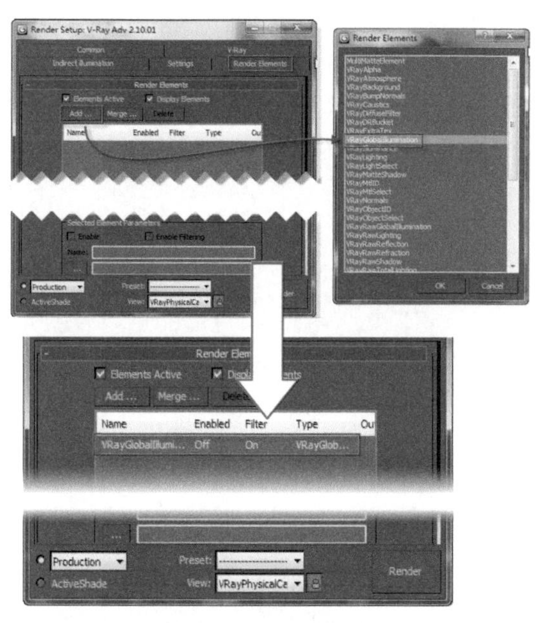

图 8-8　加载全局照明渲染元素

在V-Ray::Irradiance map卷展栏的Basic parameters选项组中，将HSph. subdivs设置为200，如图8-9所示。

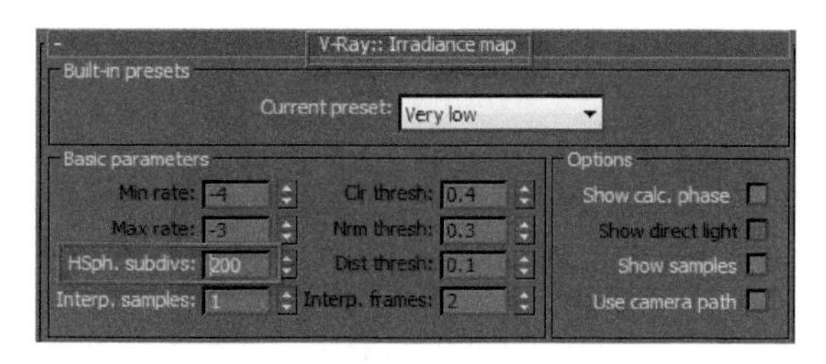

图 8-9　设置 HSph. subdivs 参数

渲染结果如图8-10所示，较之图8-7品质略有提升。

图 8-10　HSph. subdivs=200 的渲染结果

8.1.5 预设模板的设置

在V-Ray::Irradiance map卷展栏中，将Current preset设置为Medium(中等)，如图8-11所示。

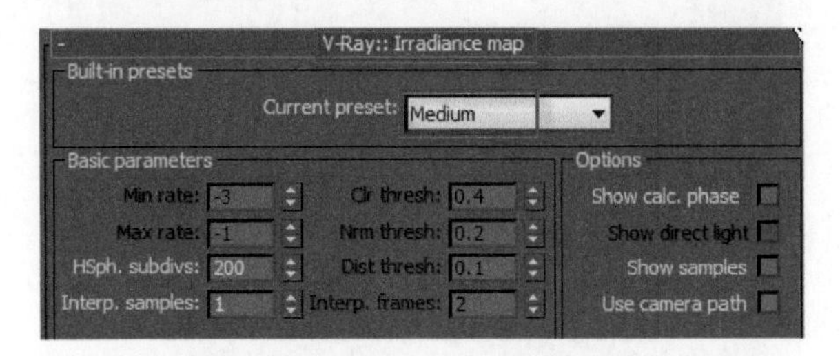

图8-11　将预设设定为“中等”

渲染结果如图8-12所示。与图8-10相比，品质提高了不少，但是耗时增加了好几倍。

图8-12　中等品质预设的渲染结果

可以在VRay帧缓存渲染窗口左上角的下拉列表中，选择VRayGlobalIllumination(VRay全局照明)渲染元素，显示全局照明效果，如图8-13所示。

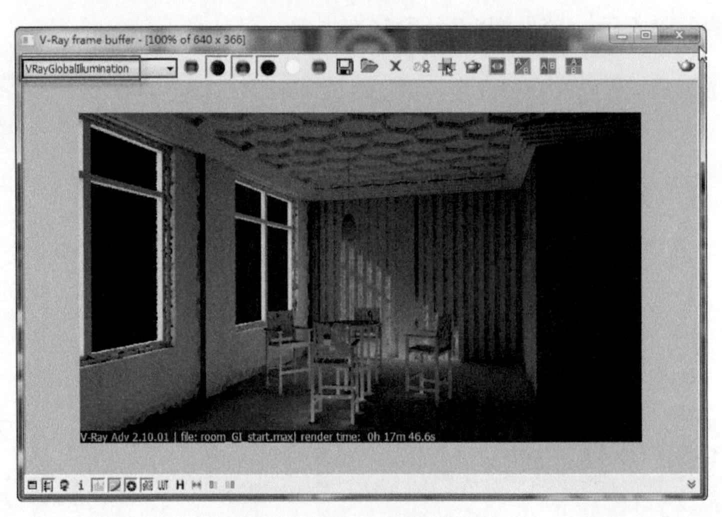

图8-13　显示全局照明效果

在V-Ray::Irradiance map卷展栏中，将Interp. samples设置为20，如图8-14所示。

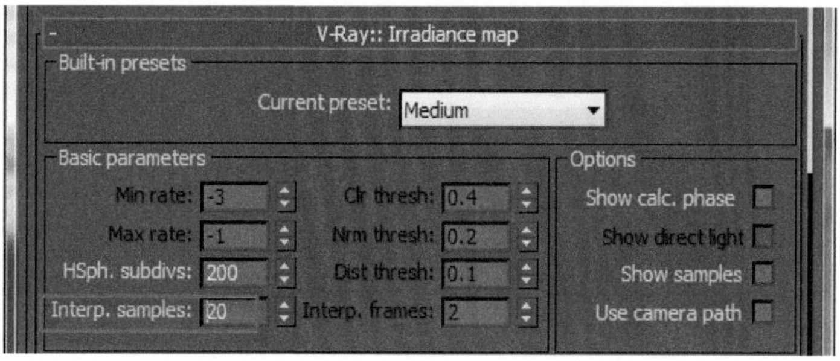

图 8-14　将 Interp. samples 设置为 20

在帧缓存渲染窗口中进行测试渲染，结果如图8-15所示，全局照明效果有所改善。

图 8-15　全局照明效果有所改善

切换回RGB color模式，如图8-16所示，效果已经相当不错。

图 8-16　RGB color 模式

在V-Ray::Irradiance map卷展栏中，将Interp. samples设置为60，如图8-17所示。

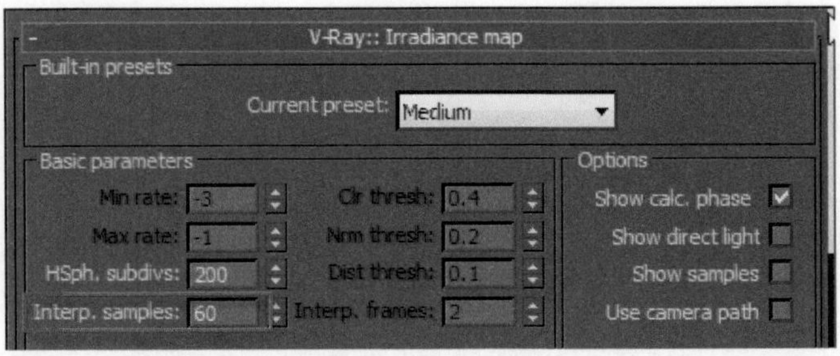

图 8-17　将 Interp. samples 设置为 60

渲染结果如图8-18所示。

图 8-18　渲染结果

8.1.6　Detail Enhancement 渲染测试

在V-Ray::Irradiance map卷展栏的Detail enhancement(细节增强)选项组中选中On复选框，如图8-19所示。

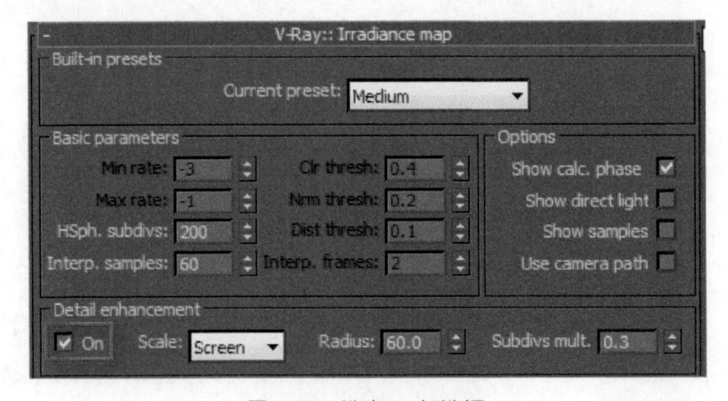

图 8-19　选中 On 复选框

在帧缓存渲染窗口右下角拉出一个局部渲染选框，结果如图8-20所示。

图 8-20　局部渲染的结果

8.1.7　设定二次反弹

将首次反弹和二次反弹的GI引擎均设置为Light cache。在V-Ray::Light cache卷展栏中，将Calculation parameters(计算参数)选项组中的Subdivs设置为1000，如图8-21所示。

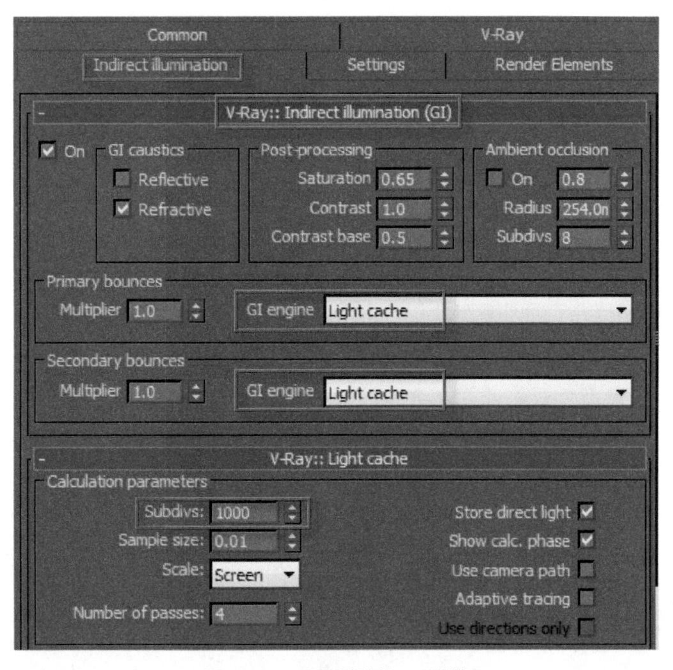

图 8-21　设置反弹的 GI 引擎

渲染结果如图8-22所示。

图 8-22 Subdivs=1000 的渲染结果

在V-Ray::Light cache卷展栏的Reconstruction parameters(重建参数)选项组中，选中Pre-filter、Use light cache for glossy rays和Retrace threshold三个复选框，并将Pre-filter设置为150，如图8-23所示。

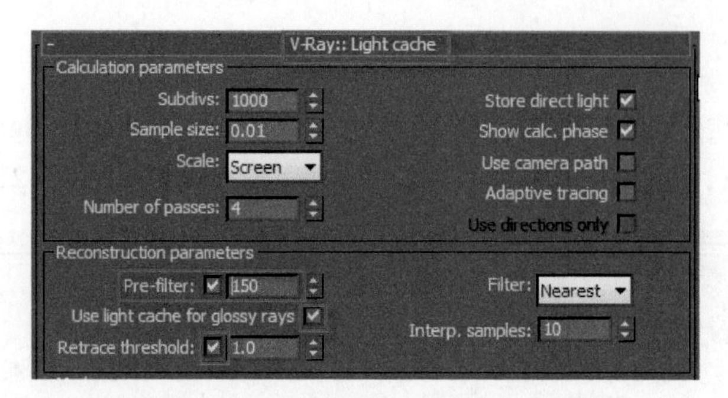

图 8-23 设置 Reconstruction parameters

渲染结果如图8-24所示。

图 8-24 选中 Pre-filter 之后的渲染结果

将首次反弹的GI引擎设置为Irradiance map，在V-Ray::Irradiance map卷展栏中将Current preset设置为Custom，如图8-25所示。

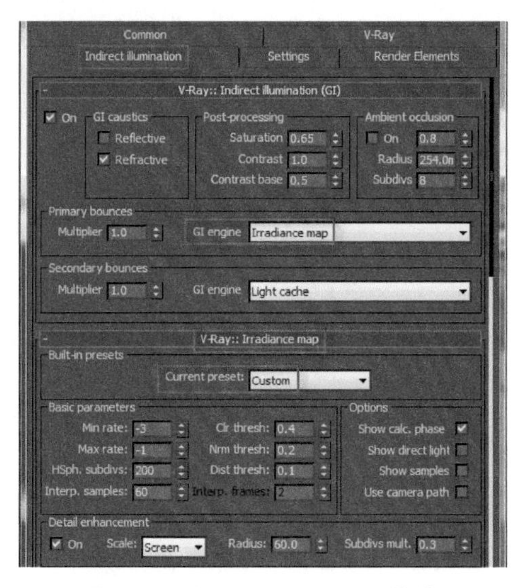

图 8-25　使用 Irradiance map 引擎

渲染结果如图8-26所示，渲染耗时将近1小时。

图 8-26　测试渲染结果

在V-Ray::Global switches卷展栏中，取消选中Override mtl复选框，在渲染中显示材质，如图8-27所示。

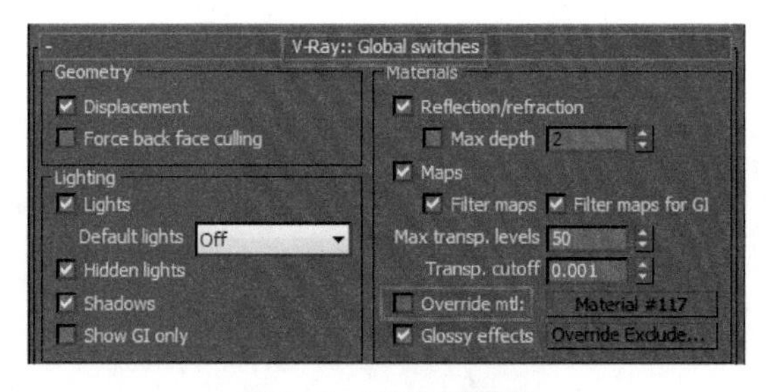

图 8-27　关闭材质覆盖

带有材质的渲染结果如图8-28所示。效果相当不错，但耗时惊人。

图 8-28 显示材质之后的渲染结果

8.2 夜晚场景的 GI 设置

8.2.1 打开夜晚 GI 场景

打开素材包中的room_GI_start.max模型文件。这是一个夜晚场景，和日光场景相比，删除了日光系统，三个吊灯里都设置了VRay光源，如图8-29所示。

图 8-29 GI 夜晚场景

渲染结果如图8-30所示。

图 8-30　渲染结果

8.2.2　打开 GI 功能

打开Render Setup窗口，切换至Indirect illumination选项卡，在V-Rray::Indirect illumination (GI)卷展栏中，选中On复选框，打开 GI功能，如图8-31所示。

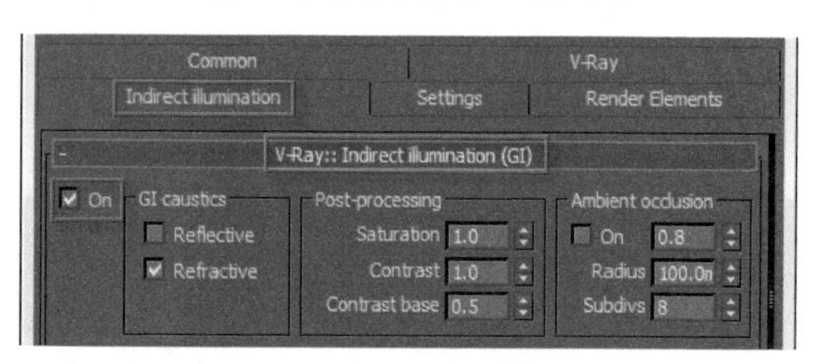

图 8-31　打开 GI 功能

渲染结果如图8-32所示。

图 8-32　打开 GI 之后的渲染结果

在V-Ray::Indirect illumination(GI)卷展栏中，将首次反弹的GI引擎设置为Irradiance map，将二次反弹的GI引擎设置为None。

在V-Ray::Irradiance map卷展栏中，将Current preset设置为Medium，将HSph. subdivs设置为200，将Interp. samples设置为50左右，如图8-33所示。

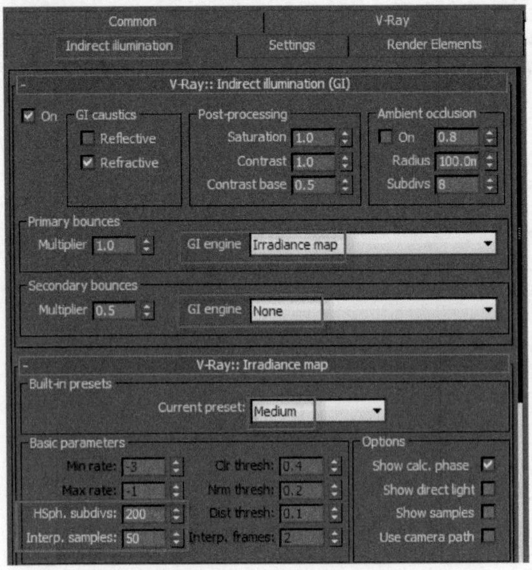

图 8-33　GI 的具体设置

渲染结果如图8-34所示。

图 8-34　关闭二次反弹之后的渲染结果

8.2.3　覆盖材质的使用

切换至VRay选项卡，在V-Ray::Global switches卷展栏中，选中Override mtl复选框，为其加载一个标准VRay材质，不需要对此材质做任何设置，如图8-35所示。

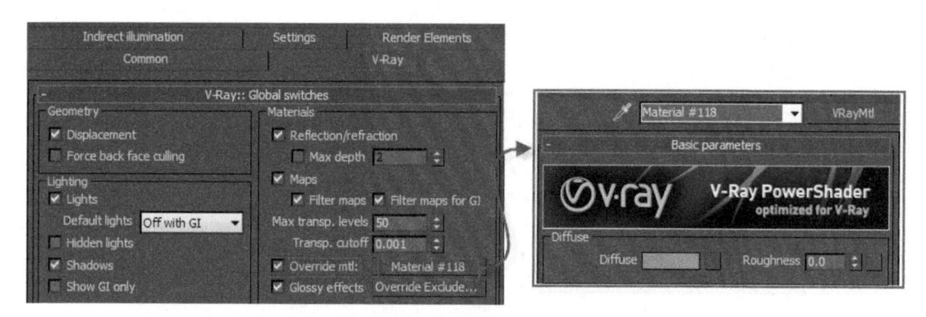

图 8-35　设置覆盖材质

使用覆盖材质的渲染结果如图8-36所示。

图 8-36　使用覆盖材质之后的渲染结果

在VRay帧缓存渲染窗口左上角的下拉列表中，选择VRayGlobalIllumination渲染元素，渲染结果如图8-37所示，质量极为粗糙。

图 8-37　VRayGlobalIllumination 渲染结果

在V-Ray::Irradiance map卷展栏中，将Current preset设置为Very low，如图8-38所示。

V-Ray:: Irradiance map
Built-in presets
Current preset: Very low
Basic parameters
Min rate: -4
Max rate: -3
HSph. subdivs: 200
Interp. samples: 50
Clr thresh: 0.4
Nrm thresh: 0.3
Dist thresh: 0.1
Interp. frames: 2
Options
Show calc. phase
Show direct light
Show samples
Use camera path

图 8-38　将 Current preset 设置为 Very low

VRayGlobalIllumination渲染结果如图8-39所示。

图 8-39　Current preset=Very low 的渲染结果

在V-Ray::Irradiance map卷展栏中，将Interp. samples设置为100左右，如图8-40所示。

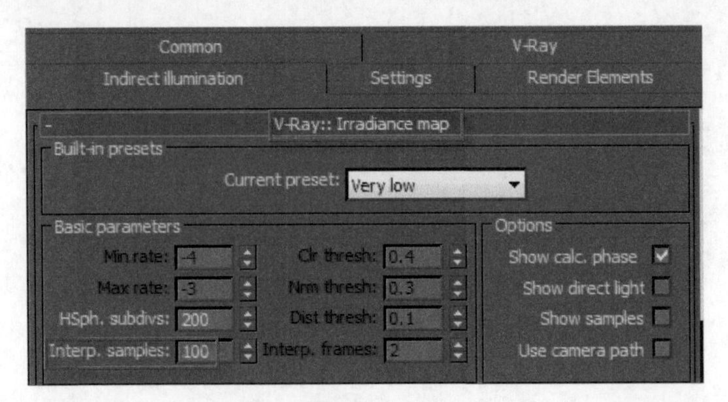

图 8-40　设置 Interp. samples

渲染结果如图8-41所示。

图 8-41　Interp. samples=low 的渲染结果

在V-Ray::Irradiance map卷展栏中，将HSph. subdivs设置为300，将Interp. samples设置为120左右，渲染结果如图8-42所示。

图 8-42　HSph. subdivs=300、Interp. samples=200 的渲染结果

8.2.4　Light cache 与 Light cache 组合

将首次反弹和二次反弹的GI引擎都设置为Light cache，在V-Ray::Light cache卷展栏中，将Subdivs 设置为2000，如图8-43所示。

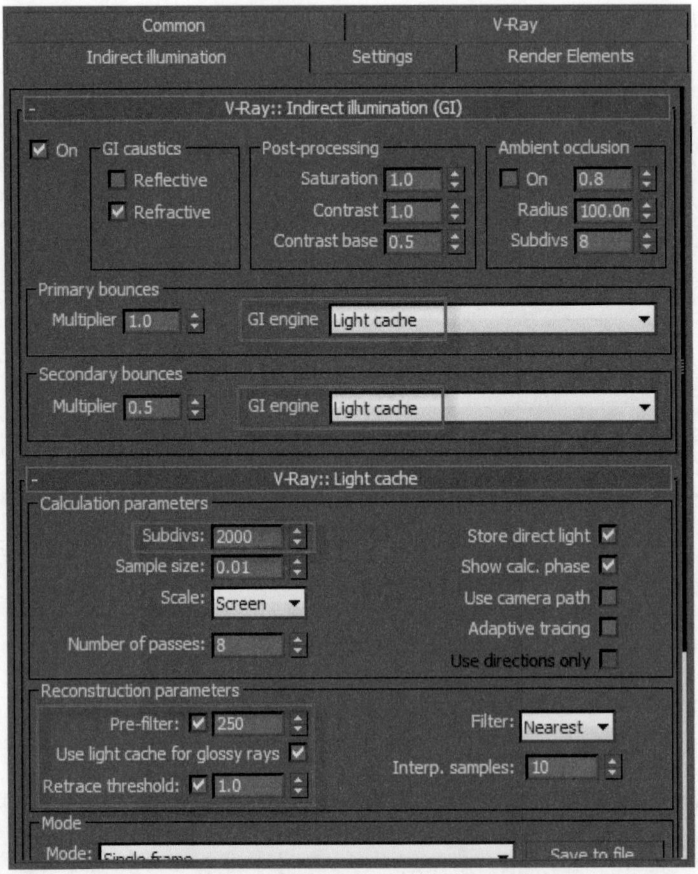

图 8-43　将反弹引擎都设置为 Light cache

渲染结果如图8-44所示。

图 8-44　两个 GI 引擎都是 Light cache 的渲染结果

将Interp. samples设置为150左右，如图8-45所示。

V-Ray:: Light cache
Calculation parameters
Subdivs: 2000
Sample size: 0.01
Scale: Screen
Number of passes: 8
Store direct light
Show calc. phase
Use camera path
Adaptive tracing
Use directions only
Reconstruction parameters
Pre-filter: 250
Use light cache for glossy rays
Retrace threshold: 1.0
Filter: Nearest
Interp. samples: 150

图 8-45　将 Interp.　samples 设置为 150

渲染结果如图8-46所示。

图 8-46　Interp. samples=150 的渲染结果

8.2.5　Irradiance map 与 Light cache 组合

在V-Ray::Indirect illumination(GI)卷展栏中，将首次反弹的GI引擎设置为Irradiance map，二次反弹的GI引擎仍为Light cache，如图8-47所示。

渲染结果如图8-48所示。

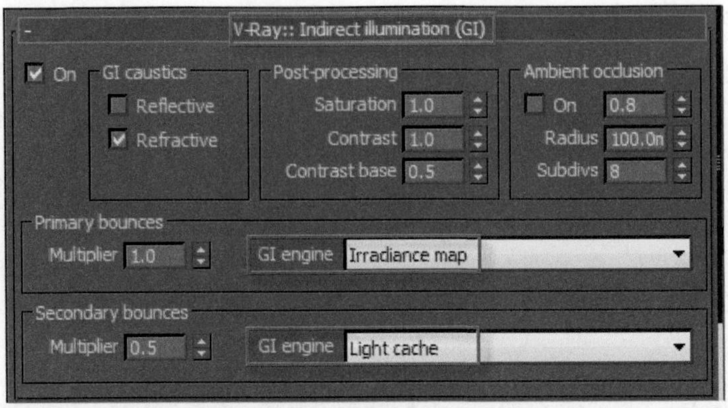

V-Ray:: Indirect illumination (GI)
On
GI caustics
Reflective
Refractive
Post-processing
Saturation 1.0
Contrast 1.0
Contrast base 0.5
Ambient occlusion
On 0.8
Radius 100.0n
Subdivs 8
Primary bounces
Multiplier 1.0
GI engine Irradiance map
Secondary bounces
Multiplier 0.5
GI engine Light cache

图 8-47　将首次反弹的 GI 引擎设置为 Irradiance map

V-Ray Adv 2.10.01 | file: room_GI_night_start01.max | render time: 0h 5m 52.2s

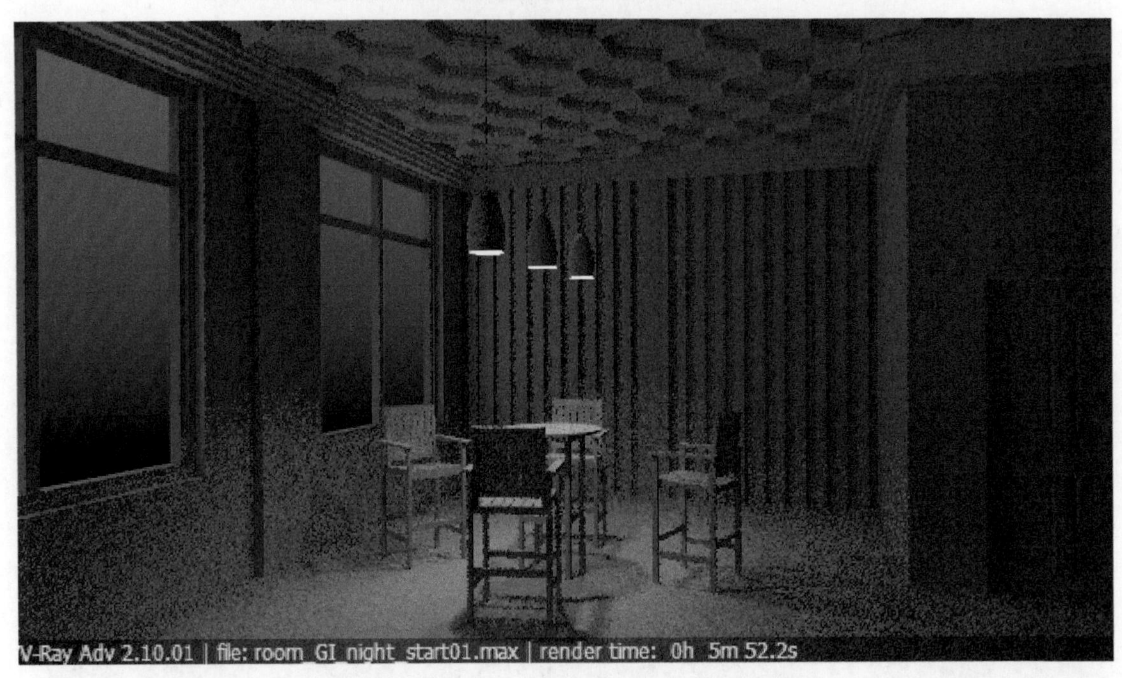

图 8-48　Irradiance map+Light cache 的渲染结果

8.2.6　Brute force 与 Light cache 组合

在V-Ray::Indirect illumination(GI)卷展栏中，将首次反弹的GI引擎设置为Brute force，二次反弹的GI引擎仍为Light cache；在V-Ray::Light cache卷展栏中，将Subdivs设置为1000左右，如图8-49所示。

在帧缓存渲染窗口中，使用局部渲染功能画出一个渲染区域，渲染结果如图8-50所示。

采用Brute force引擎渲染全图，结果如图8-51所示。但其渲染耗时太长，并不适用于动画等批量渲染。

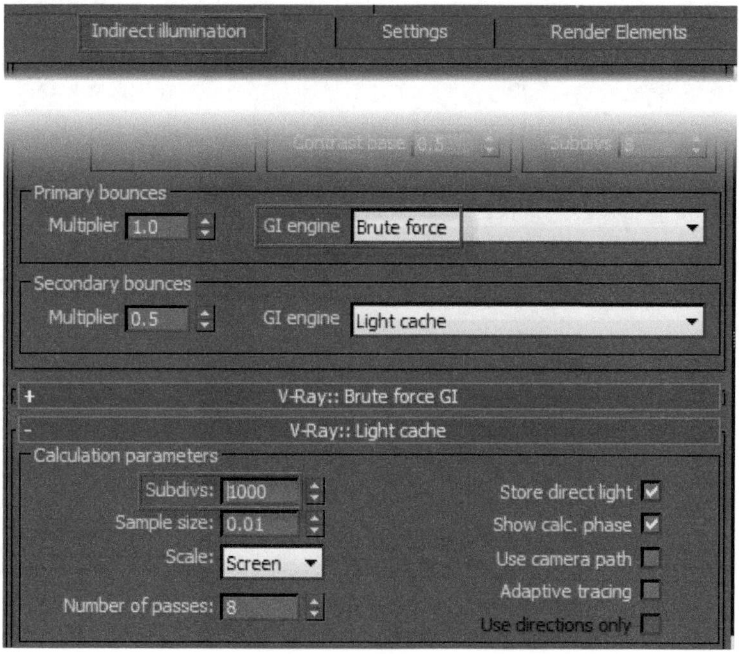

图 8-49　首次反弹设置为 Brute force

图 8-50　首次反弹设置为 Brute force 的渲染结果

最后，将首次反弹的GI引擎仍设置为Irradiance map；在V-Ray选项卡下的V-Ray::Adaptive DMC image sampler卷展栏中，将Clr thresh设置为0.01；在Settings选项卡下的V-Ray::DMC Sampler卷展栏中，将Noise threshold设置为0.01，如图8-52所示。

图 8-51　Brute force 引擎渲染全图

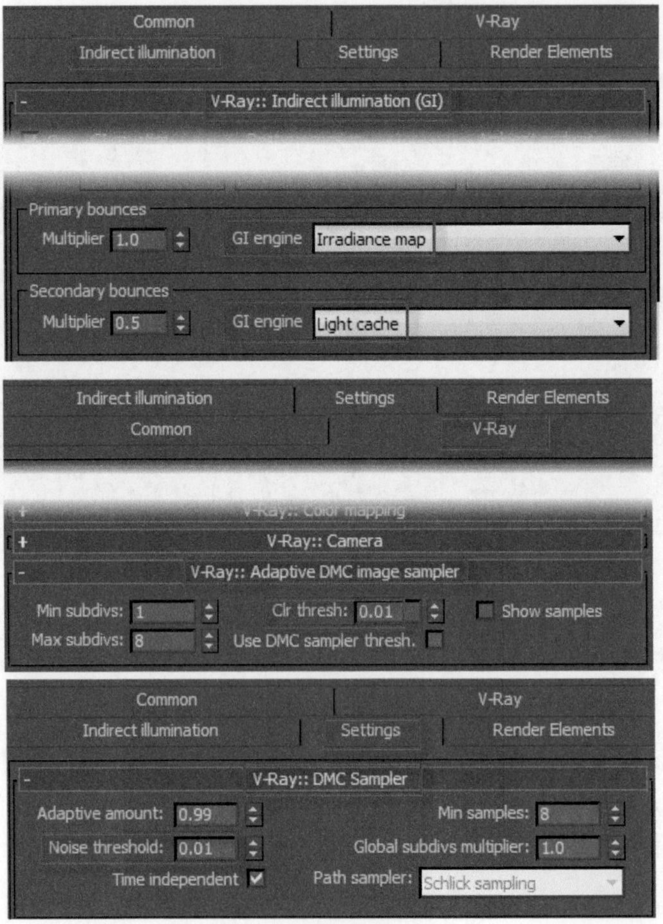

Common | V-Ray
Indirect illumination | Settings | Render Elements
V-Ray:: Indirect illumination (GI)
Primary bounces
Multiplier 1.0　GI engine Irradiance map
Secondary bounces
Multiplier 0.5　GI engine Light cache

Indirect illumination | Settings | Render Elements
Common | V-Ray
V-Ray:: Color mapping
V-Ray:: Camera
V-Ray:: Adaptive DMC image sampler
Min subdivs: 1　Clr thresh: 0.01　Show samples
Max subdivs: 8　Use DMC sampler thresh.

Common | V-Ray
Indirect illumination | Settings | Render Elements
V-Ray:: DMC Sampler
Adaptive amount: 0.99　Min samples: 8
Noise threshold: 0.01　Global subdivs multiplier: 1.0
Time independent　Path sampler: Schlick sampling

图 8-52　最后的参数设置

选中位于吊灯模型中间的模拟灯泡的VRay光源，打开其修改面板，将光源的采样细分值设置为512左右，如图8-53所示。

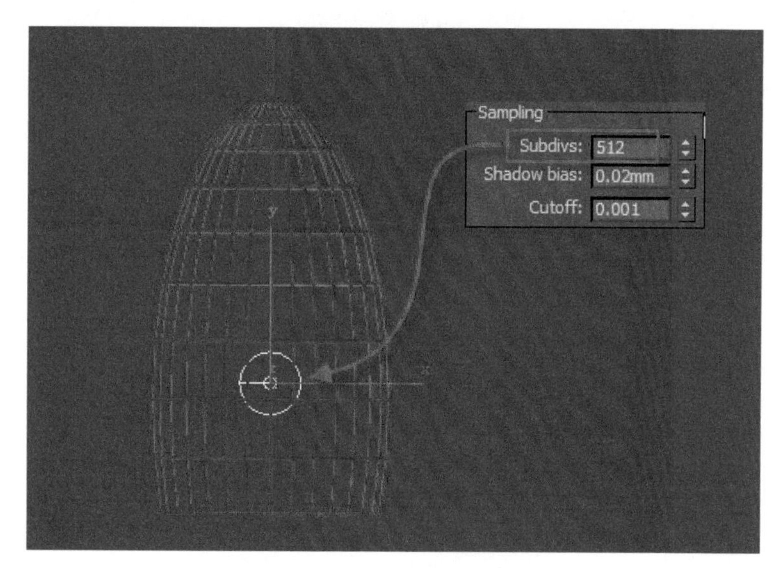

图 8-53　修改光源的采样细分值

最终的渲染结果如图8-54所示。其效果与图8-51相比相差无几，但渲染耗时只有图8-51的十几分之一，显然性价比高得多。

图 8-54　最终渲染结果

本章小结

本章详细分析了VRay最为核心的全局照明技术，测试了各种引擎的组合。综合来看，Irradiance map加Light cache的组合是最为经济的一种，不但渲染效果优秀、速度很快，参数设置也不复杂。其中Light cache算法是VRay最为强大之处，也是VRay能在激烈的渲染器之争中最终胜出的法宝，值得认真研究，并在实践中多加运用。

第9章 增加渲染真实性的一些诀窍

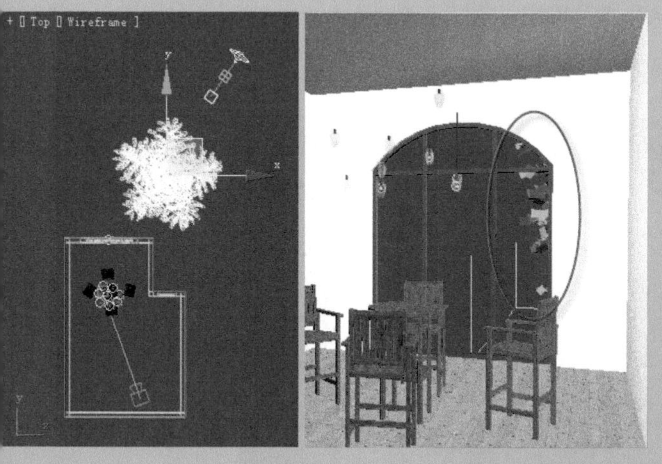

内容提要：

- ◎ 加载场景
- ◎ 制作树影
- ◎ 创建窗帘材质
- ◎ 制作背景板
- ◎ 制作镜头特效

本章将讲解一个房间的渲染案例，为读者提供一些室内渲染的窍门和技巧。其中涉及提升室内渲染的几个方面，例如树影效果的设置、半透明窗帘的设置、室外背景板的设置，以及灯光镜头特效的设置等。

9.1 加载场景

9.1.1 加载场景

打开素材包中的tip_start.max模型文件，这是一个房间场景模型，如图9-1所示。这个场景的照明由两部分组成，包括自然光和室内人工光源。自然光采用第5章中创建的日光系统，人工光源为8个吊灯灯泡。

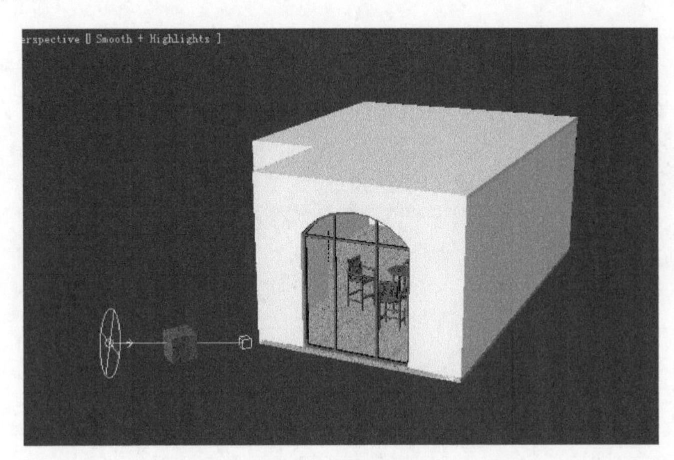

图 9-1 房间场景

任选一个视图，按C键，切换为摄像机视图，如图9-2所示。

图 9-2 摄像机视图

9.1.2 初步测试渲染

在渲染面板中，使用一个VRay材质作为场景的覆盖材质，替代场景中的所有材质。按F9键对场景进行测试渲染，结果如图9-3所示。阳光穿过窗子，将光线投射到墙面上，形成一个投影。

图 9-3　初步渲染结果

9.2　制作树影

现在墙面上只有窗框的投影，显得比较单调，可以加上一个树影，使场景更加生动。这里的树影采用真实模型投影产生。首先需要创建一棵大树的三维模型。

9.2.1　创建大树模型

大树的模型可以从模型库调用，也可以使用3ds Max自带的建筑扩展模型中的植物模型。

打开创建面板下的几何体面板，在下拉列表中选择AEC Extended(AEC扩展)。在Object Type(对象类型)卷展栏中单击Foliage(植物)按钮，在Favorite Plants(收藏的植物)卷展栏中选择American Elm树种，在顶视图中创建一棵大树的模型，如图9-4所示。

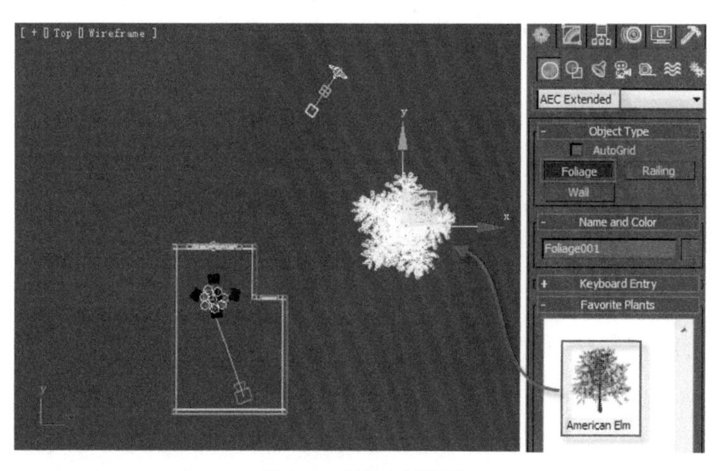

图 9-4　创建大树模型

9.2.2　大树参数的设置

选中大树模型，在修改面板的Parameters(参数)卷展栏中将Height(高度)设置为5000mm左右，如图9-5所示。

图 9-5　修改树的高度

在顶视图中移动大树模型，将其放置到窗子和摄像机之间，在摄像机视图的窗子里稍稍露出一部分即可，如图9-6所示。

图 9-6　设置大树的位置

渲染结果如图9-7所示。墙面上出现了树影，画面有了生机。

图 9-7　墙面出现树影

9.3　创建窗帘材质

9.3.1　显示窗帘模型

打开层管理器，单击curtain层右侧Hide列中的按钮，显示该层中的对象，如图9-8所示。

图 9-8　显示 curtain 层

摄像机视图中显示窗帘模型，如图9-9所示。

图 9-9　显示窗帘模型

9.3.2　创建窗帘材质

打开材质编辑器，选择一个空白样本球，将其命名为curtain，单击VRayMtl按钮，为其加载VRay2SidedMtl(VRay双面材质)材质，如图9-10所示。

在VRay2SidedMtl面板中，单击Front右侧的长按钮，为其加载VRayMtl材质，如图9-11所示。

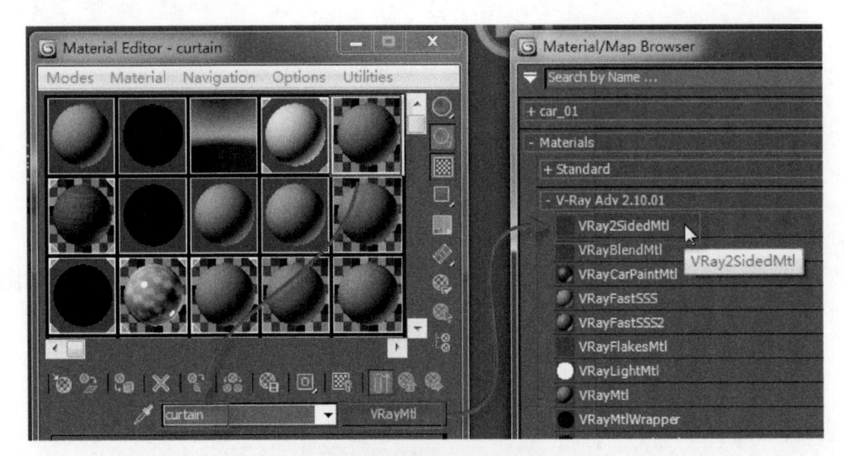

图 9-10　创建一种双面材质

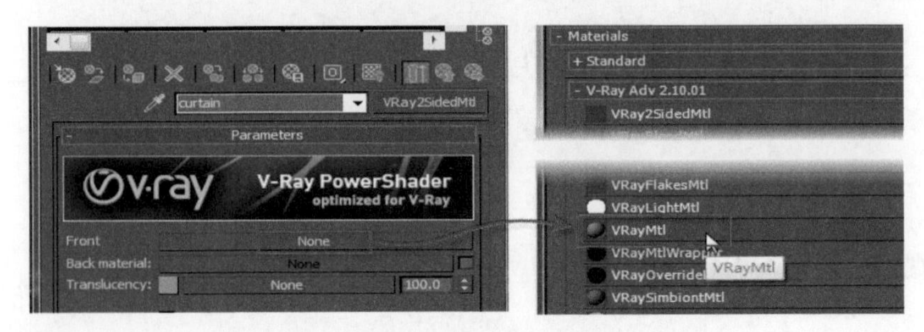

图 9-11　为 Front 加载 VRayMtl 材质

在VRayMtl面板中，为Diffuse通道加载一个Falloff贴图，将Front设置为一种浅灰到纯白的渐变色，纯白色的强度设置为20左右；在Mix Curve卷展栏中，将曲线调整为一种加速上扬的形式，具体设置如图9-12所示。

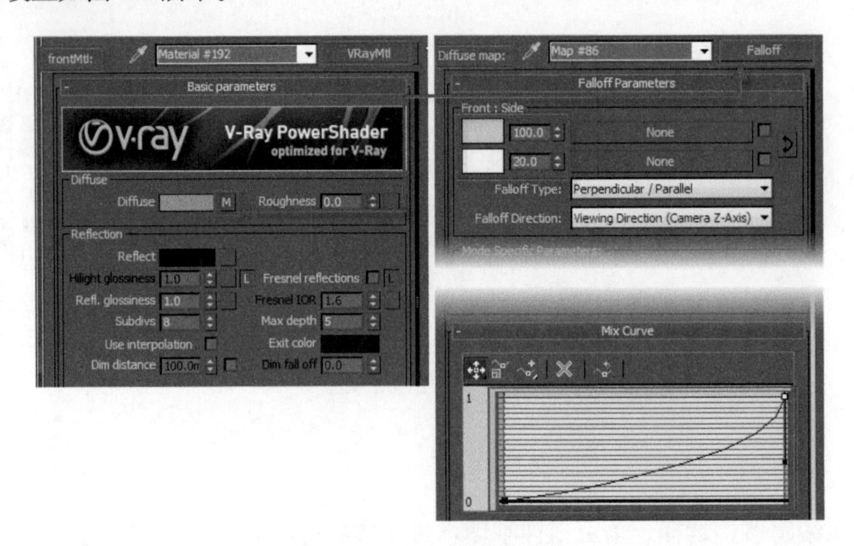

图 9-12　Diffuse 通道的设置

单击Refract右侧的按钮，为该通道加载一个Falloff贴图，单击按钮交换两种渐变色，设置为前白后黑；在Mix Curve卷展栏中，将曲线调节成一种减速形式，具体设置如图9-13所示。

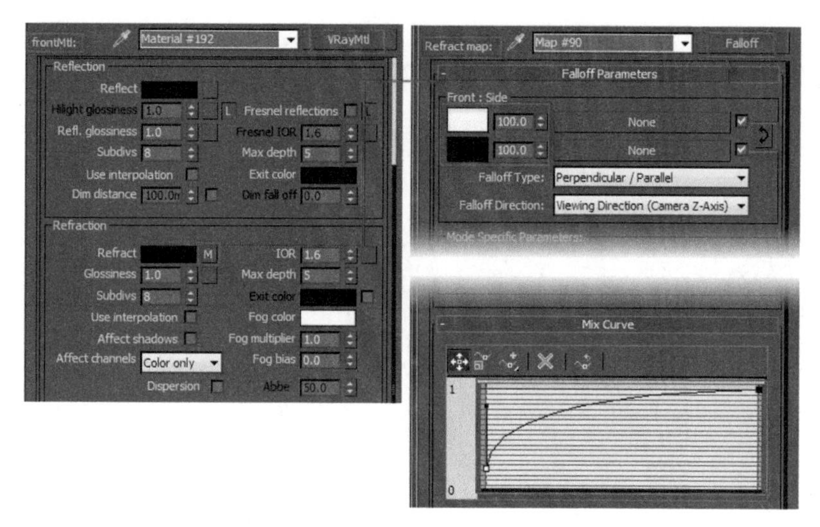

图 9-13　Refraction 通道的设置

在Refraction选项组中，将Subdivs设置为128、IOR设置为1.01、Max depth设置为1，选中Affect shadows复选框，将Affcet channels设置为Color+alpha方式，如图9-14所示。

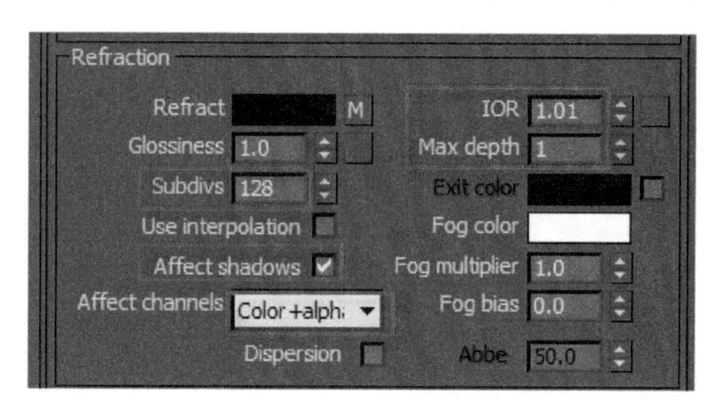

图 9-14　Refraction 选项组的设置

在进行渲染测试之前，首先在窗框的中间位置选中VRayLight010光源，这是用来模拟天空光效果的一个面片。现在需要把这个光源对于窗帘的照明排除，以免窗帘遮挡住这个光源对室内的照明。单击VRayLight010光源修改面板中的Exclude按钮，如图9-15所示。

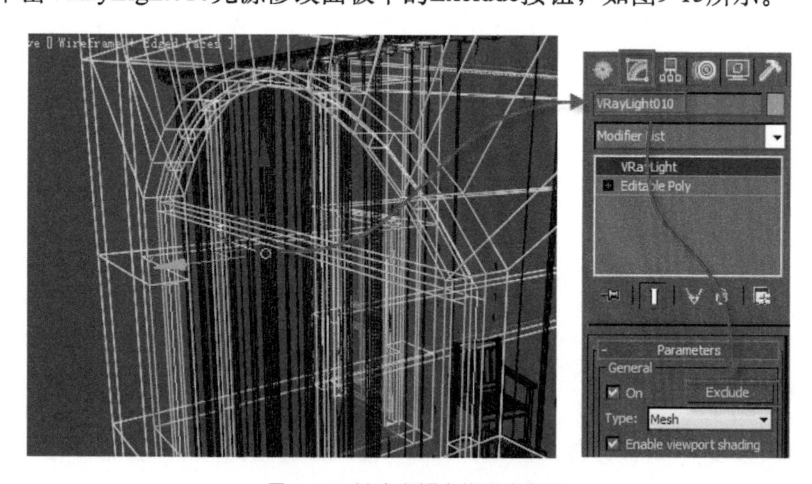

图 9-15　选中窗框中的面片光源

在打开的Exclude/Include对话框中，在左侧的物体列表中找到curtain，将其加载到右侧的列表中，并将其设置为Exclude方式，以排除光源对窗帘的照明，如图9-16所示。

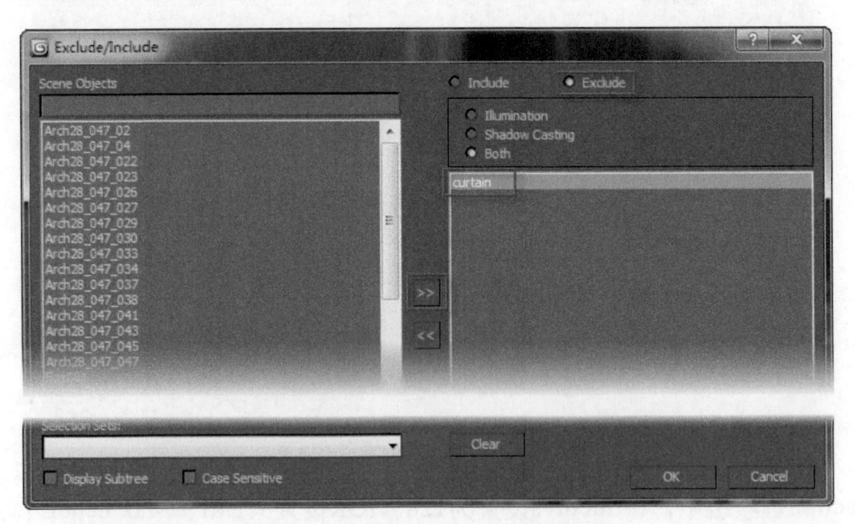

图 9-16 Exclude/Include 对话框的设置

渲染结果如图9-17所示。

图 9-17 窗帘的渲染结果

9.4 制作背景板

本小节将介绍一种在窗外放置背景板模拟窗外环境的技法，可以产生逼真的室外环境效果。

9.4.1 创建背景板

为了提高渲染速度并便于观察，首先将窗帘模型隐藏。打开层管理器，在curtain层的右侧单击Hide列的 按钮，关闭该层的显示，如图9-18所示。

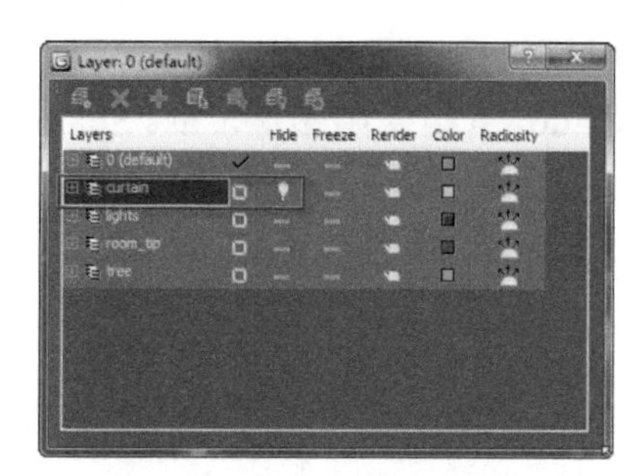

图 9-18　关闭 curtain 层的显示

激活前视图，单击标准基本体中的Plane按钮，创建一个比房间范围略大的平面模型，作为背景板模型，如图9-19所示。

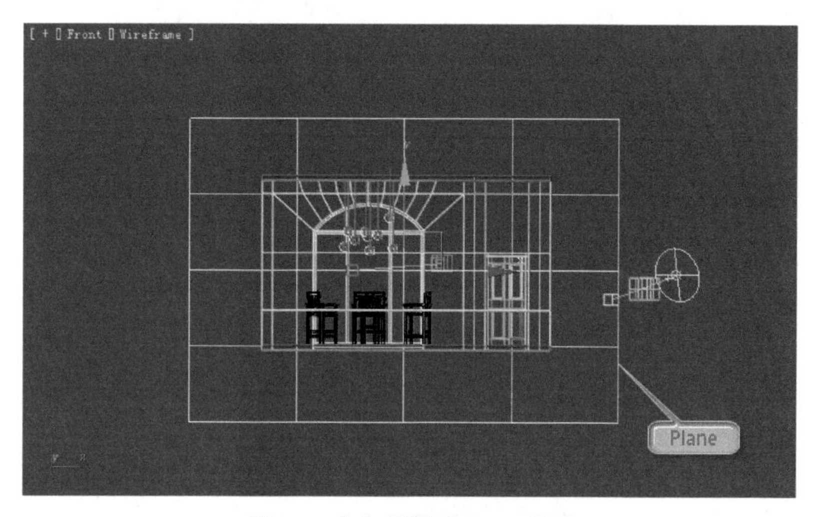

图 9-19　作为背景板的 Plane 模型

在顶视图中移动和旋转背景板，使背景板与摄像机视线基本保持垂直，并将其放置到窗子之外，如图9-20所示。

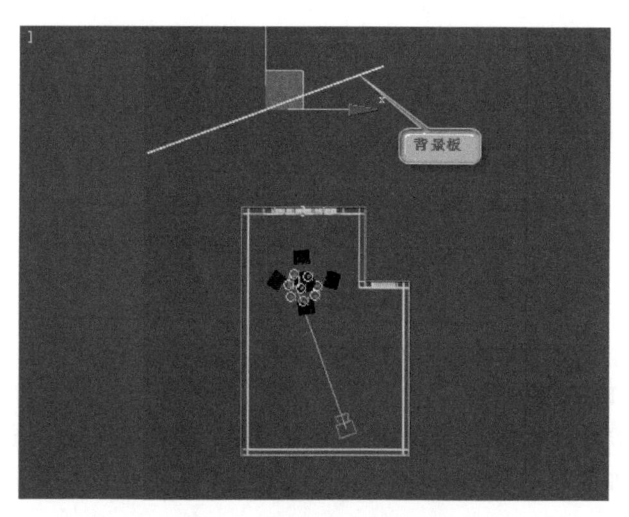

图 9-20　背景板的位置和角度

选中背景板，打开其属性对话框。把背景板命名为backplt，在Rendering Control(渲染控制)选项组中，取消选中Receive Shadows(接受阴影)和Cast Shadows(投射阴影)两个复选框，如图9-21所示。

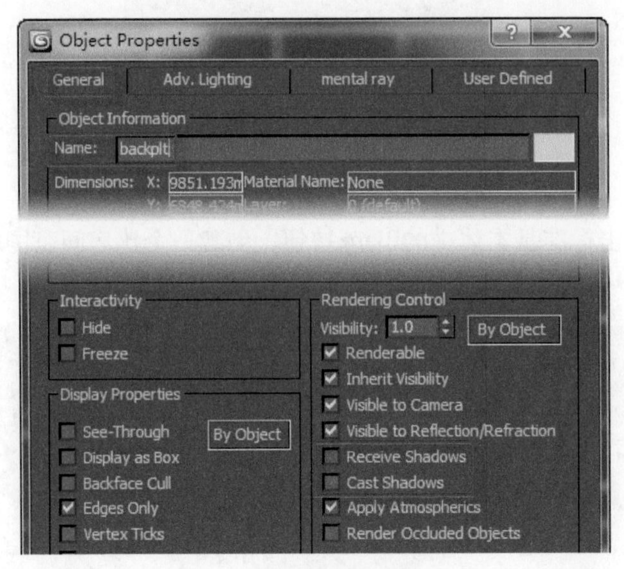

图 9-21　属性对话框的设置

按F10键，打开Render Setup窗口，在V-Ray选项卡下的V-Ray::Global switches卷展栏中，单击Override Exclude按钮，打开Exclude/Include对话框，将背景板backplt加载到右侧Exclude列表中，如图9-22所示。

图 9-22　排除背景板的材质覆盖

9.4.2　设置背景板的材质

打开材质编辑器，选择一个空白样本球，将其命名为background，再为这个样本球加载VRayLightMtl材质，如图9-23所示。

单击Color右侧的None长按钮，为该通道加载一张位图作为贴图，位图可以使用素材包中的backplate.tif文件，如图9-24所示。

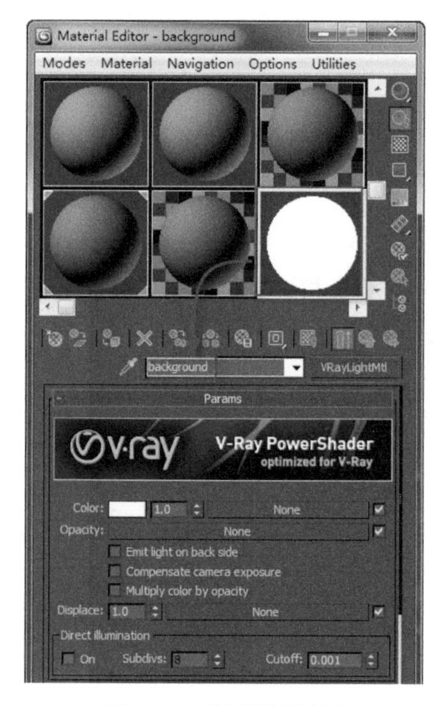

图 9-23　创建背景板材质

图 9-24　加载背景贴图

单击图9-24中Color右侧的贴图按钮，进入Bitmap面板，单击显示贴图按钮，即可在摄像机视图中看到背景贴图，如图9-25所示。

图 9-25　在摄像机视图中显示背景贴图

对背景板做适当的移动和缩放，以便在摄像机视图的窗口中获得最佳的取景效果，如图9-26所示。

图 9-26　摄像机视图中的取景

9.4.3　渲染参数的设置

进行渲染测试，结果如图9-27所示。

图 9-27　背景图渲染结果

如果觉得室外背景的亮度不够高，可以在VRayLightMtl材质面板中，将Color的系数增大，例如设置为3.0左右，如图9-28所示。

图 9-28　增加 Color 的系数

为了提高渲染速度，可以在帧缓存渲染窗口中采用局部渲染，只框选窗子部分并渲染，结果如图9-29所示。

图 9-29　提高 Color 系数之后的渲染结果

选择背景板模型，打开其VRay object properties对话框，在Matte properties选项组中，将Alpha contribution设置为0(默认值为1)，如图9-30所示。

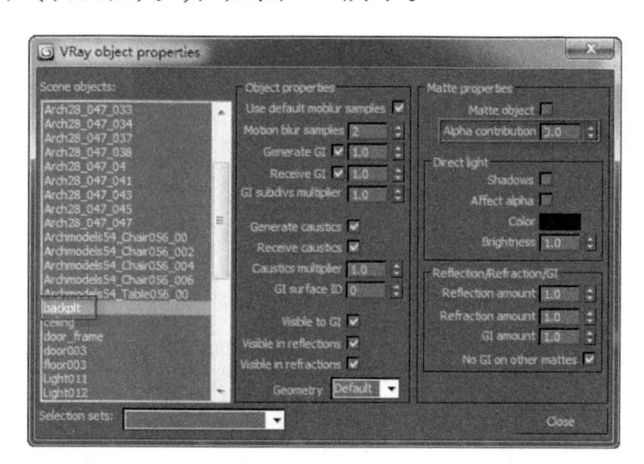

图 9-30　设置 Alpha contribution 参数

渲染结果如图9-31所示。

图 9-31　改变设置之后的渲染结果

在Render Setup窗口中，关闭材质覆盖选项，正常显示场景中的所有材质。在层管理器中打开大树模型的显示，再次进行渲染测试，结果如图9-32所示。

图9-32 显示材质之后的渲染结果

9.5 制作镜头特效

本小节将介绍镜头特效的制作，实现灯光的光芒效果。场景中有几个白炽灯泡，目前的效果只是简单的自发光，显得不够真实和生动。现实生活中的灯光在摄像机拍摄的画面中会产生各种特殊效果，例如光晕、光芒、射线、光环、光斑等。在三维软件中也可以模拟这些镜头特效，使渲染效果更加真实可信。图9-33所示为各种三维镜头特效。

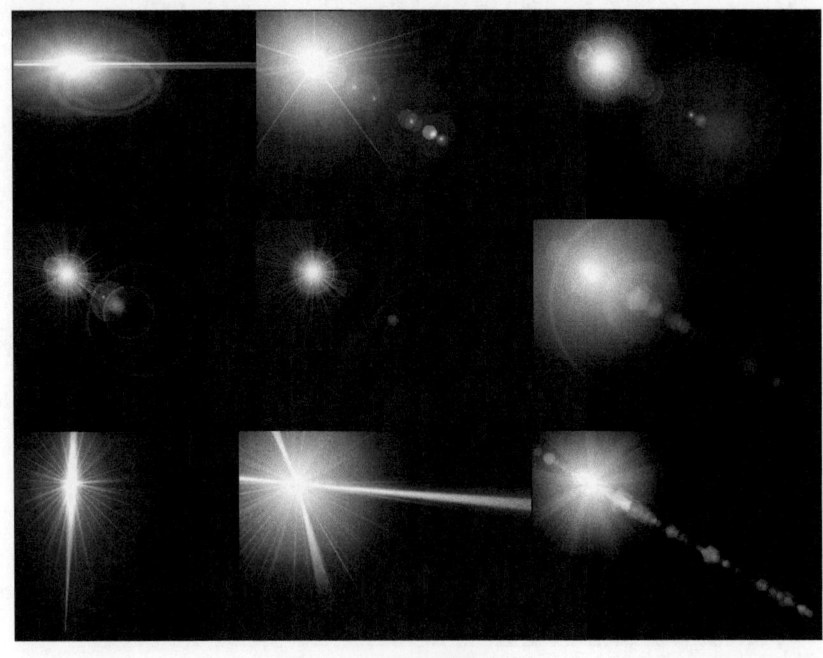

图9-33 各种三维镜头特效

9.5.1　加载 VRay 镜头特效

要在三维软件中实现镜头特效，可以使用Effects模块中提供的各种特效组件。对于VRay，还有一个专门的VRay Lens Effects(VRay镜头特效)特效组件。

在菜单栏中执行Rendering(渲染)→Effects(特效)命令，打开Environment and Effects窗口，切换主Effects选项卡，在Effects卷展栏中单击Add(添加)按钮，弹出Add Effect(添加特效)对话框，选择其中的VRay Lens Effects特效组件，如图9-34所示。

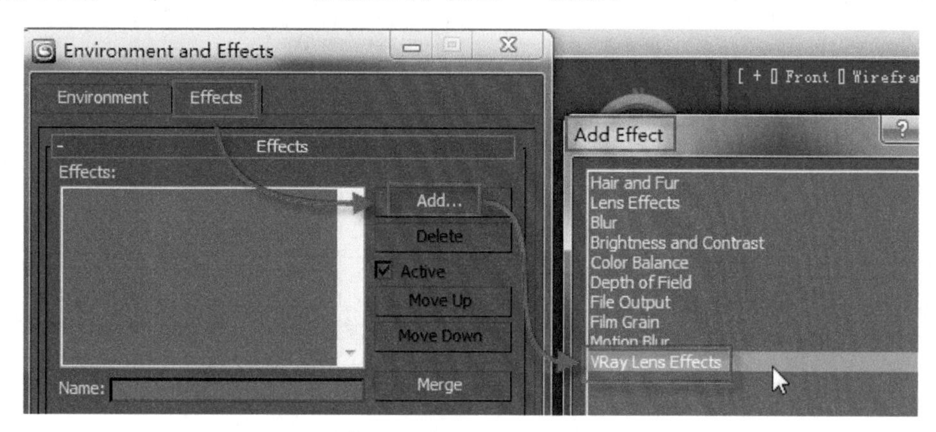

图 9-34　加载 VRay 镜头特效

VRay Lens Effects会被加载到Effects列表中，如图9-35所示。

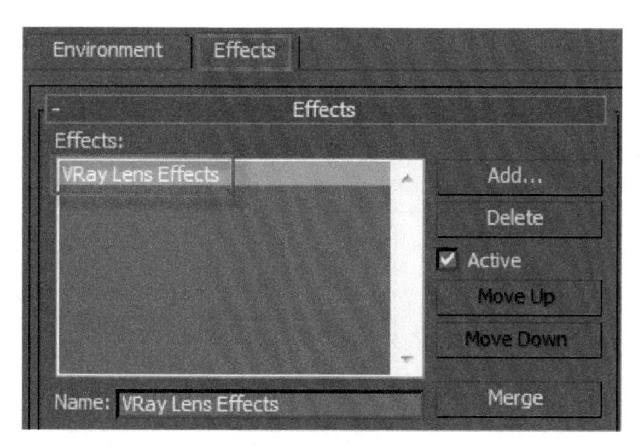

图 9-35　特效列表

下方会出现一个VRay Lens Effects Parameters卷展栏，设置如下：选中Bloom(光晕)和Glare(炫光)选项组中的On复选框，打开这两个特效；在Glare的下拉列表中选择From camera parameters(来自摄像机参数)，选中Turn on diffraction(开启衍射)复选框；其余参数均采用默认值，如图9-36所示。

在Preview选项组中，选中Interactive(交互)复选框，即可立即进行渲染，如图9-37所示。

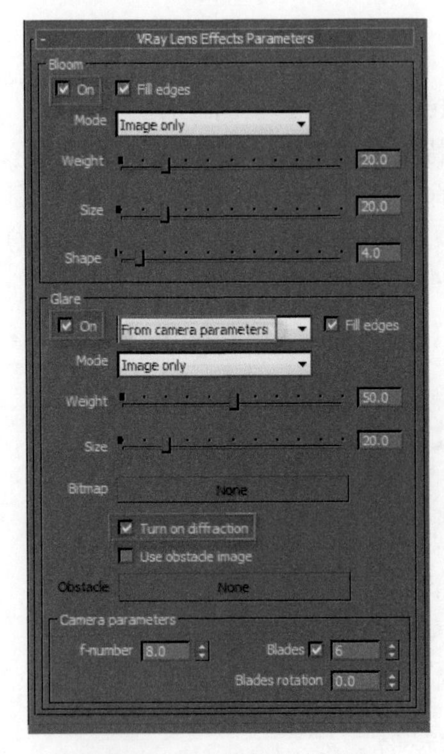

图 9-36　VRay 镜头特效的设置

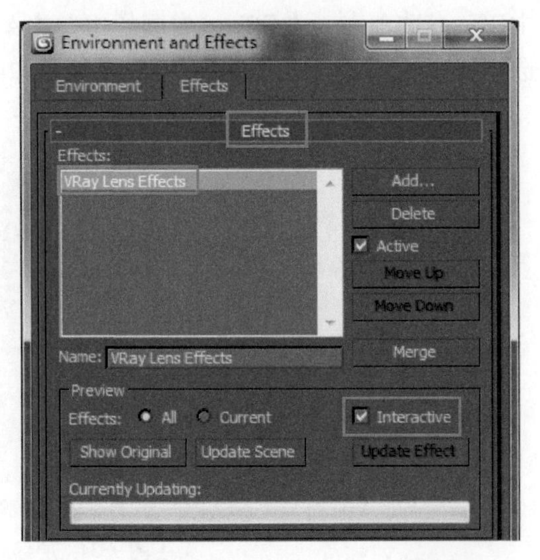

图 9-37　选中 Interactive 复选框

在VRay帧缓存渲染窗口中完成渲染后，将打开默认渲染窗口并加载镜头特效，如图9-38所示。

图 9-38　渲染镜头特效

9.5.2　镜头特效的设置

镜头特效渲染完成后，只需要在VRay Lens Effects Parameters卷展栏中调整特效参数，渲染画面会做交互式地即时刷新，而无须重新渲染。前提是确保Interactive复选框处于选中状态。

VRay Lens Effects Parameters卷展栏中主要包括Bloom、Glare和Camera parameters(摄像机参数)三个参数栏。Bloom用于产生光晕特效，Glare用于产生炫光特效。两种镜头特效单独打开的效果如图9-39所示。

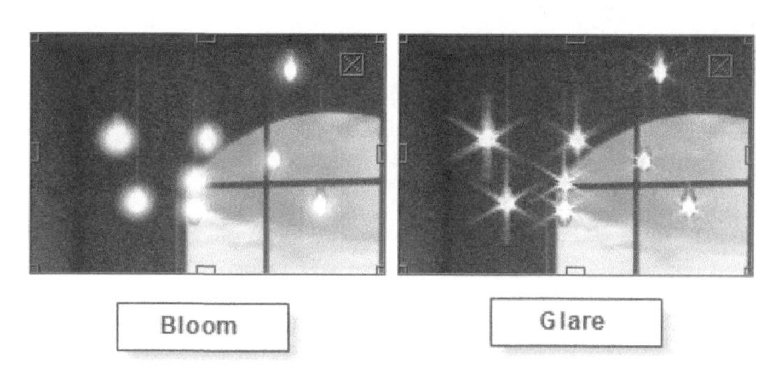

图 9-39　两种镜头特效

两种特效中的Weight参数为权重值，代表特效的强度。数值越大，则特效越明显。图9-40所示为一组不同Weight值的效果对比。

图 9-40　不同 Weight 值的对比

Size参数代表特效的大小。数值越大，则特效的范围越大。图9-41所示为一组不同Size值的效果对比。

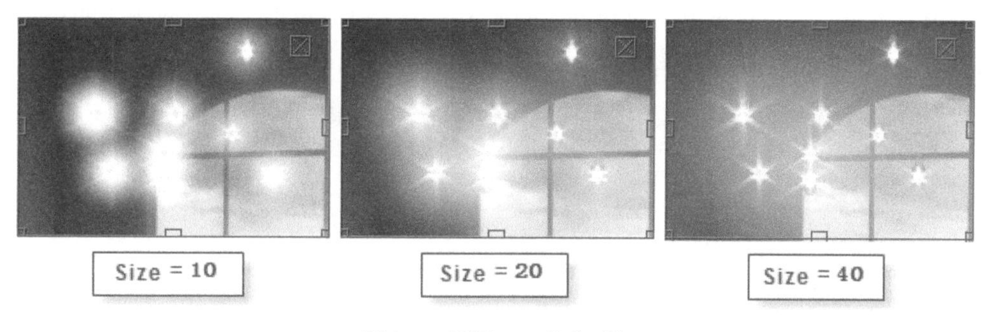

图 9-41　不同 Size 值的对比

炫光的默认形状为放射状的星形。如果需要特殊的形状，可以在Glare选项组中选择From image(来自图像)选项，这时将激活下方的Bitmap按钮，可以使用位图作为炫光贴图。位图中的黑色部分不可见，白色部分会作为炫光的形状被渲染，如图9-42所示。

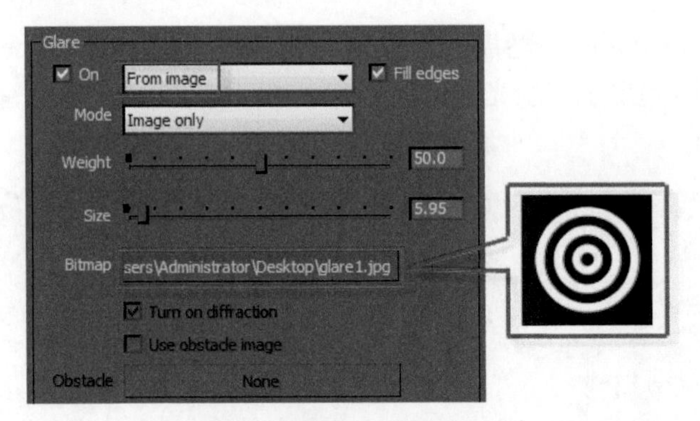

图 9-42　使用位图作为炫光贴图

渲染结果如图9-43所示，炫光的形状与贴图一致。

图 9-43　使用炫光贴图之后的渲染结果

Camera parameters选项组在选择了From camera parameters选项之后被激活，主要用于控制摄像机的显示属性。f-number用于控制特效的显示强度，取值越小，则特效越不明显。图9-44所示为一组不同f-number值的效果对比。

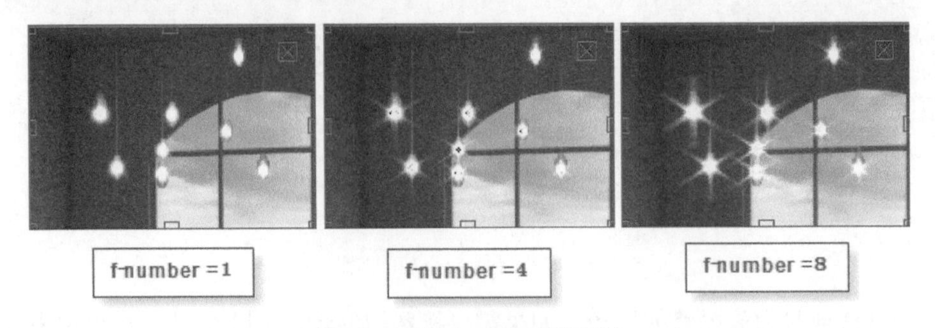

图 9-44　不同 f-number 值的对比

Blades(光圈叶片)用于控制炫光的射线数量，最小值为3，默认值为6。图9-45所示为一组不同Blades值的效果对比。

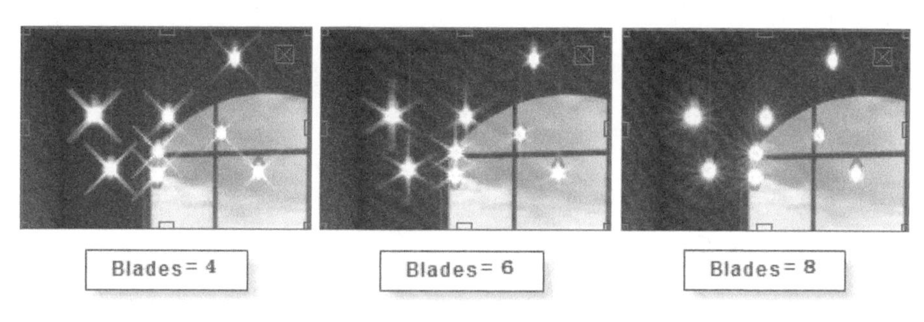

图 9-45　不同 Blades 值的对比

用户可参照上述对参数设置的介绍，根据需要对特效参数进行设置。本例在关闭材质覆盖之后的渲染结果如图9-46所示。

图 9-46　打开材质显示之后的渲染结果

最后，显示窗帘和大树模型，对场景做最终渲染，结果如图9-47所示。

图 9-47　最终渲染结果

本章小结

本章通过添加几个典型效果来进一步提升渲染图的真实性。有些特效看似只是一个小细节，但是好的细节的表现会使图像更精致和高端。细节决定成败，这个环节是绝对不可忽视的。有的CG作者喜欢在Photoshop等后期软件中加特效，不去注意研究三维中的特效表现。但当前效果图行业的趋势是后期软件用的越来越少，基本在三维软件中解决问题，后期加上去的东西总是不免虚假和生硬，所以一定要熟练掌握三维特效部分的技法。